本书主要研究内容得到国家自然科学基金项目（71201026）、广东省自然科学基金项目（2015A030313649）、广东省科技计划项目公益研究与能力建设专项（2015A010103021）、广东省高等学校优秀青年教师培养计划（Yq2013156）、广东省教育厅2015年重点平台及科研项目特色创新类项目（自然科学类）（2015KTSCX137）资助。

广东科学技术学术专著项目资金资助出版

基于增强学习的制造系统调度

张智聪　郑　力／著

科学出版社
北京

内 容 简 介

增强学习是人工智能领域一种应用越来越广泛的机器学习算法。本书对增强学习的基本原理、主要经典算法及其在制造系统调度领域若干问题的应用进行阐述。主要内容包括：Sarsa（λ, k）增强学习算法等增强学习算法的介绍及相关理论证明；增强学习架构及面向生产调度问题的增强学习模型构建方式；流水车间调度问题、平行机调度问题、半导体测试调度问题等制造系统调度问题与自组织型排队网络调度问题的增强学习模型及解决方案；增强学习在以上调度问题应用的实验结果及相关分析等。

本书适合管理科学与工程、工业工程等专业的研究生和本科生使用，也可供从事制造系统分析与优化、智能调度等领域工作的研究人员和工程技术人员参考。

图书在版编目（CIP）数据

基于增强学习的制造系统调度/张智聪，郑力著. —北京：科学出版社，2016.6

ISBN 978-7-03-049289-0

Ⅰ. ①基… Ⅱ. ①张… ②郑… Ⅲ. ①机器学习–应用–柔性制造系统–研究 Ⅳ. ①TH165-39

中国版本图书馆 CIP 数据核字（2016）第 146841 号

责任编辑：郭勇斌 肖 雷 邓新平 / 责任校对：王晓茜
责任印制：徐晓晨 / 封面设计：黄华斌

科学出版社出版
北京东黄城根北街 16 号
邮政编码：100717
http://www.sciencep.com

北京凌奇印刷有限责任公司印刷
科学出版社发行 各地新华书店经销

*

2016 年 6 月第 一 版 开本：787×1092 1/16
2019 年 7 月第三次印刷 印张：14 1/2
字数：344 000

定价：88.00 元

（如有印装质量问题，我社负责调换）

前　　言

增强学习（又称为强化学习、激励学习、再励学习）是一种可以求解大规模马尔可夫决策过程等序贯决策问题的机器学习算法，是目前机器学习领域研究的一个热点。该类算法刚提出时主要被计算机、自动化等领域的研究人员用于解决自动控制、机器人、人工智能等领域的问题。近年来，该类算法逐渐引起管理科学与工程等领域专家和企业界人士的重视，广泛应用于生产调度、库存控制、运输调度等制造与物流管理问题。

目前关于增强学习的专著多聚焦于增强学习算法理论本身或该类算法在自动控制等领域的应用，而本书主要阐述增强学习算法在制造系统调度领域的应用研究。本书的主题顺应智能制造等制造领域前沿研究的潮流，重点不在于介绍分类增强学习算法及其相关理论性质，因此并没有全面系统地介绍增强学习算法。本书的主要价值在于结合作者的研究经历介绍增强学习算法在制造业这一特定领域的应用，针对制造系统调度问题的特点，系统阐述应用增强学习算法解决制造系统调度问题的整体架构和应用流程，为解决制造系统调度相关问题提供一类可借鉴的方法和思维模式，希望能起到抛砖引玉的作用，启发相关研究人员的思路。如读者希望对增强学习算法及其相关理论进行系统了解，请查阅相关参考书。

本书是作者多年来从事国家自然科学基金项目（71201026）、广东省自然科学基金项目（2015A030313649）、广东省科技计划项目公益研究与能力建设专项（2015A010103021）、广东省高等学校优秀青年教师培养计划（Yq2013156）、广东省教育厅 2015 年重点平台及科研项目特色创新类项目（自然科学类）（2015KTSCX137）的研究成果的总结，在此特向国家自然科学基金委员会、广东省自然科学基金委员会、广东省科技厅、广东省教育厅表示衷心感谢！

由于作者水平和精力有限，对增强学习算法在制造系统调度领域的研究尚不够深入。书中的研究结果只是作者多年来在研究过程中把增强学习算法应用于若干调度问题获得的初步结果，离增强学习算法解决这些调度问题所能获得的最优结果尚有不小距离，由于各种原因没能进一步深入研究这些问题。书中难免有欠妥之处，敬请各位专家和读者批评指正。

作　者

2016 年 2 月于松山湖、清华园

目　　录

第1章 绪　论

1.1 增强学习基本原理

增强学习（Reinforcement Learning，RL）又称为强化学习、激励学习、再励学习，是一种机器学习方法。增强学习可以解决很多类问题，序贯决策问题是其中一类应用很广泛的典型问题。动态规划方法是求解序贯决策问题的传统方法，但动态规划方法需要知道状态转移概率矩阵和报酬函数，而且每次迭代更新状态值时通常要对每个状态进行扫描或求解与状态个数相当的方程，因此，动态规划难以处理以下两类问题：状态转移概率矩阵、报酬未知或难以显式表示的问题；超大规模状态空间、无限状态空间或连续状态空间的问题，即具备“维数灾难”（Curse of Dimensionality）特点的问题。增强学习算法并不需要知道状态转移概率矩阵，不需要在迭代时对很多状态进行扫描，是解决这两类问题的有效方法。

由于马尔可夫决策过程（Markov Decision Processes，MDP）和半马尔可夫决策过程（Semi-Markov Decison Processes，SMDP）是典型的序贯决策问题，所以常用增强学习算法解决大规模的或转移概率未知的马尔可夫决策过程和半马尔可夫决策过程。需要说明的是，增强学习算法可以解决的问题不局限于这些问题。事实上，很多多阶段决策问题虽然不属于马尔可夫决策问题，其状态转移不严格具备马尔可夫属性，但仍可以用增强学习算法解决，并获得不错的效果。下面以有限状态和行为空间的马尔可夫决策过程为背景介绍增强学习算法的基本原理。

1.1.1 马尔可夫决策过程

马尔可夫决策过程可用如下五重组表示：

$$\{Z^+, S, A(s), p(s,a,s'), r(s,a,s')\}$$

式中，$Z^+=\{0,1,2,\cdots\}$ 表示决策阶段的集合；S 表示状态空间；$A(s)$ 表示状态为 s（$s\in S$）时可以采取的行为的集合；A 表示行为空间；$p(s,a,s')$ 表示状态为 s 时采取行为 $a[a\in A(s)]$ 后状态转移到 s' 的概率；$r(s,a,s')$ 表示状态为 s 时采取行为 a 而下一状态为 s' 时获得的报酬，它是有界的报酬函数。

设 r_{t+k+1} 表示第 $t+k+1$ 个决策时刻获得的报酬，折扣型马尔可夫决策的目标是寻找最优策略 π^*，使任何状态 s 开始遵循该策略得到的期望总报酬 $E[R_t\mid s_t=s]$ 达到最大化。期望总报酬的定义如式（1.1）所示，其中 $\gamma(0<\gamma\leqslant 1)$ 为折扣率。

$$E[R_t\mid s_t=s]=E\left[\sum_{k=0}^{\infty}\gamma^k r_{t+k+1}\mid s_t=s\right] \tag{1.1}$$

用$V^{\pi}(s)$表示从状态 s 开始遵循策略 π 获得的期望总报酬。$V^{\pi}(s)$（$s\in S$）为策略 π 下的状态值函数。用$Q^{\pi}(s,a)$表示从状态 s 开始，先采取行为 a，然后遵循策略 π 获得的期望总报酬。$Q^{\pi}(s,a)$是策略 π 下的行为值函数。$Q^{\pi}(s,a)$和$V^{\pi}(s)$的关系如式（1.2）。

$$Q^{\pi}(s,a)=\sum_{s'\in S}p(s,a,s')[r(s,a,s')+\gamma V^{\pi}(s')] \tag{1.2}$$

式（1.3）是最优状态值的 Bellman 方程[1]，其中$V^{*}(s)$是最优状态值函数，即在最优策略π^{*}下的状态值函数。该方程描述了最优状态值及其后续状态值的关系。

$$V^{*}(s)=\max_{a}\sum_{s'}p(s,a,s')[r(s,a,s')+\gamma V^{*}(s')] \tag{1.3}$$

根据式（1.2）和式（1.3）可得式（1.4）对任意$s\in S$成立，其中，$Q^{*}(s,a)$是最优行为值函数，即在最优策略π^{*}下的行为值函数。

$$Q^{*}(s,a)=\sum_{s'\in S}p(s,a,s')[r(s,a,s')+\gamma\max_{a'\in A(s')}Q^{*}(s',a')] \tag{1.4}$$

对于平均报酬型马尔可夫决策过程，用$\rho^{\pi}(s)$（其定义见式（1.5））表示平均报酬型马尔可夫决策过程在策略 π 下状态 s 的平均报酬函数，其中，s_t表示第 t 个决策阶段的状态，$\pi(s_t)$表示策略 π 在状态 s_t 采取的行为。对于单链的马尔可夫决策过程，$\rho^{\pi}(s)=\rho^{\pi}(s')$对任意两个状态 s 和 s' 都成立，因此所有状态的平均报酬函数可统一用ρ^{π}表示。决策目标是寻找最优策略π^{*}使平均报酬最大化。

$$\rho^{\pi}(s)=\lim_{K\to\infty}\inf\frac{1}{K+1}E\left[\sum_{u=0}^{K}r(s_t,\pi(s_t),s_{t+1})\mid s_0=s\right] \tag{1.5}$$

对于无限阶段平均报酬型单链马尔可夫决策过程，如果状态和行为空间都是有限的，那么存在状态值函数$V^{*}(s)$和实数ρ^{*}使 Bellman 最优方程组（式（1.6））对任意状态 s 成立。可以证明，$V^{*}(s)$为最优状态值函数；ρ^{*}为可获得的最大平均报酬，即在最优策略π^{*}下获得的报酬$\rho^{\pi^{*}}$。如果求出$V^{*}(s)(s\in S)$，那么最优策略π^{*}就可以根据式（1.6）得到。

$$V^{*}(s)=\max_{a\in A(s)}\left\{\sum_{s'\in S}p(s,a,s')[r(s,a,s')+V^{*}(s')]-\rho^{*}\right\} \tag{1.6}$$

动态规划算法是求解马尔可夫决策过程的经典算法，包括策略迭代和值迭代两类基本方法。策略迭代包括策略评估和策略改善两个交替的过程；而值迭代通过迭代求最优状态或行为值函数，从而得到最优策略。传统的动态规划方法难以解决大规模状态空间的马尔可夫决策过程或状态转移概率信息不全的马尔可夫决策过程，而增强学习算法的提出为解决这些问题提供了新的途径。

1.1.2　增强学习系统

在增强学习系统中，智能体或代理（Agent）通过真实体验或仿真实验与环境进行交互，通过反复试错（Trial-and-Error）的方法感知、学习环境的特性，在不同的系统状态下尝试各种可行的行为，得到即时的报酬作为行为短期效果的评价，根据报酬信息调整策略，从而找到最优或较优的控制策略，使长期的累积报酬（Return）或平均报酬最大化。

对于折扣型或有限阶段决策问题，增强学习的目标是最大化累积报酬。为了防止累积报酬趋向无限大，通常用折扣型累积报酬形式。如不特别说明，本书中的增强学习算法通常是指累积报酬形式的增强学习算法，用于解决有终止状态的序贯决策问题。除了累积报酬形式的增强学习算法，另一类常用的增强学习算法是平均报酬增强学习算法。下面用累积报酬形式的增强学习说明增强学习系统的组成及其运作机制。

增强学习的基本要素包括状态、行为、策略、报酬函数和值函数等。状态描述系统环境的特征，包括整体特征和局部特征。状态空间是所有可能的状态所组成的集合。把智能体需要做出决策的状态称为决策状态。行为是在某个决策状态可以采取的决策（操作）。行为空间是在每个决策状态可以选择的行为所组成的集合。策略是各阶段的决策组成的序列，它确定了状态空间到行为空间的映射，指定了智能体在各个决策状态采取的行为。报酬又称为强化信号，是环境对智能体在决策状态所采取行为的反馈信息。报酬函数是决策状态和所采取行为的函数。值函数表征了从某状态起遵循一定的策略所获得的总报酬。分别用状态值$V(s)$和行为值$Q(s,a)$表示增强学习系统从状态 s 和状态-行为对(s,a)开始的累积报酬，它们表征状态s和状态-行为对(s,a)的“优劣”程度。系统的动态特性决定了状态的转移规律，智能体需要经历一段学习历程才能逐渐感知它。

智能体和环境的具体交互过程可用图 1.1 表示。在与环境交互的过程中，智能体根据控制策略π（如ε-贪婪策略）选择行为。智能体在某决策时刻（假设为第 t 个时刻）感知环境的状态s_t，根据策略π选择并执行行为a_t。环境评价行为a_t的效果，在下一时刻（假设为第 t+1 个时刻）赋予智能体一笔时间延迟的报酬r_{t+1}①，而环境状态也转移到s_{t+1}。对于马尔可夫决策型增强学习问题，智能体与环境交互的过程看作马尔可夫决策过程，状态转移具备马尔可夫属性，状态值和行为值是当前状态的函数，由当前的状态和采取的行为可预测下一时刻的状态和报酬。智能体的目标是在整个决策过程中的累积报酬最大化。需要说明的是，为统一起见，本书所涉及的增强学习算法的表达形式均以报酬最大化作为目标，因此，如用这些增强学习算法解决最小化目标函数形式的问题，报酬函数可设计为负值。

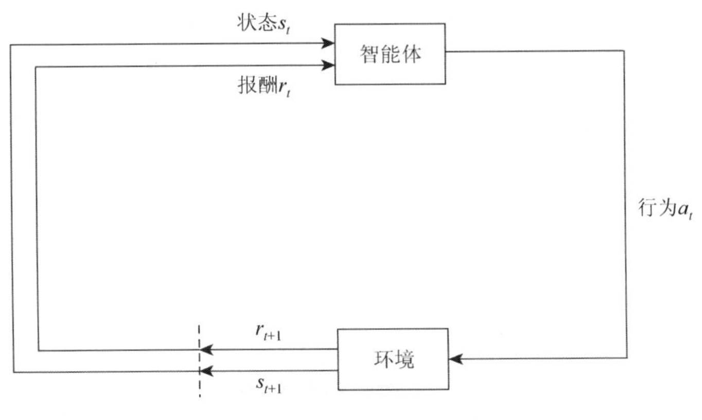

图 1.1 增强学习原理示意图

① 本节以时间延迟的报酬说明增强学习的原理，增强学习也可以处理报酬不延迟的问题。

增强学习算法的目的是随着智能体与环境交互过程的进行，使状态值函数$V(s)$逐渐逼近最优的状态值函数$V^*(s)$，或使行为值函数$Q(s,a)$逐渐逼近最优的行为值函数$Q^*(s,a)$，以期获得最优策略π^*。具体的增强学习算法介绍请看第 2 章及相关参考文献。增强学习算法在更新状态或行为值时，不一定穷举式的遍历每个状态或状态-行为对，而是沿着实际发生的或仿真产生的样本轨迹更新状态或行为值函数，这样，经历次数少的状态或状态-行为对的值的更新次数也少，从而大幅缩短求解问题的时间。在有限的运行时间内，增强学习算法优先保证学习到的策略对于频繁经历的状态的优化程度。换言之，在学习过程中，对于频繁经历的状态，增强学习算法学习到的行为的优化程度一般比较少经历状态的行为的优化程度高；对于频繁经历的状态，增强学习算法学习到的行为是较优行为甚至是最优行为，而对于较少经历的状态，增强学习算法学习到的行为却可能并非是很好的行为。对于表格式（Tabular）增强学习算法，如果所有的状态都经历足够多的次数，那么增强学习算法就能学习到所有状态的最优策略，即面对每一个状态都能选择最优行为。

1.1.3 增强学习算法的分类与发展概述

Sutton[2]提出瞬时差分（Temporal Difference，TD）算法 TD（λ）、Watkins[3]提出 Q 学习之后，增强学习算法的理论和应用研究逐渐发展为人工智能的一个重要分支，目前该领域的研究已成为机器学习领域的热点之一。如图 1.2 所示，从不同的角度可把增强学习算法分为不同的种类。

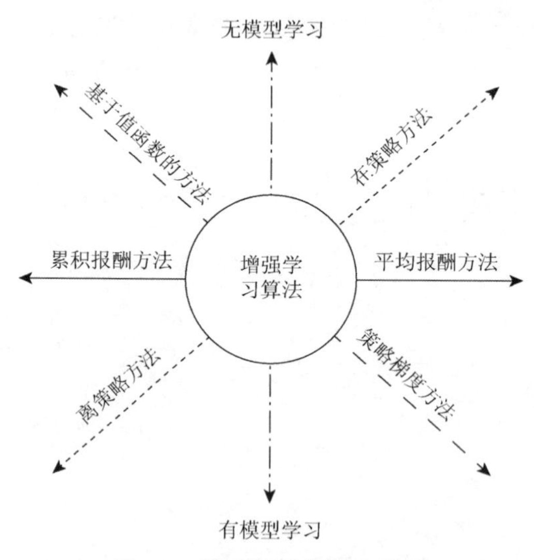

图 1.2 增强学习算法的分类

根据策略是否独立于状态或行为的表示值可把增强学习算法分为基于值函数的方法和基于策略的方法[4, 5]。基于值函数的方法是指在任意决策状态选择的行为基于当前增强学习系统表示的状态或行为值函数确定的方法。大多数算法是基于值函数的方法，如瞬时差分算法、Q 学习、Sarsa 算法[6]等。基于策略的方法是指采取的策略在增强学习系统内有专门的表示机制，与当前增强学习系统表示的状态或行为值函数无直接关系。Actor-critic

方法[7-11]是典型的基于策略的方法。

根据算法是否预测环境的模型，可把增强学习算法分为无模型（Model-free）学习和有模型（Model-based）学习。常用的增强学习算法多数属于无模型学习方法，如瞬时差分算法、Q学习、Sarsa算法等。有模型学习方法学习环境的模型并用函数泛化器表示，在每次迭代时不仅利用当前状态转移信息更新值函数，还利用预测的模型和以前经历过的状态转移信息更新值函数。有模型学习包括Dyna-Q[12]、Prioritized sweeping[13, 14]和H学习[15]等。

根据算法是否使用和遵循控制策略所产生的后续状态或状态-行为相同的分布更新（Backup）状态或行为值，可把增强学习算法分为在策略（On-policy）算法和离策略（Off-policy）算法。在策略算法学习的值函数是遵循控制策略所得的值函数，瞬时差分算法、Sarsa和Actor-critic等属于在策略算法。离策略算法学习的值函数并非遵循控制策略所得的值函数，Q学习是典型的离策略算法。文献[16]详细地介绍了增强学习算法原理和多种经典的增强学习算法。

根据解决的序贯决策问题属于累积报酬问题还是平均报酬问题，可把增强学习算法分为累积报酬型增强学习算法和平均报酬型增强学习算法。另外，增强学习算法常用于解决马尔可夫决策过程（MDP）和半马尔可夫决策过程（SMDP）这两类特殊的序贯决策问题，解决这两类问题的增强学习算法分别为MDP型增强学习算法和SMDP型增强学习算法。原始的瞬时差分、Q学习和Sarsa等算法都是针对累积报酬问题提出的。Sutton[2]提出了用于预测的TD（λ）算法，并证明了列表型TD（0）算法的收敛性。Dayan[17]证明了TD（λ）算法对任意的λ都以概率1收敛。Tsitsiklis和Van Roy[18]在P. Dayan的研究成果的基础上证明了与线性函数泛化器结合的在线TD（λ）算法在状态空间可数的马尔可夫链应用时的收敛性，并证明了其渐进误差的界。Tadić[19]进一步分析了与线性函数泛化器结合的TD（λ）算法在有限维的不可数状态空间的马尔可夫链应用时的收敛性质，并分析了渐进泛化误差的上界。Tsitsiklis和Van Roy[20]对比了结合线性函数泛化器的折扣报酬型TD（λ）算法和平均报酬型TD（λ）算法。

Watkins[3]提出另一种常用的增强学习算法——Q学习。Watkins[21]、Tsitsiklis[22]、Bertsekas和Tsitsiklis[23]对列表型Q学习的收敛性作了分析，证明$Q(s,a)$以概率1收敛到$Q^*(s,a)$。Mitchell[24]用简明的方法证明Q学习算法在确定性马尔可夫决策过程的收敛性。Potapov和Ali[25]研究了参数的取值范围对Q学习算法在确定性、随机性马尔可夫决策过程中的收敛性的影响。Peng和Williams[26]参考TD（λ）算法提出Q（λ）学习算法并给出其后视（Backward View）形式。Bradtke和Duff[27]给出解决SMDP问题的Q学习算法的具体步骤。另外，一些学者提出由Q学习衍生出来的算法[28, 29]。

Rummery和Niranjan[6]、Rummery[30]提出了Q学习的修正算法——Sarsa算法，并把TD（λ）算法的思想用于控制策略的学习，构造了Sarsa（λ）算法。Singh等[31]证明了在策略学习算法在GLIE（Greedy in the Limit with Infinite Exploration）和RRR（Restricted Rank-based Randomized）控制策略下，列表型单步Sarsa算法对于有限的状态和行为空间的随机马尔可夫决策过程是收敛的。Sarsa（λ）算法需要存储每个状态-行为对的适合迹（Eligibility Trace），每次迭代时对其进行更新，当状态空间较大时算法运行速度很慢。为了提高算法效率，文献[32]提出遗忘Sarsa（λ）算法，当某个状态-行为对的适合迹小于某个阈值时，把该状态-行为对的适合迹和 Q 值都遗忘掉。文献[33]～[35]分别提出多步截断的 TD（λ）、Sarsa（λ）和 Q（λ）算法。TD（λ）、Sarsa（λ）和 Q（λ）的学习目标是通过无穷多个 n（$n\geqslant 1$）步更新目标的加权总和更新状态值函数和行为值函数，而截断算法只通过前 k 个 n（$1\leqslant n\leqslant k$）步更新目标的加权总和更新值函数，将最后一项（k 步更新目标）的权重由 $(1-\lambda)\lambda^{k-1}$ 增大到 λ^{k-1} 以弥补被截去的项的信息，λ 较大时第 k 项的权重也较大。当 λ 较大时截断 TD（λ）算法的效果较差[33]。

平均报酬型增强学习算法用于解决平均报酬型决策问题，主要包括 R 学习[36]、SMART[37]、Relaxed-SMART[38]及 Q-P 学习[39]等。

当状态空间的规模增大时，越来越难学习到较优的策略。递阶增强学习[40, 41]可将增强学习问题分解成多个层次的子问题，子问题的状态空间较小，通过求解各个子问题得到原问题的较优策略。增强学习算法也可以用在多智能体（Multi-agent）系统中以提高增强智能体的智能程度。基于多智能体的方法利用分布式人工智能的优点，通过各个分散的智能体之间的通信和协商解决问题。智能体有各自的目标和自治的行为，但没有一个智能体能够解决全局问题。智能体之间的协作效率越高，系统的敏捷性就越好，所以协商机制至关重要。多智能体系统中的增强学习算法要考虑利益分配、目标的协调和建议的采纳等问题[42-44]。另外，利用增强学习解决部分可观察马尔可夫决策过程（Partially Observable Markov Decision Processes，POMDPs）[45]，增强学习和遗传算法、模拟退火、蚁群算法等智能搜索算法的结合使用是近年的研究方向之一。表 1.1 总结了一部分增强学习算法。

1. “利用”和“探索”的平衡

权衡“利用”（Exploitation）和“探索”（Exploration）是应用增强学习算法要解决的一个重要问题。“利用”是指选择当前最优的行为，这样可充分利用已经学到的经验知识，短期内可得到较多的报酬；“探索”是指选择非当前最优的行为，探索新的行为（采取以前没有执行过的行为）。“探索”有可能提升该行为的值，从而发现更好的行为，从长远来看可能获得更多的回报，然而过多的探索又可能会削弱算法的效率和效果。另外，列表型增强学习算法收敛的技术条件要求每个状态或状态-行为对都经历足够多的次数，所以一般来说增强学习算法都持续的进行探索。平衡“利用”和“探索”的常用方法[16]有ε-贪婪方法、玻尔兹曼（Boltzmann）方法、增强对比（Reinforcement Comparison）和追赶法（Pursuit Method）等。

表 1.1　部分增强学习算法

研究者	增强学习算法	算法类型
Witten[7]，Barto 等[8]，Sutton[9]，Williams[10]，Borkar[11]	actor-critic	基于策略的方法
Sutton[2]	TD（λ）	用于预测的算法
Watkins[3]	Q 学习	离策略学习
Sutton[12]	Dyna-Q	有模型学习
More 和 Atkeson[13]，Peng 和 Williams[14]	Prioritized sweeping	有模型学习
Schwartz[36]	R 学习	平均报酬型增强学习

续表

研究者	增强学习算法	算法类型
Rummery 和 Niranjan[6]，Rummery[30]	Sarsa、Sarsa（λ）	在策略学习
Peng 和 Williams[26]	Q（λ）	离策略学习
Tadepalli 和 Ok[15]	H 学习	有模型学习
Dietterich[40]	MaxQ	递阶增强学习算法
Das 等[37]	SMART	平均报酬型增强学习
Gosavi[38]	Relaxed-SMART	平均报酬型增强学习
Gosavi[39]	Q-P 学习	平均报酬型增强学习

2. 处理大规模状态空间的方法

增强学习算法对值函数的评估是建立在对状态或行为的多次重复的基础之上，对于小规模状态空间问题，可以用列表显式表示每一个状态或行为的值，此时的增强学习算法称为列表型算法。但实际问题往往具有大规模或连续的状态空间，增强学习算法不可能遍历所有状态，很多状态不具有重复性，因此增强学习算法面临“维数灾难”问题。在这种情况下，状态或行为的值不能用列表显式表示。解决该问题的方法主要有两类：一类是基于离散化的方法，把连续状态空间离散化，或者把大规模空间通过压缩、分解等手段转化为小规模状态空间，增大状态空间划分的粒度，在减小问题规模、分解状态空间的同时尽可能保持原问题的结构与性质；另一类是值函数泛化（值函数逼近）方法。值函数泛化是一种降维处理的方法，它根据经历过的状态或行为值推测尚未经历过的状态或行为值，从而得到这些状态或行为值的近似表示。常用的值函数泛化器包括多元回归[15]、基于案例的方法[46，47]、支持向量机[48]、基于核的（Kernel-based）方法[49]等。神经网络函数泛化器是一种较为常用的函数泛化器，它在学习过程中不断调整神经网络的权重，相当于不断改变状态或行为函数。一般采用梯度下降法调整神经网络的权重。Menache 等[50]提出使用交叉熵（Cross Entropy）的方法调整径向基函数神经网络的权重。支持向量机的学习性能和泛化能力与参数取值有关，有一些文献结合微粒群优化（PSO）机制对支持向量机的参数进行优化，寻找优化的参数取值组合。

1.2　增强学习算法应用引例——最短路问题

由于增强学习算法具有独特的特点和功能，因此获得越来越广泛的重视，近年来其应用领域不断扩大。本节以一类经典的最短路问题为例解释增强学习算法解决简单问题的应用过程。如图 1.3 所示，图中有 1～16 共 16 个节点（圆圈表示节点），两个节点之间如有连线则表示这两个节点之间存在通路（箭头表示路径的方向），连线旁边的数字表示这两个节点之间的路径长度。例如，节点 1 和节点 2 之间存在一条连线（箭头从节点 1 指向节点2)，意味着从节点1可以直接走向节点2，路径长度为6。由于节点1和节点4之间不存在直接连线，因此不能从节点1直接走向节点4。假设一辆车从节点1出发，要开往目的地节点16，该问题的目的是求出从节点1到节点16的最短路径。该问题是一个典型的多阶段决策问题（共6个阶段），第一个阶段是车辆在节点1，它要作出决策，选择下一步要走的路。车辆在节点1有两种选择：开往节点2或开往节点3。第二个阶段是车辆在节点2或节点3，无论车辆在节点2，还是节点3，它作出下一步决策时均有三种选择：如果车辆在节点2，则可以选择开往节点4、开往节点5或开往节点6；如果车辆在节点3，则可以选择开往节点5、开往节点6或开往节点7。依此类推，车辆无论在第三、第四、第五个阶段的哪个节点均有两种选择，而在第六个阶段，无论车辆在节点14还是节点15均只有一种选择：开往目的地——节点16。由此可见，车辆从节点1开往节点16共有2×3×2×2×2×1=48条路径可以选择。求解最短路问题的目的是在这48条路径中寻找总长度最小的路径。

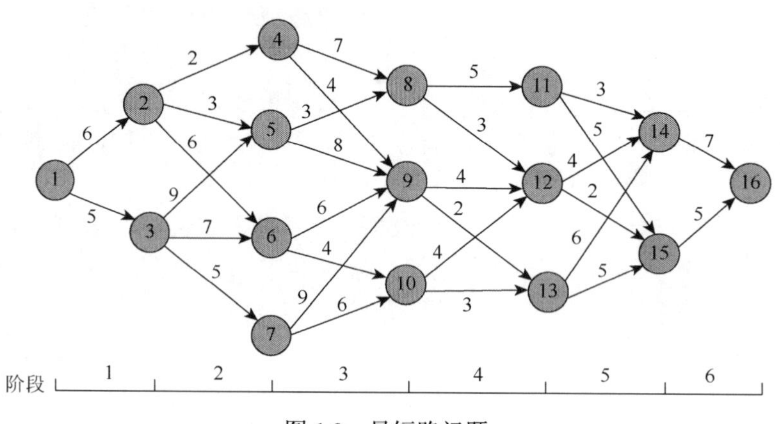

图1.3 最短路问题

在运筹学教科书中，此类最短路问题通常用动态规划方法或图论的Dijkstra（迪杰斯特拉或狄克斯特拉）标号算法求解。下面采用增强学习算法进行求解。在最短路问题中，状态变量s表示车辆当前所处的节点，状态空间$S=\{1, 2, 3,\cdots, 16\}$，其中$s=16$表示终止状态。行为表示车辆在某状态所选择的下一步的走向，例如，状态$s=2$表示车辆当前在节点2，在该节点车辆可以选择三个行为，分别是路线节点2→节点4、路线节点2→节点5、路线节点2→节点6。如果选择第1个行为，则状态转移后的下一个状态为$s=4$（意味着车辆位于节点4）。决策对应于车辆在一个阶段的行为选择，策略对应于车辆从节点1到节点16所经历六个阶段所选择行为组合成的整条路径，例如，“节点1→节点2→节点4→节点8→节点11→节点14→节点16”对应于一个完整的策略。报酬的定义应和路线长度直接相关，由于最短路问题的目标函数是求最小化，而本书的增强学习算法的表达形式是针对最大化目标函数的形式，因此报酬定义为路线长度的相反数。例如，状态$s=2$时如果车辆选择的行为是路线“节点2→节点4”，那么在此阶段获得的报酬是-2。由于值函数$V(s)$反映的是从状态s开始到决策过程结束所获得的累积报酬，因此，在最短路问题中，值函数$V(s)$反映的是从节点s开始到目标节点（节点 16）的路径长度的信息。可采用瞬时差分（TD）增强学习算法求解最短路问题。由于最短路问题的决策过程有终止状态，因此，最短路问题是有限阶段的决策问题，TD 算法中的折扣因子 γ 可取 1。本例采用的 TD 算法步骤如下面的算法 1.1 所示，其中，num_Episode 表示 TD 算法的试验次数（重复解决该最短路问题的次数），一次“试验”表示 TD 算法解决一次最短路问题，产生一个解决方案（即找到一条从节点 1 到节点 16 的路径）。

算法 1.1　求解最短路问题的 TD 算法

步骤 1：设置学习率参数 α =0.1，初始化 num_Episode=0。对任意的 $s\in S$，初始化 $V(s)=1$。

步骤 2：设置当前状态 s_t 为初始状态 s_0=1（表示开始时车辆位于节点 1）。

步骤 3：根据 s_t、状态值函数 $V(s)$ 和贪婪策略 π 选择行为 a_t。贪婪行为 a_t 定义如下：

$$a_t=\arg\max_{a\in A(s_t)}\{r_{t+1}^a+V(s_{t+1}^a)\} \tag{1.7}$$

其中，$A(s_t)$ 表示在状态 s_t 的可选行为集合，s_{t+1}^a 表示在状态 s_t 选择行为 a 后转移到的下一个状态，r_{t+1}^a 表示在状态 s_t 选择行为 a 后将获得的报酬。

步骤 4：执行行为 a_t，确定下一个决策状态 s_{t+1}，并获得报酬 r_{t+1}。

步骤 5：根据式（1.8）更新 s_t 的状态值 $V(s_t)$：

$$V(s_t)\leftarrow V(s_t)+\alpha[r_{t+1}+\gamma V(s_{t+1})-V(s_t)] \tag{1.8}$$

步骤 6：如果 s_{t+1} 不是终止状态（即 $s_{t+1}\neq 16$），则令 $t=t+1$，跳转到步骤 3。如果 s_{t+1} 是终止状态且未满足算法的终止条件（num_Episode 等于预设值 MAX_Episode），则令 num_Episode=num_Episode+1，跳转到步骤 2。

步骤 7：根据最终的状态值函数 $V(s)$（$s\in S$）和贪婪策略的定义式（1.7）确定在每一阶段选择的行为，从而获得最终策略，并计算其对应的路径长度。

采用上面的 TD 算法进行 300 次试验（算法 1.1 中的 MAX_Episode 设为 300），得到各个状态值 $V(s)$ 随着试验次数的变化曲线如下：

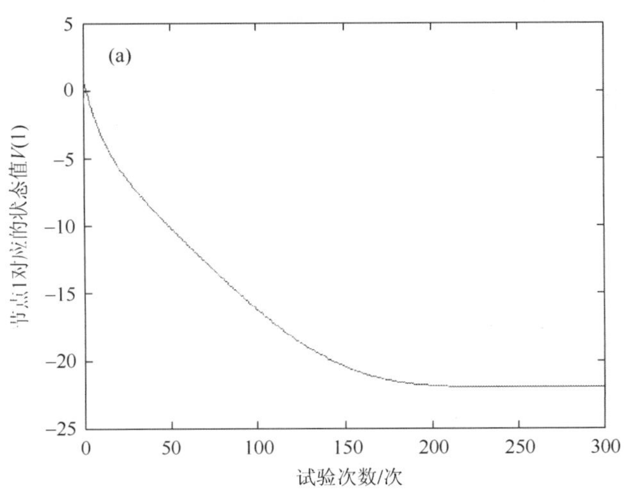

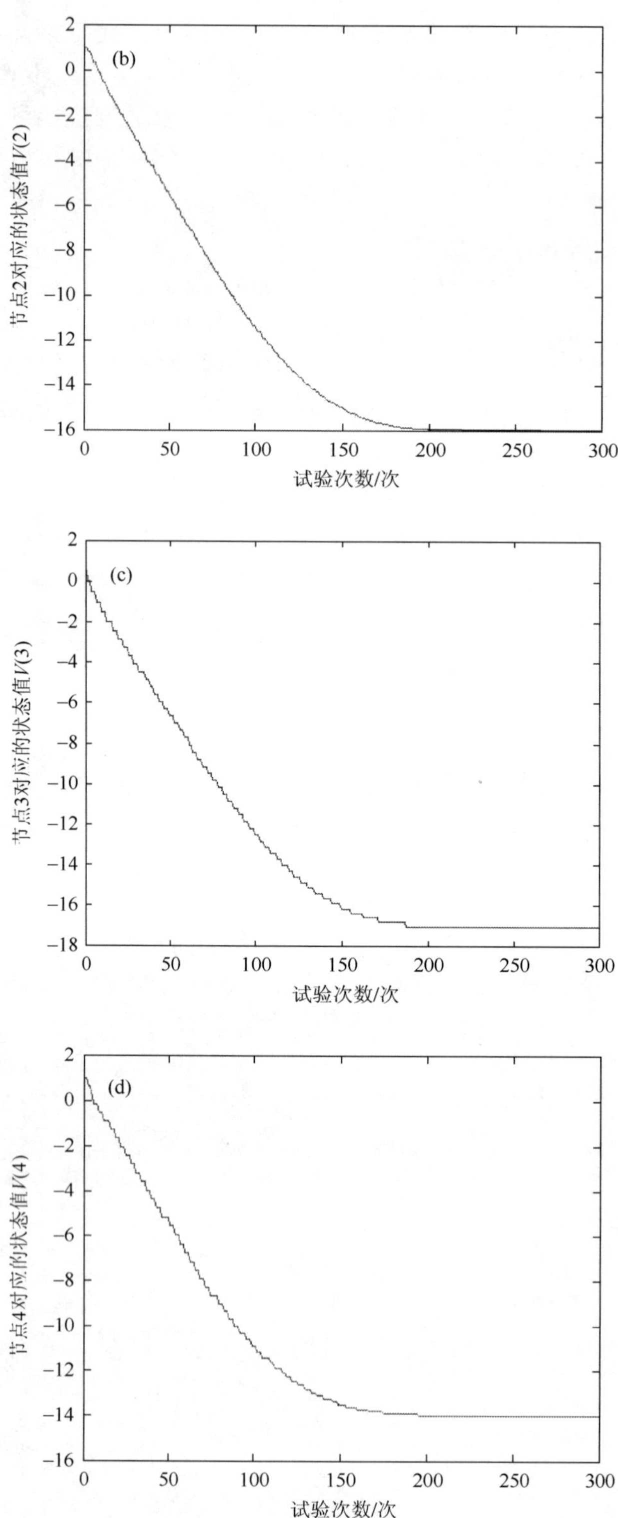
(b)
节点2对应的状态值V(2)
试验次数/次
(c)
节点3对应的状态值V(3)
试验次数/次
(d)
节点4对应的状态值V(4)
试验次数/次

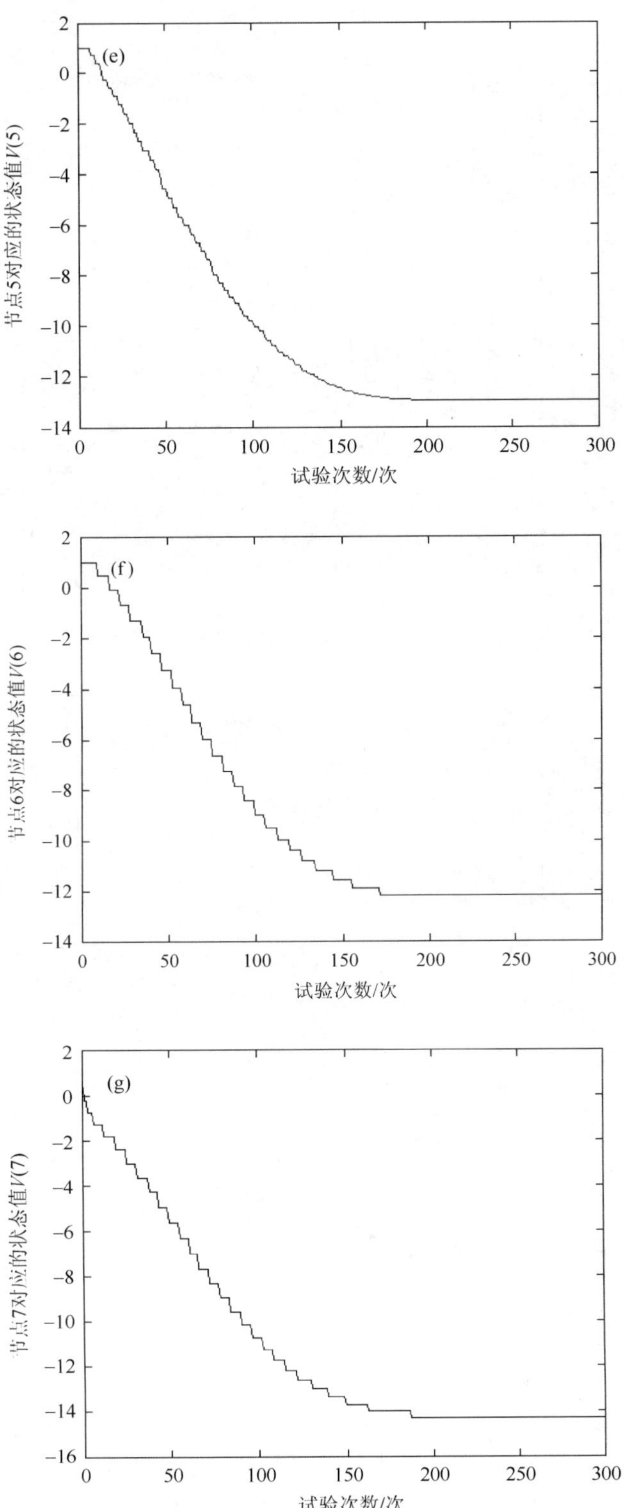
(e)
节点5对应的状态值V(5)
试验次数/次
(f)
节点6对应的状态值V(6)
试验次数/次
(g)
节点7对应的状态值V(7)
试验次数/次

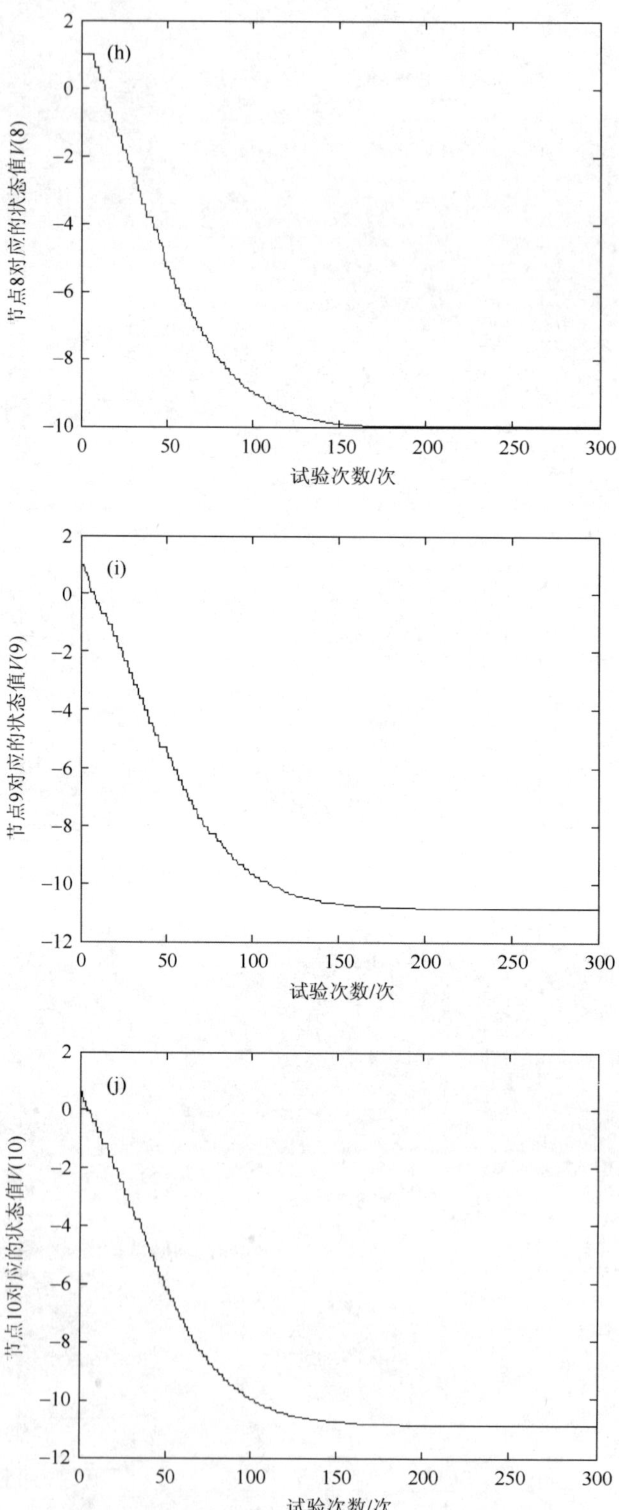
(h)
节点8对应的状态值V(8)
试验次数/次
(i)
节点9对应的状态值V(9)
试验次数/次
(j)
节点10对应的状态值V(10)
试验次数/次

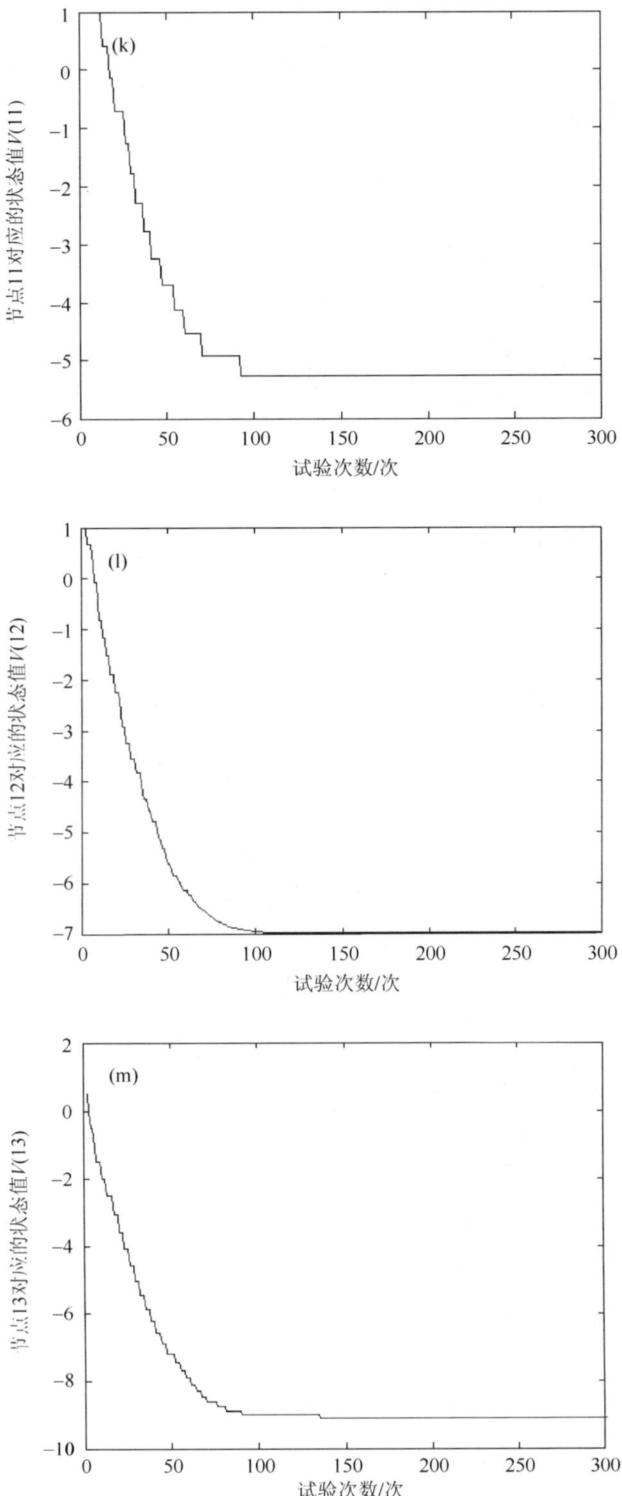
(k)
节点11对应的状态值V(11)
1
0
−1
−2
−3
−4
−5
−6
0
50
100
150
200
250
300
试验次数/次
(l)
节点12对应的状态值V(12)
1
0
−1
−2
−3
−4
−5
−6
−7
0
50
100
150
200
250
300
试验次数/次
(m)
节点13对应的状态值V(13)
2
0
−2
−4
−6
−8
−10
0
50
100
150
200
250
300
试验次数/次

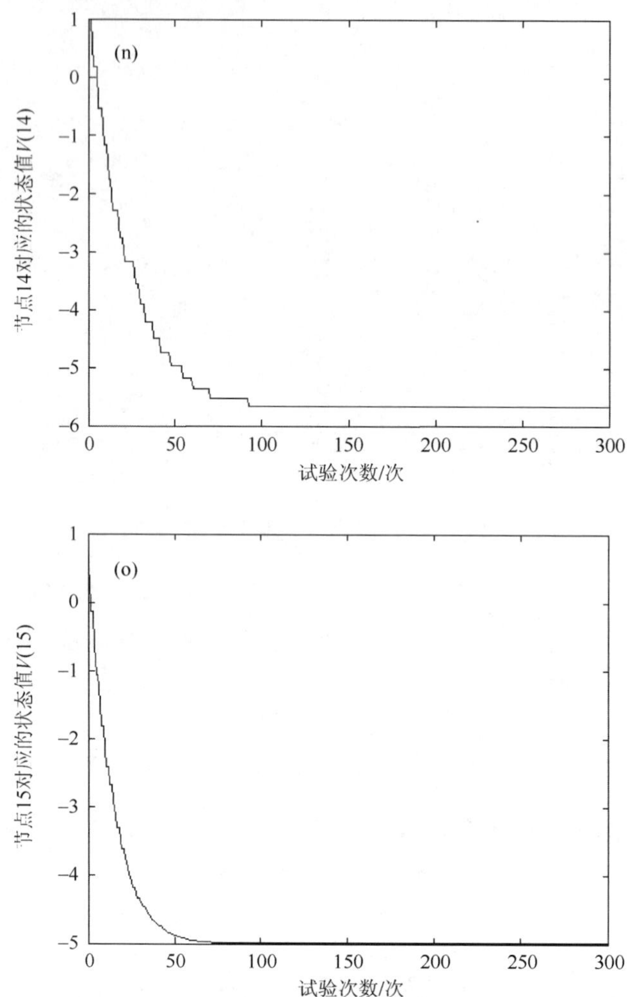

图 1.4　节点对应的状态值随着试验次数的变化曲线

实验结果表明，节点 1、2、5、8、12、15 对应的最终状态值均为整数，其余节点（不包括目标节点）对应的最终状态值均为小数。各节点对应的状态的最终值及各节点获得最终状态值的试验次数如表 1.2 所示，节点获得最终状态值的试验次数 n 是指该节点对应的状态在第 n 次试验达到最终状态值，而在此后的试验中该节点对应的状态值保持不变。

表 1.2　各节点对应的最终状态值及各节点获得最终状态值的试验次数

节点（状态）	最终状态值	获得最终状态值的试验次数/次
1	−22.000	273
2	−16.000	255
3	−17.083	188
4	−14.061	195

续表

节点（状态）	最终状态值	获得最终状态值的试验次数/次
5	–13.000	234
6	–12.144	172
7	–14.279	188
8	–10.000	209
9	–10.813	195
10	–10.821	188
11	–5.277	93
12	–7.000	143
13	–9.099	134
14	–5.666	93
15	–5.000	107

经分析得知，状态 1、2、5、8、12、15（统称为第一类状态）之所以在获得最终状态值的试验之后其状态值在迭代过程中保持不变，是因为其状态值已经收敛；而其余状态（状态 3、4、6、7、9、10、11、13、14，统称为第二类状态）之所以在获得最终状态值的试验之后其状态值保持不变，是因为在后面的试验中并没有经历这些状态，即在后面的试验中并没有对这些状态值进行更新。分析结果表明：

（1）当完成第 195 次试验之后，第二类状态的状态值 V（3）、V（4）、V（6）、V（7）、V（9）、V（10）、V（11）、V（13）、V（14）均不会发生变化，在此后的试验中，这些状态都没有再次经历，因此，其状态值没有再次更新，其最终状态值并不是迭代收敛值。频繁经历的状态的值能通过迭代逐渐收敛，而经历次数较少的状态的值由于迭代次数少所以不能收敛。从平均意义而言，在学习过程中经历第一类状态的次数比第二类状态多。

（2）状态 1、2、5、8、12、15（第一类状态）的状态值 V（1）、V（2）、V（5）、V（8）、V（12）、V（15）随着试验次数增加而逐渐收敛，分别收敛于–22、–16、–13、–10、–7、–5，通过 Dijkstra 算法或动态规划方法求解该最短路问题可知最短路是节点 1→节点 2→节点 5→节点 8→节点 12→节点 15→节点 16，而–22、–16、–13、–10、–7、–5 恰好分别是节点 1、2、5、8、12、15 到目标节点（节点 16）的最短路径长度的相反数。因此，从状态值的收敛结果可直接获得最短路是节点 1→节点 2→节点 5→节点 8→节点 12→节点 15→节点 16，从节点 1 到节点 16 的最短路长度是 22，这与通过式（1.6）确定的每个阶段的最优决策是一致的。

（3）第二类状态之所以在第 196 次试验之后不再经历，是因为从节点 1 到节点 16 的最优路径不经过第二类状态对应的节点。

（4）TD 算法在第 196 次到第 300 次试验找到的策略都是一样的，这说明 TD 算法在第 196 次试验就找到了最终策略（也是最优策略），在第 196 次试验之后 TD 算法所找到的策略并没有改善（在第 196 次试验之后 TD 算法在每次试验中均选择最优策略，经历最优路径)，但是部分状态值在第 196 次试验之后仍在不断地逼近最优值，直至第 273 次试验，此后所有状态值均保持不变，状态值函数保持稳定，说明第一类状态的所有状态值在第 273 次试验收敛于最优状态值。

(5) 对于最优路径所经历的各节点，离目标节点（节点 16）越近的节点的状态值收敛得越快（图 1.5 对比了最优路径上各节点状态值收敛到最优状态值所需的试验次数）。这是由于最优路径上游节点对应的状态值的更新依赖于下游节点对应的状态值，上游节点对应的状态值根据下游节点对应的状态值计算而得，因此，只有下游节点对应的状态值收敛了，上游节点对应的状态值才会收敛。

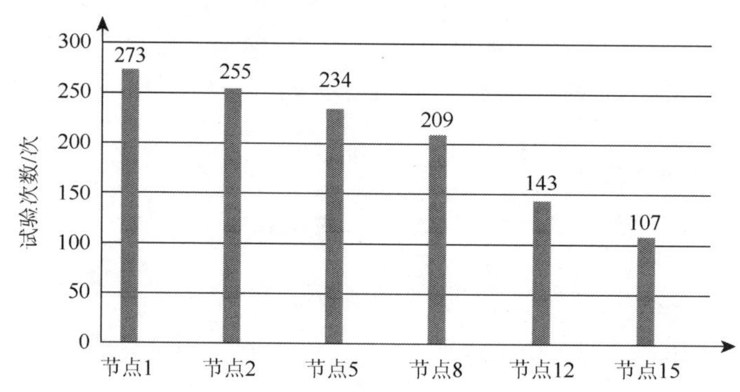

图 1.5　最优路径上各节点状态值达到最优状态值所需的试验次数对比

上面的实验结果表明，通过多次迭代，TD 算法可在迭代过程中进行学习，最短路所经历的节点对应的状态值能收敛于最优状态值而且最优状态值就是该节点到目标节点的最短距离的相反数，TD 算法最终找到最优策略（从节点 1 到节点 16 的最优路径），从而验证了 TD 算法的学习能力。

下面从另一个角度——TD 算法在每次试验找到的路径的长度考察 TD 算法的学习能力。TD 算法在每次试验找到的路径的长度如图 1.6 所示。从图 1.6 可以看到，TD 算法在第 1 次试验找到的路径的长度是 29，然后在后面的几次试验找到的路径的长度不断减小，在第 8 次试验就已经首次找到最短路径 22（此时由于状态值函数未收敛，TD 算法并不知道已经找到最优解，在后面的试验中仍在不断探索，力图找到更优解）。从第 9 次试验开始直到第 195 次试验所找到的路径长度一直在 22 到 27 之间波动。从第 196 次试验开始找到的路径长度一直保持在最短路径 22。这表明，虽然从第 1 次试验开始各状态值随着学习进程保持单调下降，不断地逼近最优值函数（如图 1.4 所示），但 TD 算法找到的路径长度却不会一直单调下降，而是出现较大的波动。之所以出现这种现象，一方面是因为 TD 算法不断地探索，力图寻找更优的策略；另一方面是因为即使每个状态值在每一次迭代前后的变化不大，但增强学习算法前后两次找到的策略却有可能相差较大，即前后两次找到的路径长度相差较大，不能保证每次找到的策略都比前一次有改善。TD 算法并不能保证在前面一段学习过程中每次都能找到很好的解（当然，当状态值函数收敛到最优值函数后，TD 算法能锁定最优解）。然而，实验结果表明，随着学习进程的推进，TD 算法找到最优解的频率越来

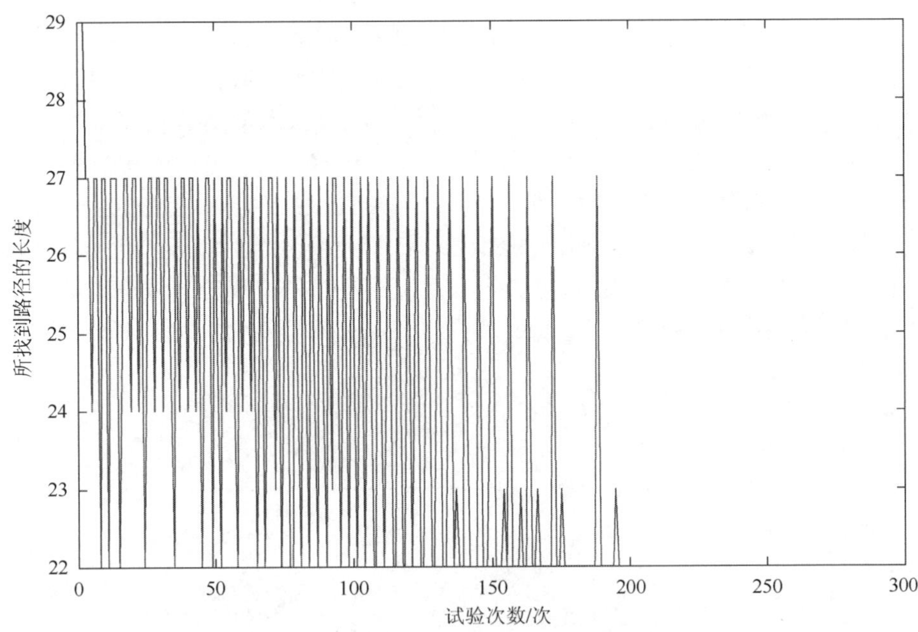

图 1.6 TD 算法在每次试验找到的路径的长度

越高，概率越来越大；前后两次找到最优解的间隔越来越短，连续找到最优解的次数越来越多。从统计意义上来说，在学习过程中 TD 算法找到的策略是越来越好的，并且最终能找到最优策略，当状态值函数收敛到最优值函数之后每次都能找到最优策略。

TD 算法是基于状态值函数的增强学习算法，也可以采用基于行为值函数的增强学习算法（如 Q 学习）求解最短路问题。采用 Q 学习结合贪婪策略求解本节的问题也可以获得最优方案。在 Q 学习中，$Q(s,a)$ 表示从状态 s 开始，先在当前阶段采取行为 a，然后在后面的所有阶段遵循所采取的策略而获得的总报酬。求解得到的最优结果中 Q（1，1）=–22，意味着从状态 1（节点 1）开始，先在第一阶段采取行为 1（选择路线节点 1→节点 2），然后在后面的所有阶段均采取最优决策所获得的总报酬是–22，其相反数 22 就是从节点 1 到节点 16 的最短路的长度。

为了进一步说明 TD 算法的探索学习能力、适应环境动态变化的能力，设计如下两个实验：第一个实验是在 TD 算法运算过程中，当试验次数达到 60 时把节点 8 到节点 11 的连线长度由 5 变成 1，把节点 14 到节点 16 的连线长度由 7 变成 2，其他连线的长度保持不变。第二个实验是当试验次数达到 250 时才进行以上调整。在第一个实验中，如图 1.7 所示，经过约 200 次试验，起始节点（节点 1）对应的状态值 V（1）收敛于–18.00，找到路径“节点 1→节点 2→节点 5→节点 8→节点 11→节点 14→节点 16”，这与 Dijkstra 算法的求解结果是一致的，说明 TD 算法找到新问题的最短路，最短路长度为 18。图 1.8 对比了路径参数改变（试验次数达到 60 时改变）、路径参数保持不变两种情况的状态值 V(1) 迭代曲线。通过对比可知，当参数改变后，V（1）不再沿着原来的轨迹（参数保持不变的情况）逐渐收敛于–22.00，而是偏离原来的轨迹，很快收敛于–18.00。这表明增强学习系统能迅速地捕捉环境的动态变化——道路长度的变化，并很快找到新问题的最优策略。在第二个实验中，如图 1.9 所示，经过约 200 次试验，V（1）本来已收敛于–22.00，但试验次数大于 250 时，状态值 V（1）逐渐偏离原来的收敛值–22.00 而增大，然后再经过约 120 次试验再次收敛于–18.00。图 1.10 对比了路径参数改变（试验次数达到 250 时改变）、路径参数保持不变两种情况的状态值 V（1）迭代曲线。状态值函数收敛值的迁移情况说明虽然增强学习系统已找到原问题的最优策略，处于稳定状态（在试验次数小于 250 时），但当参数改变后，增强学习系统仍能捕捉到这一环境的变化信息，打破自身的稳定状态，继续学习、调整，然后很快找到新问题的最优策略。这两个实验均表明增强学习系统对环境变化很敏感，能实时捕捉环境的动态变化信息，并及时做出反应，调整其策略，最终找到新问题的最优策略。这两个实验证明了增强学习的实时学习能力及自适应调整能力。

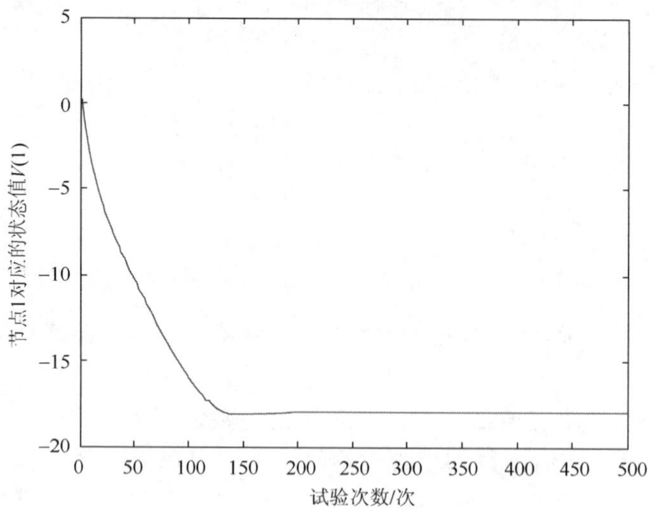

图 1.7　状态值 V（1）随着试验次数的变化曲线（试验次数达到 60 时改变路径参数）

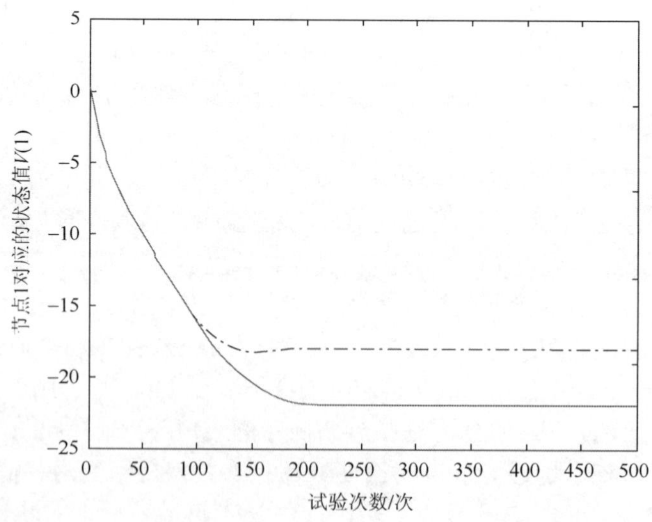

图 1.8　路径参数改变（试验次数达到 60 时改变）和保持不变两种情况的状态值 V（1）迭代曲线对比

图中实线表示路径参数保持不变的情况，点划线表示路径参数改变的情况

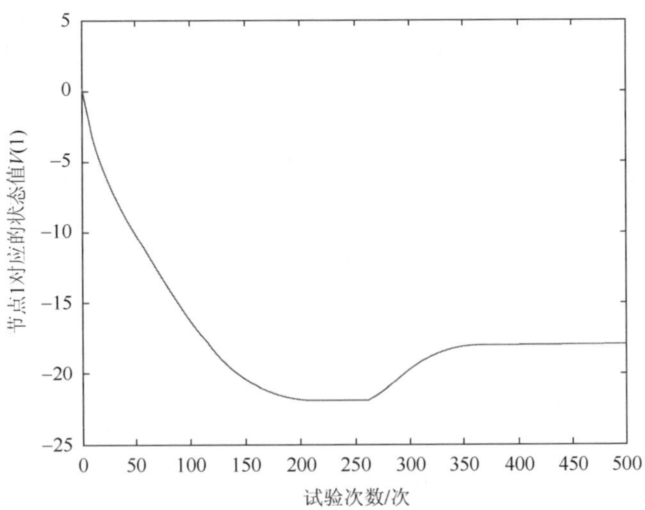

图 1.9 状态值 V（1）随着试验次数的变化曲线（试验次数达到 250 时改变路径参数）

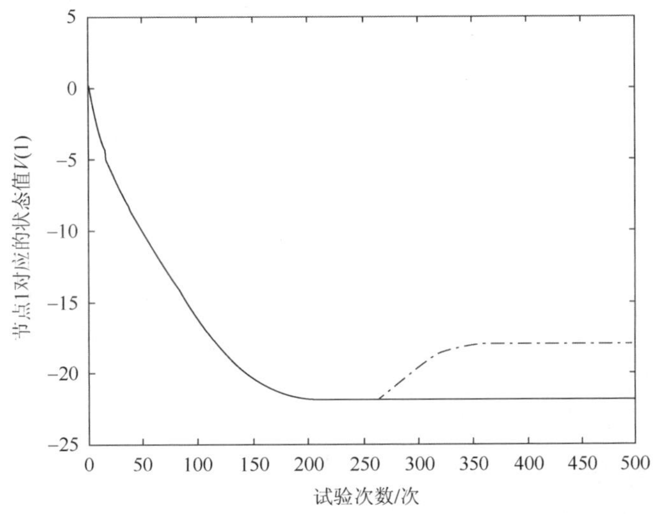

图 1.10 路径参数改变（试验次数达到 250 时改变）和保持不变两种情况的状态值 V（1）迭代曲线对比图中实线表示路径参数不改变的情况，点划线表示路径参数改变的情况

经典的最短路问题是确定性的问题，并不是典型的马尔可夫决策问题。增强学习算法的基本模型针对的是随机决策问题，而确定性决策问题可看作是一类特殊的随机决策问题。从上面的例子可以看到，此类确定性的多阶段决策问题也可以用增强学习算法求解。虽然对于经典的最短路问题，用增强学习算法求解需要对值函数进行多次迭代，不如 Dijkstra 算法等方法简洁，但采用增强学习算法求解该问题的分析和求解过程能很直观地解释增强学习系统的结构、增强学习算法的基本原理和应用过程。而对于信息不完全的随机型最短路问题，用增强学习算法求解就能显示出其优势。

1.3 增强学习算法在调度领域的应用研究

增强学习算法已在电梯调度[51-53]、计算资源调度[54，55]、机器人控制、项目调度[56]、移动电话信道分配及无线网络调度等领域获得成功的应用。增强学习在这些调度问题应用的相关研究表明增强学习是一种解决调度问题的有效方法，该类算法具备如下特点：增强学习算法是基于状态或行为值的直接面向长期目标的学习与决策算法。它不需要学习环境的完整数学模型，可以模仿人类经验，从以前解决过的实例或仿真实验中学习并积累经验，通过与环境的交互过程来学习策略。它并不像监督学习那样需要精确的学习目标；它无需监督与教导，根据交互过程得到的评价性报酬调整策略，从而针对不同的系统状态做出优化的反应。

通过把调度问题转化为增强学习问题，把调度规则或启发式算法作为调度系统的候选行为，增强学习算法针对不同的状态选择合适的行为，从而克服调度规则的短视性，获得优于任意一个行为策略的全局优化的调度结果。邻域搜索算法常常直接在解空间或策略空间上搜索，在初始解的基础上通过交换等机制进一步优化。增强学习算法并非直接在解空间上搜索，它通过状态值或行为值函数充分地反映序贯决策问题自身的结构特点，从而在保留了邻域搜索算法利用随机机制充分探索的特点的同时，充分地利用决策问题的结构搜索策略。这个特点使增强学习在解决大规模问题时有望改善搜索策略的效果和效率[16]。另外，在较短的学习时间内，增强学习算法学习到的策略对于频繁碰到的状态的优化程度高于经历次数较少的状态，这个特点也有利于提高算法效率。

20 世纪 90 年代以来有一些学者陆续把增强学习算法用于生产、物流领域的调度问题。增强学习算法在物流领域的调度研究包括运输工具与路径调度、物流作业流程调度等[57-60]。增强学习算法在生产调度领域的应用可分为基于调整的调度方法和基于规则的调度方法两类。

基于调整的调度先产生初始调度方案，再通过一系列的行为把它调整为满足一定目标的较优调度方案。Zhang 和 Dietterich[61，62]用 TD（λ）增强学习算法解决最小化总流程时间的单件车间（Job Shop）调度问题。采用 ReassignPool（a，k）和 Move（a，d）两种行为。ReassignPool（a，k）改变任务 a 在资源 k 的不同组（Pool）中的分配方案，而 Move（a，d）改变任务 a 的开始时间，两类行为都要在满足资源约束的前提下进行。初始调度方案的负荷往往超过了资源的承受能力，是不可行的；调度目的是通过一系列行为把它调整为满足资源约束的可行调度方案。实验结果表明 TD（λ）算法解决该问题的调度结果优于基于模拟退火的调度方法。

基于规则的调度不是先产生初始调度再进行调整，而是根据调度规则一步一步地选择作业进行加工，直至加工完所有的作业或调度期结束。这种方法体现了决策问题的解决思路。Wang 和 Usher[63]应用 Q 学习算法灵活选择调度规则来解决单机调度问题，优化了时间表长等三个调度目标。Riedmiller 和 Riedmiller[64]用 Q 学习算法解决最小化误工时间总和的动态随机单件车间调度问题，该研究采用 SPT（Shortest Processing Time）、LPT（Longest Processing Time）、EDD（Earliest Due Date）和 MS（Minimal Slack）等常用调度规则作为增强学习系统的行为。Miyashita[46]采用结合基于案例的函数泛化器的TD（λ）算法减少平均误工时间和在制品数量的加权总和。Aydin和Öztemel[65]也尝试用Q学习算法解决最小化平均误工时间的动态单件车间调度问题。实验结果表明大多数情况下Q学习算法的调度效果比单独使用SPT、EDD和COVERT中的任一种调度规则要好。Wei和Gu[66]基于性能预测的机制构造报酬函数，采用遗传增强学习算法解决动态单件车间调度问题。Hong和Prabhu[67]把考虑换型时间的准时生产制造系统调度问题转化成半马尔可夫决策过程，并用列表型Q学习求解。Wang等[68]把Q学习用于随机经济批量实时调度问题。Li等[69]把Q学习用于订货式生产系统的联合定价、提前期确定和调度综合决策问题。文献[70]、[71]和[72]把增强学习算法用于可重入生产系统的调度，并考虑了缓冲区的容量约束。

以上研究多采用单个智能体的学习方式，另一种方式是采用多智能体的框架，每个智能体都有学习能力[73]，利用增强学习算法学习，智能体之间通过协调与合作来解决问题。Paternina-Arboleda和Das[74]用多智能体方法研究随机的单机调度问题，优化在制品水平、延期交货成本和换型成本。文献[75]和[76]基于递阶式的多智能体结构分别用Q学习和TD（λ）算法解决优化最大完工时间的随机平行机调度问题和单件车间调度问题。Gabel和Riedmiller[77]把随机单件车间调度问题转化为一系列串行的决策问题，并采用多智能体体系解决这些决策问题。表1.3总结了增强学习算法在调度领域应用的一部分研究工作。文献中应用于调度领域的增强学习算法主要是Q学习和瞬时差分（TD）算法。

表1.3　增强学习算法在生产调度领域的部分应用

研究者	调度问题	调度目标	增强学习算法
Wang和Usher[63]	单机	C_{max}等三个目标	Q学习
Paternina-Arboleda和Das[78]	随机的单机批调度	在制品水平、延期交货成本和换型成本	Relaxed-SMART
Schneider等[79]	平行机	期望利润	TD
Csáji和Monostori[75]	随机平行机调度	C_{max}	Q学习
Zhang和Dietterich[61, 62]	单件车间	总流程时间	TD（λ）
Riedmiller和Riedmiller[64]	单件车间	总误工时间	Q学习
Miyashita[46]	单件车间	平均误工时间和在制品数量的加权总和	TD（λ）
Aydin和Öztemel[65]	单件车间	平均误工时间	Q学习
Wei和Zhao[80]	单件车间	平均误工时间	Q学习
Csáji等[76]	单件车间	C_{max}	TD（λ）
Hong和Prabhu[67]	准时制生产环境	平均误工时间和调整成本的加权总和	Q学习
李晓萌等[81]	AGV调度	生产率	MaxQ
Chen等[82]	总装线的零件供应搬运工具调度	总装线的收益、生产率和物料搬运距离	Q（λ）
王利存和郑应平[70]	重入型生产系统	系统产出率和机器利用率	递阶增强学习
柳长春等[71]	重入型生产系统	平均产出率	平均报酬型TD（λ）
Choi和Reveliotis[72]	重入型生产系统	生产率	平均报酬型增强学习

1.4　本书组织结构

本书各章内容组织如下：第 1 章介绍增强学习算法的基本原理，通过最短路问题作为引例解释增强学习系统的结构、增强学习算法的基本原理及其应用过程，并介绍增强学习算法在调度领域的应用研究。第 2 章先介绍瞬时差分算法、Q 学习、Sarsa 算法、R 学习等经典的增强学习算法，然后再介绍 Sarsa（λ，k）算法、多维行为增强学习算法等衍生的增强学习算法并证明 Sarsa（λ，k）算法的相关性质。第 3 章采用 TD（λ）算法求解流水车间调度问题。第 4 章采用增强学习算法求解最小化加权平均流程时间或最小化加权平均误工时间的平行机调度问题，分别采用 Q 学习和 R 学习求解离线平行机调度问题和在线平行机调度问题。第 5 章采用结合函数泛化器的 Sarsa（λ，k）算法解决半导体测试调度问题，该问题实质上是多资源约束的重入型平行机调度问题，同时考虑附加资源约束、与作业加工顺序相关的换型时间及测试流程的重入性三个重要因素，考虑了工艺路径约束、测试机-作业类型资格约束、具有关联性和组合性的复杂多资源约束等实际约束；并通过允许使能器的重组，提高了各类测试资源的管理柔性，使半导体测试调度在最底层（测试元件层）得到优化。第 5 章还介绍了面向可重构制造系统调度问题的二元增强学习系统架构及其模型。第 6 章介绍多服务台排队系统控制的半马尔可夫决策模型与该排队控制系统的性质，并建立自组织型排队网络控制问题的增强学习模型，提出解决有终止状态的自组织型排队网络控制问题、节点模式自适应控制的自组织型排队网络在线控制问题的瞬时差分增强学习算法。第 7 章总结了应用增强学习算法解决制造系统调度问题的流程，讨论增强学习模型建模的若干重要事项，并归纳增强学习算法解决调度问题的特点及其适用情况。

第 2 章　增强学习算法

本章先介绍瞬时差分算法、Q 学习、Sarsa 算法、R 学习等经典的增强学习算法，然后再介绍 Sarsa（λ，k）算法、多维行为增强学习算法等衍生的增强学习算法并证明 Sarsa（λ，k）算法的相关性质。

2.1　经典的增强学习算法

2.1.1　TD/TD（λ）学习算法

Sutton[2]首次提出用于评估策略的瞬时差分（TD）增强学习算法。在线的 TD 算法结合了动态规划和蒙特卡罗方法的优点，每观察一次状态转移就更新一次状态函数值，其更新公式如式（2.1）所示，其中，$\alpha(0<\alpha\leqslant 1)$是学习率，$\gamma$ 是折扣率。

$$V(s_t)=V(s_t)+\alpha[r_{t+1}+\gamma V(s_{t+1})-V(s_t)] \tag{2.1}$$

TD 算法的更新目标是下一时刻的报酬加上下一状态的值与折扣率的乘积 $r_{t+1}+\gamma V(s_{t+1})$。如果遵循策略$\pi$选择行为，$\alpha$ 满足随机逼近条件，那么随着学习过程的进行，$V(s)$ 收敛于状态 s 如式（2.2）的真实值 $V^\pi(s)$。

$$V^\pi(s)=E_\pi\{r_{t+1}+\gamma V(s_{t+1})\,|\,s_t=s\} \tag{2.2}$$

评估 $V^\pi(s)$ 的 TD 算法的具体步骤见算法 2.1。

算法 2.1　评估 $V^\pi(\cdot)$ 的 TD 算法

步骤 1：设置参数 α 和 γ。对任意状态 $s\in S$，随机初始化 $V(s)$。

步骤 2：设置当前状态 s_t 为初始状态 s_0。

步骤 3：根据 s_t、状态值函数 $V(s)$ 和控制策略π选择行为 a_t。

步骤 4：执行行为 a_t，确定下一个决策状态 s_{t+1}，并计算报酬 r_{t+1}。

步骤 5：根据式（2.1）更新 s_t 的状态值 $V(s_t)$。

步骤 6：如果 s_{t+1} 不是终止状态，则令 $t=t+1$，跳转到步骤 3。如果 s_{t+1} 是终止状态且未满足算法终止条件，则跳转到步骤 2；否则算法终止。

上面介绍的 TD 学习算法又叫 TD（0）算法，结合 TD（0）算法和蒙特卡罗方法可得 TD（λ）算法。蒙特卡罗方法用一次试验累积的报酬更新状态值函数，所以要等到交互过程结束才可以更新一次状态值函数；而 TD（0）算法每经历一次状态转移就可以更新一次值函数，其更新目标称为单步更新目标。单步更新目标通过向前观察一次状态转移得到，如果向前观察 n 次状态转移，就得到如式（2.3）所示的 n 步更新目标 $R_t^{(n)}$。

$$R_t^{(n)}=r_{t+1}+\gamma r_{t+2}+\cdots+\gamma^{n-1}r_{t+n}+\gamma^n V_{t+n}(s_{t+n}) \tag{2.3}$$

把一步到无穷步更新目标加权求和（权重是参数 λ 的多项式）作为更新目标，就得到TD（λ）算法。TD（λ）算法更新公式如式（2.4）所示：

$$V(s_t) = V(s_t) + \alpha[R_t^\lambda - V(s_t)] \tag{2.4}$$

其中，R_t^λ 为如式（2.5）所示的更新目标：

$$R_t^\lambda = (1-\lambda)\sum_{n=1}^{\infty} \lambda^{n-1} R_t^{(n)} \tag{2.5}$$

2.1.2 Q 学习

Watkins[3]构造了一种常用的增强学习算法——Q 学习。Q 学习是用于控制的基于行为值函数的增强学习算法。Q 学习根据式（2.6）更新行为值函数 $Q(s,a)$。

$$Q(s_t,a_t) = Q(s_t,a_t) + \alpha[r_{t+1} + \gamma \max_{a\in A(s_{t+1})} Q(s_{t+1},a) - Q(s_t,a_t)] \tag{2.6}$$

Q 学习的更新目标为

$$r_{t+1} + \gamma \max_{a\in A(s_{t+1})} Q(s_{t+1},a) \tag{2.7}$$

因为 Q 学习总是采用后续状态的贪婪行为的 Q 值更新当前状态-行为对的 Q 值，所以 $Q(s,a)$ 近似表示的不是 $Q^\pi(s,a)$。可以证明如果 α 满足随机逼近条件而且控制策略π是持续探索的，那么随着学习过程的进行，$Q(s,a)$ 收敛于最优行为值函数 $Q^*(s,a)$。智能体基于 $Q(s,a)$ 针对不同的状态选择最优或次优的行为。$Q(s,a)$ 的收敛性与策略π的具体形式无关，因此它是一种离策略算法。Q 学习的具体步骤见算法 2.2。

算法 2.2　Q 学习

步骤 1：设置参数 α 和 γ。对任意的 (s,a)，随机初始化 $Q(s,a)$。

步骤 2：设置当前状态 s_t 为初始状态 s_0。

步骤 3：根据 s_t、行为值函数 $Q(s,a)$ 和控制策略π选择行为 a_t。

步骤 4：执行行为 a_t，确定下一个决策状态 s_{t+1}，并计算报酬 r_{t+1}。

步骤 5：根据式（2.6）更新 (s_t,a_t) 的 Q 值 $Q(s_t,a_t)$。

步骤 6：如果 s_{t+1} 不是终止状态，则令 t=t+1，跳转到步骤 3。如果 s_{t+1} 是终止状态且未满足算法终止条件，则跳转到步骤 2；否则算法终止。

2.1.3 Sarsa 算法

Rummery 和 Niranjan[6]提出了 Sarsa 学习算法。Sarsa 算法是 TD 算法用于控制而产生的一种在策略学习算法。它向前观察一步，用单步更新目标 $r_{t+1} + \gamma Q(s_{t+1},a_{t+1})$ 更新行为值函数，更新公式见式（2.8）。

$$Q(s_t,a_t) = Q(s_t,a_t) + \alpha[r_{t+1} + \gamma Q(s_{t+1},a_{t+1}) - Q(s_t,a_t)] \tag{2.8}$$

与 Q 学习不同，Sarsa 算法中 $Q(s,a)$ 近似表示的是在策略π下状态-行为对 (s,a) 的值 $Q^\pi(s,a)$，所以 $Q(s,a)$ 与策略π密切相关。Sarsa 算法的具体步骤见算法 2.3。类似 TD（λ）

算法可构造 Sarsa（λ）算法。

算法 2.3　Sarsa 算法

步骤 1：设置参数 α 和 γ 。对任意的 (s,a) ，随机的初始化 $Q(s,a)$ 。

步骤 2：设置当前状态 s_t 为初始状态 s_0 。

步骤 3：根据 s_t 、行为值函数 $Q(s,a)$ 和控制策略 π 选择行为 a_t 。

步骤 4：执行行为 a_t ，确定下一个决策状态 s_{t+1} ，并计算报酬 r_{t+1} 。

步骤 5：根据式（2.8）更新 (s_t,a_t) 的 Q 值 $Q(s_t,a_t)$ 。

步骤 6：如果 s_{t+1} 不是终止状态，则令 $t=t+1$，跳转到步骤 3。如果 s_{t+1} 是终止状态且未满足算法终止条件，则跳转到步骤 2；否则算法终止。

主要的累积报酬型经典增强学习算法是瞬时差分算法、Q 学习和 Sarsa 算法三类算法。理论上列表型的单步 Q 学习和 Sarsa 算法学习到的值函数在一定条件下都收敛于最优值函数。有一种观点认为[16, 83]，由于 Q 学习是离策略方法，状态转移时总是采用后续状态的贪婪行为的 Q 值更新当前状态-行为对的 Q 值，在控制策略学习中效果可能不如 Sarsa 算法稳定。Sarsa 和 Sarsa（λ）是把瞬时差分算法用于控制问题产生的在策略算法。瞬时差分算法是基于状态值的算法，Sarsa 和 Sarsa（λ）是基于行为值的算法，对行为数量较少的增强学习问题，可采用基于行为值的算法。

2.1.4　R 学习

对于平均报酬问题，增强学习的目标是最优化平均报酬。对于平均报酬问题，增强学习用相对行为值函数 $Q^{\pi}(s,a)$ 表征在策略 π 下行为 a 对于状态 s 的优劣程度，$Q^{\pi}(s,a)$ 满足：

$$Q^{\pi}(s,a)=\sum_{s'\in S}p(s,a,s')[r(s,a,s')+V^{\pi}(s')-\rho^{\pi}]$$

其中，$V^{\pi}(s')$ 表示在策略 π 下的相对状态值函数。

根据 Bellman 最优方程得知，当 π 为最优策略时，对任意 $s\in S$ 有

$$V^{\pi}(s)=\max_{a\in A(s)}Q^{\pi}(s,a)$$

R 学习（R-Learning）是 A. Schwartz 提出的一种解决平均报酬型马尔可夫决策问题的增强学习算法[36]。在与环境交互的过程中，智能体在某决策时刻感知系统状态 s，根据控制策略 π 选择行为 a，在下一决策时刻得到一笔时间延迟的报酬 $r(s,a,s')$ ，同时状态转移到 s' 。列表型 R 学习根据 $r(s,a,s')$ 更新相对行为值函数 $Q(s,a)$：

$$Q(s,a)=Q(s,a)+\alpha[r(s,a,s')-\rho+\max_{a'\in A(s')}Q(s',a')-Q(s,a)]$$

其中，$\alpha(0<\alpha\leqslant 1)$是学习率，$Q(s,a)$ 与 ρ 分别是 $Q^{\pi}(s,a)$ 与 ρ^{π} 的近似值，ρ 值也在迭代过程中不断更新。如果智能体选择的是贪婪行为，即 $Q(s,a)=\max_{a\in A(s)}Q(s,a)$ ，那么更新 ρ 值可用：

$$\rho=\rho+\beta[r(s,a,s')-\rho+\max_{a'\in A(s')}Q(s',a')-\max_{a\in A(s)}Q(s,a)]$$

其中 β 为参数。

随着智能体与动态环境交互过程的进行，R 学习旨在使 $Q(s,a)$ 逐渐逼近最优的相对行

为值函数 $Q^*(s,a)$，从而获得最优控制策略 π^*。

2.2　Sarsa（λ，k）算法

Sarsa 算法的学习目标只利用一步状态转移的信息，Sarsa（λ）算法利用无穷步状态转移的信息，而构造学习目标时利用的状态转移的步数过少或过多都可能增大学习目标相对于真实值的误差。基于以上考虑，在 Sarsa 和 Sarsa（λ）的基础上提出一种可以设置学习目标利用的状态转移步数的 Sarsa（λ，k）算法。本节和 2.3 节将介绍这种多步增强学习算法，阐述 Sarsa（λ，k）算法的基本原理，分别针对马尔可夫决策问题和半马尔可夫决策问题提出前视 Sarsa（λ，k）和后视 Sarsa（λ，k）两种形式并证明两者在离线方式下的等价性；分析在一定条件下，采用 GLIE 控制策略的 Sarsa（λ，k）算法解决确定性马尔可夫决策过程和半马尔可夫决策过程的行为值函数的学习误差上界。

2.2.1　Sarsa（λ，k）算法的基本原理

Sarsa（λ）算法更新行为值的学习目标的构造方式与 TD（λ）算法类似，在第 t 个决策时刻，Sarsa（λ）向前观察无穷多步状态直到试验（Episode）结束（对于有终任务）。一次"试验"是指用增强学习算法解决有终任务时，经历一次从初始状态到终止状态的整个交互过程。Sarsa（λ）算法用所有的 n（$n\geqslant 1$）步更新目标的加权总和更新行为值函数。Sarsa（λ）算法的学习目标如式（2.9）所示：

$$R_t^{\lambda}=(1-\lambda)\sum_{n=1}^{\infty}\lambda^{n-1}R_t^{(n)},\ (0\leqslant\lambda<1) \tag{2.9}$$

其中，λ为衰减因子，$R_t^{(n)}$为第 t 个决策时刻的 n 步更新目标：

$$R_t^{(n)}=r_{t+1}+\gamma r_{t+2}+\cdots+\gamma^{n-1}r_{t+n}+\gamma^{n}Q_{t+n}(s_{t+n},a_{t+n}) \tag{2.10}$$

Sarsa（λ，k）算法的学习规则如式（2.11）所示，其中，α 是学习率，$R_t^{\lambda,k}$ 是学习目标，$Q_t(s,a)$ 表示第 t–1 次更新值函数之后 (s,a) 的 Q 值。

$$Q_{t+1}(s_t,a_t)=Q_t(s_t,a_t)+\alpha[R_t^{\lambda,k}-Q_t(s_t,a_t)] \tag{2.11}$$

Sarsa（λ，k）算法每次更新 Q 值的时候向前观察 k（$k\geqslant 1$）步，把 n（$1\leqslant n\leqslant k$）步更新目标的加权总和 $R_t^{\lambda,k}$ 作为学习目标。Sarsa（λ，k）算法在第 t 个决策时刻的学习目标如式（2.12）所示，其中 $x\lambda^{n-1}$ 是 n 步更新目标的权重。图 2.1 是 Sarsa（λ，k）算法的学习目标示意图，其中实心圈表示状态-行为对，空心圈表示决策状态，每列最下方的数字表示各个更新目标的权重。

$$R_t^{\lambda,k}=\sum_{i=1}^{k}x\lambda^{i-1}R_t^{(i)} \tag{2.12}$$

式（2.12）中 n（$1\leqslant n\leqslant k$）步更新目标的权重之和为

$$x+x\lambda+x\lambda^2+\cdots+x\lambda^{k-1}=x\frac{1-\lambda^k}{1-\lambda},\ (0\leqslant\lambda<1) \tag{2.13}$$

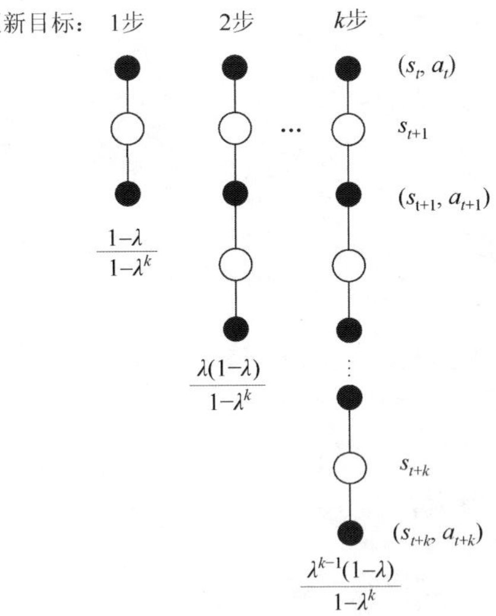

图 2.1　Sarsa（λ，k）算法的学习目标示意图

由于权重之和等于 1，所以令

$$x\frac{1-\lambda^k}{1-\lambda}=1 \tag{2.14}$$

可得

$$x=\frac{1-\lambda}{1-\lambda^k} \tag{2.15}$$

因此，由式（2.10）和式（2.12）可得 Sarsa（λ，k）的学习目标为

$$\begin{aligned}
R_t^{\lambda,k} &= \frac{1-\lambda}{1-\lambda^k}\sum_{i=1}^{k}\lambda^{i-1}R_t^{(i)} \\
&= \frac{1-\lambda}{1-\lambda^k}\{\lambda^0[r_{t+1}+\gamma Q_{t+1}(s_{t+1},a_{t+1})]+\lambda^1[r_{t+1}+\gamma r_{t+2}+\gamma^2 Q_{t+2}(s_{t+2},a_{t+2})] \\
&\quad +\cdots+\lambda^{k-1}[r_{t+1}+\gamma r_{t+2}+\cdots+\gamma^{k-1}r_{t+k}+\gamma^k Q_{t+k}(s_{t+k},a_{t+k})] \\
&= \sum_{i=1}^{k}\frac{\lambda^{i-1}-\lambda^k}{1-\lambda^k}\gamma^{i-1}r_{t+i}+\sum_{i=1}^{k}\frac{1-\lambda}{1-\lambda^k}\lambda^{i-1}\gamma^i Q_{t+i}(s_{t+i},a_{t+i}) \\
&= \sum_{i=1}^{k}\frac{\lambda^{i-1}-\lambda^k}{1-\lambda^k}\gamma^{i-1}r_{t+i}+\frac{1}{1-\lambda^k}\sum_{i=1}^{k}\lambda^{i-1}\gamma^i Q_{t+i}(s_{t+i},a_{t+i})-\lambda^i\gamma^i Q_{t+i}(s_{t+i},a_{t+i}) \\
&= \sum_{i=1}^{k}\frac{\lambda^{i-1}-\lambda^k}{1-\lambda^k}\gamma^{i-1}r_{t+i}+\frac{1}{1-\lambda^k}\{Q_t(s_t,a_t)-(\gamma\lambda)^k Q_{t+k}(s_{t+k},a_{t+k}) \\
&\quad +\sum_{i=0}^{k-1}(\gamma\lambda)^i[\gamma Q_{t+i+1}(s_{t+i+1},a_{t+i+1})-Q_{t+i}(s_{t+i},a_{t+i})]\} \\
&= r_{t+1}+\frac{1}{1-\lambda^k}[\gamma Q_{t+1}(s_{t+1},a_{t+1})-(\gamma\lambda)^k Q_{t+k}(s_{t+k},a_{t+k})] \\
&\quad +\frac{1}{1-\lambda^k}\sum_{i=1}^{k-1}(\gamma\lambda)^i[r_{t+i+1}+\gamma Q_{t+i+1}(s_{t+i+1},a_{t+i+1})-Q_{t+i}(s_{t+i},a_{t+i})]-\frac{\lambda^k}{1-\lambda^k}\sum_{i=1}^{k-1}\gamma^i r_{t+i+1}
\end{aligned} \tag{2.16}$$

式（2.17）是算法用于无终任务（Continuing Task）或用于有终任务而且当$t<T-k$时$R_t^{\lambda,k}$的具体形式。

$$\begin{aligned}R_t^{\lambda,k}&=r_{t+1}+\frac{1}{1-\lambda^k}[\gamma Q_{t+1}(s_{t+1},a_{t+1})-(\gamma\lambda)^k Q_{t+k}(s_{t+k},a_{t+k})]\\&+\frac{1}{1-\lambda^k}\sum_{i=1}^{k-1}(\gamma\lambda)^i[(1-\lambda^{k-i})r_{t+i+1}+\gamma Q_{t+i+1}(s_{t+i+1},a_{t+i+1})-Q_{t+i}(s_{t+i},a_{t+i})]\end{aligned}\tag{2.17}$$

如果算法解决的是有终任务（Episodic Task），假设在第T个时刻的状态为终止状态，则有$r_t=0(t>T)$，那么当$T-k<t<T$时式（2.18）成立：

$$R_t^{(k)}=R_t^{(T-t)}=r_{t+1}+\gamma r_{t+2}+\cdots+\gamma^{T-t-1}r_T\tag{2.18}$$

由式（2.12）可得此时学习目标为

$$\begin{aligned}R_t^{\lambda,k}&=\frac{1-\lambda}{1-\lambda^k}\sum_{i=1}^{k}\lambda^{i-1}R_t^{(\min\{T-t,i\})}\\&=\frac{1-\lambda}{1-\lambda^k}\{\lambda^0[r_{t+1}+\gamma Q_{t+1}(s_{t+1},a_{t+1})]+\lambda^1[r_{t+1}+\gamma r_{t+2}+\gamma^2 Q_{t+2}(s_{t+2},a_{t+2})]+\cdots\\&\quad+\lambda^{T-t-1}[r_{t+1}+\gamma r_{t+2}+\ldots+\gamma^{T-t-1}r_T+\gamma^{T-t}Q_T(s_T,a_T)]+\cdots\\&\quad+\lambda^{k-1}[r_{t+1}+\gamma r_{t+2}+\ldots+\gamma^{T-t-1}r_T+\gamma^{T-t}Q_T(s_T,a_T)]\}\\&=\sum_{i=1}^{T-t}\frac{\lambda^{i-1}-\lambda^k}{1-\lambda^k}\gamma^{i-1}r_{t+i}+\sum_{i=1}^{T-t-1}\frac{1-\lambda}{1-\lambda^k}\lambda^{i-1}\gamma^i Q_{t+i}(s_{t+i},a_{t+i})+\frac{\lambda^{T-t-1}-\lambda^k}{1-\lambda^k}\gamma^{T-t}Q_T(s_T,a_T)\\&=r_{t+1}+\frac{\gamma}{1-\lambda^k}Q_{t+1}(s_{t+1},a_{t+1})\\&\quad+\frac{1}{1-\lambda^k}\sum_{i=1}^{T-t-2}(\gamma\lambda)^i[(1-\lambda^{k-i})r_{t+i+1}+\gamma Q_{t+i+1}(s_{t+i+1},a_{t+i+1})-Q_{t+i}(s_{t+i},a_{t+i})]\\&\quad+\frac{1}{1-\lambda^k}\{(\gamma\lambda)^{T-t-1}[(1-\lambda^{k-T+t+1})r_T-Q_{T-1}(s_{T-1},a_{T-1})]\\&\quad+\gamma^{T-t}\lambda^{T-t-1}(1-\lambda^{k-T+t+1})Q_T(s_T,a_T)\}\end{aligned}\tag{2.19}$$

由于s_T是终止状态，所以$Q_T(s_T,a_T)$等于0，由式（2.19）可得

$$\begin{aligned}R_t^{\lambda,k}&=r_{t+1}+\frac{\gamma}{1-\lambda^k}Q_{t+1}(s_{t+1},a_{t+1})-\frac{1}{1-\lambda^k}\gamma^{T-t}\lambda^k Q_T(s_T,a_T)\\&+\frac{1}{1-\lambda^k}\sum_{i=1}^{T-t-1}(\gamma\lambda)^i[(1-\lambda^{k-i})r_{t+i+1}+\gamma Q_{t+i+1}(s_{t+i+1},a_{t+i+1})-Q_{t+i}(s_{t+i},a_{t+i})]\end{aligned}\tag{2.20}$$

式（2.20）是算法用于有终任务而且当$T-k<t<T$时$R_t^{\lambda,k}$的具体形式，对比式（2.17）和式（2.20）得到算法用于有终任务（$T<\infty$）或无终任务（$T=\infty$）的统一表达式：

$$\begin{aligned}R_t^{\lambda,k}&=r_{t+1}\\&\quad+\frac{\gamma}{1-\lambda^k}Q_{t+1}(s_{t+1},a_{t+1})-\frac{1}{1-\lambda^k}\gamma^{\min\{T-t,k\}}\lambda^k Q_{\min\{T,t+k\}}(s_{\min\{T,t+k\}},a_{\min\{T,t+k\}})\\&\quad+\frac{1}{1-\lambda^k}\sum_{i=1}^{\min\{T-t-1,k-1\}}(\gamma\lambda)^i[(1-\lambda^{k-i})r_{t+i+1}+\gamma Q_{t+i+1}(s_{t+i+1},a_{t+i+1})-Q_{t+i}(s_{t+i},a_{t+i})]\end{aligned}\tag{2.21}$$

可见，当$1<k<\infty$时，Sarsa（λ，k）既不像 Sarsa 算法采用单步更新目标作为学习目标，也不像 Sarsa（λ）用所有 n 步更新目标的加权总和作为学习目标，它的学习目标是介于 Sarsa 和 Sarsa（λ）两种算法的学习目标之间的一种中间形式。Sarsa（λ，k）算法认为，向前观察一步或无穷多步不一定是最优的，通过调节观察的步数可以获得更好的效果。和 Sarsa（λ）一样，在构造学习目标时，n 步更新目标的权重随着 n 的增大而递减。多步截断算法把 Sarsa（λ）的学习目标第 k 项以后的项截去，用 Sarsa（λ）的学习目标的前 k 项来更新行为值函数，将第 k 项（k 步更新目标）的权重由$(1-\lambda)\lambda^{k-1}$增大到λ^{k-1}以弥补被截去的项的信息。与多步截断算法不同，Sarsa（λ，k）不是简单地将第 k 项的权重由$(1-\lambda)\lambda^{k-1}$增大到λ^{k-1}，而是将保持了 k 个 n（$1\leqslant n\leqslant k$）步更新目标的权重的比例协调，不会导致第 k 项的权重太大。

2.2.2　前视与后视 Sarsa（λ，k）算法

1. 前视 Sarsa（λ，k）算法

在前面的章节介绍了前视（Forward View）Sarsa（λ，k）算法的原理［增强学习算法的前视形式和后视（Backward View）形式的概念见文献[16]］。下面构造前视 Sarsa（λ，k）算法解决有终任务的具体步骤（算法 2.4）。

算法 2.4　前视 Sarsa（λ，k）算法

步骤 1：设置参数 α、γ、λ、k 和需要运行的试验数量 N_e。对任意的状态-行为对(s,a)的 Q 值初始化为$Q_0(s,a)=0$，并令$n_e=0$。

步骤 2：令 $t=0$，设置当前状态 s_t 为初始状态 s_0。

步骤 3：根据 s_t、行为值函数 $Q_t(s,a)$ 和控制策略 π（如ε-贪婪策略）选择行为 a_t。

步骤 4：执行行为 a_t 进行仿真，确定下一个决策状态 s_{t+1}，并计算报酬 r_{t+1}。

步骤 5：根据式（2.11）和式（2.21）更新状态-行为对(s_t,a_t)的 Q 值。

步骤 6：如果 s_{t+1} 为终止状态，则令 $n_e=n_e+1$；否则令 $t=t+1$，跳转到步骤 3。如果 $n_e=N_e$，则算法终止；否则跳转到步骤 2。

2. 后视 Sarsa（λ，k）算法

增强学习算法的前视形式适合于理论分析[16]，利用前视 Sarsa（λ，k）算法能直观地解释 Sarsa（λ，k）算法的机理，但它每次更新行为值函数时需要向前观察 k 步状态转移，获得这些状态转移的信息并计算 1～k 步的更新目标，不适合实际应用（尤其是当 k 较大时）。下面提出更适合实际应用的后视 Sarsa（λ，k）算法，它为每个状态-行为对(s,a)维持并动态的更新一对参数：$Tr_t(s,a)$和$Tr_t'(s,a)$，称为适合迹。后视 Sarsa（λ，k）算法解决有终任务的具体步骤见下面的算法 2.5。

算法 2.5　后视 Sarsa（λ，k）算法

步骤 1：设置参数 α、γ、λ、k 和需要运行的试验数量 N_e。对任意的状态-行为对(s,a)初始化$Tr_0(s,a)=0$，$Tr_0'(s,a)=0$，并令 n_e=0。

步骤 2：令 $t=0$，设置当前状态 s_t 为初始状态 s_0。

步骤 3：根据 s_t、行为值函数 $Q_t(s,a)$ 和控制策略选择行为 a_t。

步骤 4：执行行为 a_t 进行仿真，确定下一个决策状态 s_{t+1} 和该状态下选择的行为 a_{t+1}，并计算报酬 r_{t+1}。根据式（2.22）和式（2.23）计算 e_t'、e_t：

$$e_t' = r_{t+1} + \frac{1}{1-\lambda^k}[\gamma Q_{t+1}(s_{t+1},a_{t+1}) - (\gamma\lambda)^k Q_{t+k}(s_{t+k},a_{t+k})] - Q_t(s_t,a_t) \tag{2.22}$$

$$e_t = r_{t+1} + \gamma Q_{t+1}(s_{t+1},a_{t+1}) - Q_t(s_t,a_t) \tag{2.23}$$

步骤 5：当 $t>0$ 时，对任意的 (s,a)，如果 (s,a) 在序列 (s_p,a_p)，(s_{p+1},a_{p+1})，…，(s_{t-1},a_{t-1}) 里面（其中 $p=\max\{0,t-k+1\}$），那么分别根据式（2.24）～式（2.26）计算 $Tr_t(s,a)$、$Tr_t'(s,a)$ 和 $Q_{t+1}(s,a)$；否则，令 $Tr_t(s,a)=0$，$Tr_t'(s,a)=0$。

$$Tr_t(s,a) = \gamma\lambda Tr_t(s,a) \tag{2.24}$$

$$Tr_t'(s,a) = \gamma Tr_t'(s,a) \tag{2.25}$$

$$Q_{t+1}(s,a) = Q_t(s,a) + \frac{\alpha}{1-\lambda^k} Tr_t(s,a) e_t - \frac{\lambda^k \alpha}{1-\lambda^k} Tr_t'(s,a) r_{t+1} \tag{2.26}$$

步骤 6：根据式（2.27）更新 $Q_{t+1}(s_t,a_t)$。

$$Q_{t+1}(s_t,a_t) = Q_{t+1}(s_t,a_t) + \alpha e_t' \tag{2.27}$$

步骤 7：分别用式（2.28）和式（2.29）计算 $Tr_{t+1}(s_t,a_t)$ 和 $Tr_{t+1}'(s_t,a_t)$。

$$Tr_{t+1}(s_t,a_t) = Tr_t(s_t,a_t) + 1 \tag{2.28}$$

$$Tr_{t+1}'(s_t,a_t) = Tr_t'(s_t,a_t) + 1 \tag{2.29}$$

步骤 8：如果 s_{t+1} 为终止状态，则令 $n_e = n_e + 1$；否则令 $t=t+1$，跳转到步骤 3。如果 $n_e = N_e$，则算法终止；否则跳转到步骤 2。

实际应用后视 Sarsa（λ，k）算法时用 $Q_t(s_{t+1},a_{t+1})$ 代替 $Q_{t+k}(s_{t+k},a_{t+k})$，这样只需观察一步状态转移就可以更新一次行为值函数。增强学习算法有离线学习和在线学习两种方式。离线学习方式在运行同一次试验的过程中不更新行为值函数，等整次试验运行完毕后才用整个试验累积的变化量更新行为值函数。在线学习方式在运行试验的过程中就不断地更新行为值函数。

3. Sarsa（λ，k）算法前视形式与后视形式的等价性

定理 2.1 在离线学习方式下，Sarsa（λ，k）算法的前视形式与后视形式等价。

证明 （1）先考察前视 Sarsa（λ，k）算法：

由式（2.21）可得

$$\begin{aligned} R_t^{\lambda,k} - Q_t(s_t,a_t) = {} & r_{t+1} + \frac{\gamma}{1-\lambda^k} Q_{t+1}(s_{t+1},a_{t+1}) \\ & - \frac{1}{1-\lambda^k} \gamma^{\min\{T-t,k\}} \lambda^k Q_{\min\{T,t+k\}}(s_{\min\{T,t+k\}}, a_{\min\{T,t+k\}}) \\ & + \frac{1}{1-\lambda^k} \sum_{i=1}^{\min\{T-t-1,k-1\}} [(\gamma\lambda)^i - \gamma^i \lambda^k] r_{t+i+1} \\ & + \frac{1}{1-\lambda^k} \sum_{i=1}^{\min\{T-t-1,k-1\}} (\gamma\lambda)^i [\gamma Q_{t+i+1}(s_{t+i+1},a_{t+i+1}) - Q_{t+i}(s_{t+i},a_{t+i})] - Q_t(s_t,a_t) \end{aligned} \tag{2.30}$$

在前视 Sarsa（λ，k）算法中，(s,a) 的 Q 值在第 t+1 个决策时刻相对于第 t 个决策时刻的增量为

$$\Delta Q_t^f(s,a)=\begin{cases}\alpha[R_t^{\lambda,k}-Q_t(s_t,a_t)], & \text{if } (s,a)=(s_t,a_t)\\ 0, & \text{if } (s,a)\neq(s_t,a_t)\end{cases} \tag{2.31}$$

定义如下示性函数：

$$\omega(s,a;s_t,a_t)=\begin{cases}1, & \text{if } (s,a)=(s_t,a_t)\\ 0, & \text{if } (s,a)\neq(s_t,a_t)\end{cases} \tag{2.32}$$

那么任意的 (s,a) 的 Q 值在一次试验内的增量总和为

$$\begin{aligned}\Delta Q_f(s,a)&=\sum_{t=0}^{T-1}\Delta Q_t^f(s_t,a_t)\omega(s,a;s_t,a_t)\\&=\sum_{t=0}^{T-1}\alpha\omega(s,a;s_t,a_t)[R_t^{\lambda,k}-Q_t(s_t,a_t)]\\&=\sum_{t=0}^{T-1}\alpha\omega(s,a;s_t,a_t)[r_{t+1}+\frac{\gamma}{1-\lambda^k}Q_{t+1}(s_{t+1},a_{t+1})-Q_t(s_t,a_t)]\\&\quad-\frac{1}{1-\lambda^k}\sum_{t=0}^{T-1}\alpha\omega(s,a;s_t,a_t)\gamma^{\min\{T-t,k\}}\lambda^k Q_{\min\{T,t+k\}}(s_{\min\{T,t+k\}},a_{\min\{T,t+k\}})\\&\quad+\frac{1}{1-\lambda^k}\sum_{t=0}^{T-1}\alpha\omega(s,a;s_t,a_t)\sum_{i=1}^{\min\{T-t-1,k-1\}}[(\gamma\lambda)^i-\gamma^i\lambda^k]r_{t+i+1}\\&\quad+\frac{1}{1-\lambda^k}\sum_{t=0}^{T-1}\alpha\omega(s,a;s_t,a_t)\sum_{i=1}^{\min\{T-t-1,k-1\}}(\gamma\lambda)^i[\gamma Q_{t+i+1}(s_{t+i+1},a_{t+i+1})-Q_{t+i}(s_{t+i},a_{t+i})]\end{aligned}$$

设

$$\begin{aligned}S_1=&\sum_{t=0}^{T-1}\omega(s,a;s_t,a_t)\left[r_{t+1}+\frac{\gamma}{1-\lambda^k}Q_{t+1}(s_{t+1},a_{t+1})-Q_t(s_t,a_t)\right]\\&-\frac{1}{1-\lambda^k}\sum_{t=0}^{T-1}\alpha\omega(s,a;s_t,a_t)\gamma^{\min\{T-t,k\}}\lambda^k Q_{\min\{T,t+k\}}(s_{\min\{T,t+k\}},a_{\min\{T,t+k\}})\end{aligned} \tag{2.33}$$

$$\begin{aligned}S_2&=\sum_{t=0}^{T-1}\omega(s,a;s_t,a_t)\sum_{i=1}^{\min\{T-t-1,k-1\}}[(\gamma\lambda)^i-\gamma^i\lambda^k]r_{t+i+1},\\S_3&=\sum_{t=0}^{T-1}\omega(s,a;s_t,a_t)\sum_{i=1}^{\min\{T-t-1,k-1\}}(\gamma\lambda)^i[\gamma \mathrm{Q}_{t+i+1}(s_{t+i+1},a_{t+i+1})-\mathrm{Q}_{t+i}(s_{t+i},a_{t+i})]\end{aligned} \tag{2.34}$$

则

$$\Delta Q_f=\alpha S_1+\frac{\alpha}{1-\lambda^k}(S_2+S_3) \tag{2.35}$$

当$t\leqslant T-k$时，$T-t-1\geqslant k-1$，此时在 S_2 中 i 的取值范围为$1\leqslant i\leqslant k-1$；当$t>T-k$时，$T$–$t$–1＜$k$–1，此时在 S_2 中 i 的取值范围为$1\leqslant i\leqslant T-t-1$；当 t =T–2 时，i 只能等于 1；当 t =T–1 时，i 不能取任何值。把 S_2 按 t 从 0 到 T–1 展开得：

$$\begin{aligned}S_2 &= \omega(s,a;s_0,a_0)[(\gamma\lambda)^1-\gamma^1\lambda^k]r_2+\omega(s,a;s_0,a_0)[(\gamma\lambda)^2-\gamma^2\lambda^k]r_3\\&\quad+\cdots+\omega(s,a;s_0,a_0)[(\gamma\lambda)^{k-1}-\gamma^{k-1}\lambda^k]r_k\\&\quad+\omega(s,a;s_1,a_1)[(\gamma\lambda)^1-\gamma^1\lambda^k]r_3+\omega(s,a;s_1,a_1)[(\gamma\lambda)^2-\gamma^2\lambda^k]r_4\\&\quad+\cdots+\omega(s,a;s_1,a_1)[(\gamma\lambda)^{k-1}-\gamma^{k-1}\lambda^k]r_{k+1}\\&\quad+\cdots\\&\quad+\omega(s,a;s_{T-k},a_{T-k})[(\gamma\lambda)^1-\gamma^1\lambda^k]r_{T-k+2}+\omega(s,a;s_{T-k},a_{T-k})[(\gamma\lambda)^2-\gamma^2\lambda^k]r_{T-k+3}\\&\quad+\cdots+\omega(s,a;s_{T-k},a_{T-k})[(\gamma\lambda)^{k-1}-\gamma^{k-1}\lambda^k]r_T\\&\quad+\omega(s,a;s_{T-k+1},a_{T-k+1})[(\gamma\lambda)^1-\gamma^1\lambda^k]r_{T-k+3}+\omega(s,a;s_{T-k+1},a_{T-k+1})[(\gamma\lambda)^2-\gamma^2\lambda^k]r_{T-k+4}\\&\quad+\cdots+\omega(s,a;s_{T-k+1},a_{T-k+1})[(\gamma\lambda)^{k-2}-\gamma^{k-2}\lambda^k]r_T\\&\quad+\cdots+\omega(s,a;s_{T-2},a_{T-2})[(\gamma\lambda)^1-\gamma^1\lambda^k]r_T\end{aligned}$$

把上面各项重新整理归类：

$$\begin{aligned}S_2 &= \omega(s,a;s_0,a_0)[(\gamma\lambda)^1-\gamma^1\lambda^k]r_2\\&\quad+\omega(s,a;s_0,a_0)[(\gamma\lambda)^2-\gamma^2\lambda^k]r_3+\omega(s,a;s_1,a_1)[(\gamma\lambda)^1-\gamma^1\lambda^k]r_3+\cdots\\&\quad+\omega(s,a;s_0,a_0)[(\gamma\lambda)^{k-1}-\gamma^{k-1}\lambda^k]r_k+\omega(s,a;s_1,a_1)[(\gamma\lambda)^{k-2}-\gamma^{k-2}\lambda^k]r_k\\&\quad+\cdots+\omega(s,a;s_{k-2},a_{k-2})[(\gamma\lambda)^1-\gamma^1\lambda^k]r_k\\&\quad+\omega(s,a;s_1,a_1)[(\gamma\lambda)^{k-1}-\gamma^{k-1}\lambda^k]r_{k+1}+\omega(s,a;s_2,a_2)[(\gamma\lambda)^{k-2}-\gamma^{k-2}\lambda^k]r_{k+1}\\&\quad+\cdots+\omega(s,a;s_{k-1},a_{k-1})[(\gamma\lambda)^1-\gamma^1\lambda^k]r_{k+1}\\&\quad+\cdots\\&\quad+\omega(s,a;s_{T-k},a_{T-k})[(\gamma\lambda)^{k-1}-\gamma^{k-1}\lambda^k]r_T+\omega(s,a;s_{T-k+1},a_{T-k+1})[(\gamma\lambda)^{k-2}-\gamma^{k-2}\lambda^k]r_T\\&\quad+\cdots+\omega(s,a;s_{T-2},a_{T-2})[(\gamma\lambda)^1-\gamma^1\lambda^k]r_T\end{aligned}$$

合并整理得

$$S_2=\sum_{t=0}^{T-1}\sum_{i=\max\{t-k+1,0\}}^{t-1}[(\gamma\lambda)^{t-i}-\gamma^{t-i}\lambda^k]r_{t+1}\omega(s,a;s_i,a_i) \tag{2.36}$$

同理，当$t\leqslant T-k$时，$T-t-1\geqslant k-1$，此时在S_3中 i 的取值范围为$1\leqslant i\leqslant k-1$；当$t>T-k$时，$T-t-1<k-1$，此时在$S_3$中$i$的取值范围为$1\leqslant i\leqslant T-t-1$；当$t=T-2$时，$i$只能等于 1；当$t=T-1$时，$i$不能取任何值。把$S_3$按$t$从 0 到$T-1$展开得

$$\begin{aligned}S_3 &= \omega(s,a;s_0,a_0)\{(\gamma\lambda)^1[\gamma Q_2(s_2,a_2)-Q_1(s_1,a_1)]+(\gamma\lambda)^2[\gamma Q_3(s_3,a_3)-Q_2(s_2,a_2)]\\&\quad+\cdots+(\gamma\lambda)^{k-1}[\gamma Q_k(s_k,a_k)-Q_{k-1}(s_{k-1},a_{k-1})]\}\\&\quad+\omega(s,a;s_1,a_1)\{(\gamma\lambda)^1[\gamma Q_3(s_3,a_3)-Q_2(s_2,a_2)]+(\gamma\lambda)^2[\gamma Q_4(s_4,a_4)-Q_3(s_3,a_3)]\\&\quad+\cdots+(\gamma\lambda)^{k-1}[\gamma Q_{k+1}(s_{k+1},a_{k+1})-Q_k(s_k,a_k)]\}\\&\quad+\cdots\\&\quad+\omega(s,a;s_{T-k},a_{T-k})\{(\gamma\lambda)^1[\gamma Q_{T-k+2}(s_{T-k+2},a_{T-k+2})-Q_{T-k+1}(s_{T-k+1},a_{T-k+1})]\\&\quad+(\gamma\lambda)^2[\gamma Q_{T-k+3}(s_{T-k+3},a_{T-k+3})-Q_{T-k+2}(s_{T-k+2},a_{T-k+2})]\\&\quad+\cdots+(\gamma\lambda)^{k-1}[\gamma Q_T(s_T,a_T)-Q_{T-1}(s_{T-1},a_{T-1})]\}\\&\quad+\omega(s,a;s_{T-k+1},a_{T-k+1})\{(\gamma\lambda)^1[\gamma Q_{T-k+3}(s_{T-k+3},a_{T-k+3})-Q_{T-k+2}(s_{T-k+2},a_{T-k+2})]\end{aligned}$$

$$
\begin{aligned}
&+(\gamma\lambda)^2[\gamma Q_{T-k+4}(s_{T-k+4},a_{T-k+4})-Q_{T-k+3}(s_{T-k+3},a_{T-k+3})]\\
&+\cdots+(\gamma\lambda)^{k-2}[\gamma Q_T(s_T,a_T)-Q_{T-1}(s_{T-1},a_{T-1})]\}\\
&+\cdots\\
&+\omega(s,a;s_{T-2},a_{T-2})(\gamma\lambda)^1[\gamma Q_T(s_T,a_T)-Q_{T-1}(s_{T-1},a_{T-1})]
\end{aligned}
$$

把上面各项重新整理得

$$
\begin{aligned}
S_3=&\,\omega(s,a;s_0,a_0)(\gamma\lambda)^1[\gamma Q_2(s_2,a_2)-Q_1(s_1,a_1)]\\
&+[\omega(s,a;s_0,a_0)(\gamma\lambda)^2+\omega(s,a;s_1,a_1)(\gamma\lambda)^1][\gamma Q_3(s_3,a_3)-Q_2(s_2,a_2)]\\
&+\cdots\\
&+[\omega(s,a;s_0,a_0)(\gamma\lambda)^{k-1}+\omega(s,a;s_1,a_1)(\gamma\lambda)^{k-2}\\
&+\cdots+\omega(s,a;s_{k-2},a_{k-2})(\gamma\lambda)^1][\gamma Q_k(s_k,a_k)-Q_{k-1}(s_{k-1},a_{k-1})]\\
&+[\omega(s,a;s_1,a_1)(\gamma\lambda)^{k-1}+\omega(s,a;s_2,a_2)(\gamma\lambda)^{k-2}\\
&+\cdots+\omega(s,a;s_{k-1},a_{k-1})(\gamma\lambda)^1][\gamma Q_{k+1}(s_{k+1},a_{k+1})-Q_k(s_k,a_k)]\\
&+\cdots\\
&+[\omega(s,a;s_{T-k},a_{T-k})(\gamma\lambda)^{k-1}+\omega(s,a;s_{T-k+1},a_{T-k+1})(\gamma\lambda)^{k-2}\\
&+\cdots+\omega(s,a;s_{T-2},a_{T-2})(\gamma\lambda)^1][\gamma Q_T(s_T,a_T)-\mathrm{Q}_{T-1}(s_{T-1},a_{T-1})]
\end{aligned}
$$

合并整理得

$$
S_3=\sum_{t=0}^{T-1}[\gamma V_{t+1}(s_{t+1})-V_t(s_t)]\sum_{i=\max\{t-k+1,0\}}^{t-1}(\gamma\lambda)^{t-i}\omega(s,a;s_i,a_i) \tag{2.37}
$$

因此，根据式（2.35）可得

$$
\begin{aligned}
\Delta Q_f(s,a)=\alpha S_1+\frac{\alpha}{1-\lambda^k}&\left\{\sum_{t=0}^{T-1}\sum_{i=\max\{t-k+1,0\}}^{t-1}[(\gamma\lambda)^{t-i}-\gamma^{t-i}\lambda^k]\omega(s,a;s_i,a_i)r_{t+1}\right.\\
&\left.+\sum_{t=0}^{T-1}\sum_{i=\max\{t-k+1,0\}}^{t-1}(\gamma\lambda)^{t-i}\omega(s,a;s_i,a_i)[\gamma Q_{t+1}(s_{t+1},a_{t+1})-Q_t(s_t,a_t)]\right\}
\end{aligned} \tag{2.38}
$$

（2）再考察后视 Sarsa（λ，k）算法。假设在后视 Sarsa（λ，k）算法中，(s,a) 的 Q 值在第 t+1 个决策时刻相对于第 t 个决策时刻的增量为 $\Delta Q_t^b(s,a)$，则从式(2.26)和式(2.27)可得到式（2.39），从算法 2.2 的步骤 5 和步骤 7 可得到式（2.40）和式（2.41）。

$$
\Delta Q_t^b(s,a)=\frac{\alpha}{1-\lambda^k}Tr_t(s,a)e_t-\frac{\lambda^k\alpha}{1-\lambda^k}Tr_t'(s,a)r_{t+1}+\alpha e_t'\omega(s,a;s_t,a_t) \tag{2.39}
$$

$$
Tr_t(s,a)=\sum_{i=\max\{t-k+1,0\}}^{t-1}(\gamma\lambda)^{t-i}\omega(s,a;s_i,a_i) \tag{2.40}
$$

$$
Tr_t'(s,a)=\sum_{i=\max\{t-k+1,0\}}^{t-1}\gamma^{t-i}\omega(s,a;s_i,a_i) \tag{2.41}
$$

从式（2.39）可知，任意的 (s,a) 的 Q 值在一次试验内的增量总和为

$$\begin{aligned}\Delta Q_{\mathrm{b}}(s,a) &= \sum_{t=0}^{T-1}\Delta Q_t^b(s_t,a_t) \\ &= \sum_{t=0}^{T-1}\frac{\alpha}{1-\lambda^k}Tr_{\mathrm{t}}(s,a)e_t - \frac{\lambda^k\alpha}{1-\lambda^k}Tr_t'(s,a)r_{t+1} + \alpha e_t'\omega(s,a;s_t,a_t)\end{aligned} \tag{2.42}$$

由于 $Q_T(s_T,a_T)=0$，所以由式（2.33）和式（2.22）可得

$$S_1 = \sum_{t=0}^{T-1}\omega(s,a;s_t,a_t)e_t' \tag{2.43}$$

把式（2.22）和式（2.23）代入式（2.42）可得

$$\begin{aligned}\Delta Q_{\mathrm{b}}(s,a) &= \sum_{t=0}^{T-1}\frac{\alpha}{1-\lambda^k}\sum_{i=\max\{t-k+1,0\}}^{t-1}(\gamma\lambda)^{t-i}\omega(s,a;s_i,a_i)[r_{t+1}+\gamma Q_{t+1}(s_{t+1},a_{t+1})-Q_t(s_t,a_t)] \\ &\quad -\sum_{t=0}^{T-1}\frac{\lambda^k\alpha}{1-\lambda^k}\sum_{i=\max\{t-k+1,0\}}^{t-1}\gamma^{t-i}\omega(s,a;s_i,a_i)r_{t+1} + \alpha\sum_{t=0}^{T-1}\omega(s,a;s_t,a_t)e_t' \\ &= \alpha S_1 + \frac{\alpha}{1-\lambda^k}\sum_{t=0}^{T-1}\sum_{i=\max\{t-k+1,0\}}^{t-1}[(\gamma\lambda)^{t-i}-\gamma^{t-i}\lambda^k]\omega(s,a;s_i,a_i)r_{t+1} \\ &\quad + \frac{\alpha}{1-\lambda^k}\sum_{t=0}^{T-1}\sum_{i=\max\{t-k+1,0\}}^{t-1}(\gamma\lambda)^{t-i}\omega(s,a;s_i,a_i)[\gamma Q_{t+1}(s_{t+1},a_{t+1})-Q_t(s_t,a_t)]\end{aligned} \tag{2.44}$$

由式（2.38）和式（2.44）可知 $\Delta Q_f(s,a)$ 与 $\Delta Q_b(s,a)$ 相等，所以在前视和后视 Sarsa（λ，k）算法中，任意状态-行为对 (s,a) 的 Q 值在每次试验内的增量是相同的。因为离线方式的学习算法每运行一次试验才更新一次行为值函数，所以离线方式的前视和后视 Sarsa（λ，k）算法是等价的。定理证毕。

使用在线方式时，学习算法在运行试验的过程中会更新行为值函数，而两种算法在同一次试验内选择的行为序列不一定相同，因此不能证明两者的等价性。对于规模较大的问题，由于一次试验包括很多步状态转移，使用离线方式不能充分利用试验过程中获得的信息，因此在这种情况下学习算法常常使用在线方式。算法的前视形式适合理论分析，后视形式适合应用。Sarsa（λ，k）算法有如下性质：

如果 $0\leqslant\lambda<1$，那么 Sarsa（λ，1）与 Sarsa 算法等价，Sarsa（λ，∞）与 Sarsa（λ）算法等价。

证明（1）由式（2.17）可知，当 $k=1$ 时，Sarsa（λ，k）的学习目标 $R_t^{\lambda,k}$ 等于 $r_{t+1}+\gamma Q_{t+1}(s_{t+1},a_{t+1})$，与 Sarsa 算法的学习目标相同。所以 Sarsa（λ，1）算法等价于 Sarsa 算法。

（2）因为 $0\leqslant\lambda<1$，所以当 $k\to\infty$ 时，$\lambda^k\to 0$。由式（2.16）可知，当 $k\to\infty$ 时，Sarsa（λ，k）的更新目标如式（2.45），与 Sarsa（λ）算法的更新目标相同。所以 Sarsa（λ，∞）算法等价于 Sarsa（λ）算法。

$$(1-\lambda)\sum_{i=1}^{\infty}\lambda^{i-1}R_t^{(i)} \tag{2.45}$$

2.2.3 Sarsa（λ，k）算法的性质

Sarsa（λ）算法在实际应用时也采用后视形式。列表型 Sarsa（λ）算法在每次更新行为

值函数时需要遍历所有的状态-行为对，计算状态-行为对的适合迹。而列表型 Sarsa（λ，k）算法在每次更新行为值函数时最多只需要计算 k 个状态-行为对的适合迹，所以 Sarsa（λ，k）算法的运算时间比 Sarsa（λ）算法短，效率比 Sarsa（λ）高。

由于本章只研究确定性的调度问题，下面只分析 Sarsa（λ，k）算法应用于确定性马尔可夫决策问题的行为值函数的学习误差。在分析算法的学习误差之前先介绍 GLIE 控制策略。GLIE 控制策略是指满足以下条件的一类持续探索的控制策略：

（1）每个状态-行为对 (s,a) 都经历无限多次；

（2）当运行时间无限长时，根据行为值函数以概率 1（w.p.1）选择贪婪行为。

常见的 GLIE 控制策略是基于ε-贪婪或 Boltzmann 探索策略构造的控制策略[31]。下面针对 Sarsa（λ，k）算法的前视形式分析学习误差：

定理 2.2　对应用于有限状态-行为空间的确定性马尔可夫决策过程中的列表型前视 Sarsa（λ，k）算法，报酬函数有界，任意状态-行为对 (s,a) 的 Q 值初始化为有限值。设参数 α、γ 与λ的取值范围均为[0，1)，k 为正整数，策略π属于 GLIE 控制策略，$Q^*(s,a)$ 表示最优行为值函数。如果每个状态-行为对都经历无限多次，而且行为值函数在学习过程中有界，那么当 $t\to\infty$ 时任意状态-行为对 (s,a) 的 Q 值以概率 1 满足不等式（2.46）：

$$
\begin{aligned}
&|Q_t(s,a)-Q^*(s,a)|\\
&\leqslant \frac{\lambda\gamma}{1-\gamma\dfrac{(1-\lambda)(1-\lambda^k\gamma^k)}{(1-\lambda^k)(1-\lambda\gamma)}}\{\frac{1}{(1-\gamma)(1-\lambda^k)}[1-\lambda^{k-1}-\frac{\gamma(1-\lambda)(1-\lambda^{k-1}\gamma^{k-1})}{1-\lambda\gamma}]\Delta r\\
&+\frac{\gamma(1-\lambda)(1-\lambda^{k-1}\gamma^{k-1})}{(1-\lambda^k)(1-\lambda\gamma)}\Delta Q^*\}
\end{aligned}
\tag{2.46}
$$

其中，Δr 表示状态转移获得的报酬函数的最大差值；ΔQ^* 表示在最优策略下，不同状态-行为对的 Q 值的最大差值。Δr 与 ΔQ^* 的定义分别如式（2.47）和式（2.48），其中，$r(s,a,s')$ 表示在状态 s 采取行为 a 转移到状态 s' 获得的报酬。

$$\Delta r=\max_{s_1,s_1',s_2,s_2'\in S,a_1\in A(s_1),a_2\in A(s_2)}|r(s_1,a_1,s_1')-r(s_2,a_2,s_2')| \tag{2.47}$$

$$\Delta Q^*=\max_{s_1,s_2\in S,a_1\in A(s_1),a_2\in A(s_2)}|Q^*(s_1,a_1)-Q^*(s_2,a_2)| \tag{2.48}$$

证明　由于每个状态-行为对都经历无限多次，对任意一个状态-行为对 (s,a)，存在连续的时间区间 $I_n(n\in N)$，使 $I_n=[\tau_n,\tau_{n+1})$ 而且在区间 I_n 内第 n 次经历状态-行为对 (s,a)。设 $Q^{(n+1)}(s,a)$ 表示区间 I_n 结束后 (s,a) 的 Q 值。

不失一般性，假设在区间 I_n 内经历 (s,a) 的时刻为第 t 个决策时刻，则

$$Q^{(n)}(s,a)=Q_t(s,a) \tag{2.49}$$

根据式（2.11）得

$$Q^{(n+1)}(s,a)=Q_t(s,a)+\alpha[R_t^{\lambda,k}-Q_t(s,a)] \tag{2.50}$$

把式（2.49）和式（2.16）代入式（2.50）得

$$\begin{aligned} Q^{(n+1)}(s,a) &= Q^{(n)}(s,a) + \alpha\left[\frac{1-\lambda}{1-\lambda^k}\sum_{i=1}^{k}\lambda^{i-1}R_t^{(i)} - Q^{(n)}(s,a)\right] \\ &= (1-\alpha)Q^{(n)}(s,a) + \alpha\frac{1-\lambda}{1-\lambda^k}\sum_{i=1}^{k}\lambda^{i-1}R_t^{(i)} \end{aligned} \tag{2.51}$$

所以，

$$\begin{aligned} |Q^{(n+1)}(s,a) - Q^*(s,a)| &= \left|(1-\alpha)Q^{(n)}(s,a) + \alpha\frac{1-\lambda}{1-\lambda^k}\sum_{i=1}^{k}\lambda^{i-1}R_t^{(i)} - Q^*(s,a)\right| \\ &= \left|(1-\alpha)[Q^{(n)}(s,a) - Q^*(s,a)] + \alpha\frac{1-\lambda}{1-\lambda^k}\sum_{i=1}^{k}\lambda^{i-1}R_t^{(i)} - Q^*(s,a)\right| \\ &\leqslant (1-\alpha)|Q^{(n)}(s,a) - Q^*(s,a)| + \alpha\left|\frac{1-\lambda}{1-\lambda^k}\sum_{i=1}^{k}\lambda^{i-1}R_t^{(i)} - \mathrm{Q}^*(s,a)\right| \end{aligned} \tag{2.52}$$

由于，

$$\frac{1-\lambda}{1-\lambda^k}\sum_{i=1}^{k}\lambda^{i-1} = 1$$

$$Q^*(s,a) = \frac{1-\lambda}{1-\lambda^k}\sum_{i=1}^{k}\lambda^{i-1}Q^*(s,a)$$

因此，

$$\begin{aligned} \frac{1-\lambda}{1-\lambda^k}\sum_{i=1}^{k}\lambda^{i-1}R_t^{(i)} - Q^*(s,a) &= \frac{1-\lambda}{1-\lambda^k}\sum_{i=1}^{k}\lambda^{i-1}[R_t^{(i)} - Q^*(s,a)] \\ &= \frac{1-\lambda}{1-\lambda^k}[R_t^{(1)} - Q^*(s,a)] + \frac{1-\lambda}{1-\lambda^k}\sum_{i=2}^{k}\lambda^{i-1}[R_t^{(i)} - Q^*(s,a)] \\ &= \frac{1-\lambda}{1-\lambda^k}[r_{t+1} + \gamma Q^{(n)}(s_{t+1},a_{t+1}) - Q^*(s,a)] \\ &\quad + \frac{1-\lambda}{1-\lambda^k}\sum_{i=2}^{k}\lambda^{i-1}[R_t^{(i)} - Q^*(s,a)] \end{aligned} \tag{2.53}$$

其中，$r_{t+1} = r(s_t,a,s_{t+1})$，表示在状态 s_t 采取行为 a 获得的报酬。由于式（2.54）对任意正整数 i 均成立，

$$Q^*(s,a) = r_{t+1} + \gamma r_{t+2}^* + \gamma^2 r_{t+3}^* + \ldots + \gamma^{i-1}r_{t+i}^* + \gamma^i Q^*(s_{t+i}^*,a_{t+i}^*) \tag{2.54}$$

其中，$s_{t+i}^*\ (i>1)$ 表示从状态 s_{t+1} 开始采取最优策略得到的状态序列；$a_{t+i}^*\ (i\geqslant 1)$ 表示在状态 s_{t+1} 和 $s_{t+i}^*\ (i>1)$ 采取的最优行为，$r_{t+i}^* (i>1)$ 表示状态从 s_{t+i-1}^* 转移到状态 s_{t+i}^* 时获得的报酬。所以由式（2.53）可得

$$\begin{aligned} &\frac{1-\lambda}{1-\lambda^k}\sum_{i=1}^{k}\lambda^{i-1}R_t^{(i)} - Q^*(s,a) \\ &= \frac{1-\lambda}{1-\lambda^k}\{r_{t+1} + \gamma Q^{(n)}(s_{t+1},a_{t+1}) - [r_{t+1} + \gamma Q^*(s_{t+1}^*,a_{t+1}^*)]\} + \frac{1-\lambda}{1-\lambda^k}\sum_{i=2}^{k}\lambda^{i-1}[R_t^{(i)} - Q^*(s,a)] \\ &= \frac{1-\lambda}{1-\lambda^k}\gamma[Q^{(n)}(s_{t+1},a_{t+1}) - Q^*(s_{t+1}^*,a_{t+1}^*)] + \frac{1-\lambda}{1-\lambda^k}\sum_{i=2}^{k}\lambda^{i-1}[R_t^{(i)} - Q^*(s,a)] \end{aligned}$$

根据式（2.10）得

$$\begin{aligned}\frac{1-\lambda}{1-\lambda^k}\sum_{i=1}^{k}\lambda^{i-1}R_t^{(i)}-Q^*(s,a)&=\frac{1-\lambda}{1-\lambda^k}\gamma[Q^{(n)}(s_{t+1},a_{t+1})-Q^*(s_{t+1}^*,a_{t+1}^*)]\\&\quad+\frac{1-\lambda}{1-\lambda^k}\sum_{i=2}^{k}\lambda^{i-1}[r_{t+1}+\gamma r_{t+2}+\gamma^2 r_{t+3}+\cdots\\&\quad+\gamma^{i-1}r_{t+i}+\gamma^i Q^{(n)}(s_{t+i},a_{t+i})-Q^*(s,a)]\end{aligned}\tag{2.55}$$

由式（2.54）和式（2.55）可得

$$\begin{aligned}&\frac{1-\lambda}{1-\lambda^k}\sum_{i=1}^{k}\lambda^{i-1}R_t^{(i)}-Q^*(s,a)\\&=\frac{1-\lambda}{1-\lambda^k}\gamma[Q^{(n)}(s_{t+1},a_{t+1})-Q^*(s_{t+1}^*,a_{t+1}^*)]\\&+\frac{1-\lambda}{1-\lambda^k}\sum_{i=2}^{k}\lambda^{i-1}\{\gamma(r_{t+2}-r_{t+2}^*)+\gamma^2(r_{t+3}-r_{t+3}^*)\\&+\cdots+\gamma^{i-1}(r_{t+i}-r_{t+i}^*)+\gamma^i[Q^{(n)}(s_{t+i},a_{t+i})-Q^*(s_{t+i}^*,a_{t+i}^*)]\}\end{aligned}\tag{2.56}$$

因为策略π属于 GLIE 控制策略，所以当运行时间无限长时，根据行为值函数以概率1选择贪婪行为。因此当$n\to\infty$时，式（2.57）以概率 1 成立：

$$Q^{(n)}(s_{t+1},a_{t+1})=\max_{a\in A(s_{t+1})}Q^{(n)}(s_{t+1},a)\tag{2.57}$$

因为$s_{t+1}=s_{t+1}^*$，所以，

$$Q^*(s_{t+1}^*,a_{t+1}^*)=Q^*(s_{t+1},a_{t+1}^*)=\max_{a\in A(s_{t+1})}Q^*(s_{t+1},a)\tag{2.58}$$

于是式（2.59）以概率 1 成立：

$$\begin{aligned}|Q^{(n)}(s_{t+1},a_{t+1})-Q^*(s_{t+1}^*,a_{t+1}^*)|&=|\max_{a\in A(s_{t+1})}Q^{(n)}(s_{t+1},a)-\max_{a\in A(s_{t+1})}Q^*(s_{t+1},a)|\\&\leqslant\max_{a\in A(s_{t+1})}|Q^{(n)}(s_{t+1},a)-Q^*(s_{t+1},a)|\\&\leqslant\max_{s,a\in A(s)}|Q^{(n)}(s,a)-Q^*(s,a)|\end{aligned}\tag{2.59}$$

综合式（2.56）和式（2.59）两式得

$$\begin{aligned}&\left|\frac{1-\lambda}{1-\lambda^k}\sum_{i=1}^{k}\lambda^{i-1}R_t^{(i)}-Q^*(s,a)\right|\\&\leqslant\frac{1-\lambda}{1-\lambda^k}\gamma\max_{s,a\in A(s)}|Q^{(n)}(s,a)-Q^*(s,a)|+|\frac{1-\lambda}{1-\lambda^k}\sum_{i=2}^{k}\lambda^{i-1}\{\gamma\Delta r+\gamma^2\Delta r+\cdots+\gamma^{i-1}\Delta r\\&+\gamma^i[Q^{(n)}(s_{t+i},a_{t+i})-Q^*(s_{t+i},a_{t+i})+Q^*(s_{t+i},a_{t+i})-Q^*(s_{t+i}^*,a_{t+i}^*)]\}|\\&\leqslant\frac{1-\lambda}{1-\lambda^k}\gamma\max_{s,a\in A(s)}|Q^{(n)}(s,a)-Q^*(s,a)|\\&+\frac{1-\lambda}{1-\lambda^k}\sum_{i=2}^{k}\lambda^{i-1}\{\frac{\gamma-\gamma^i}{1-\gamma}\Delta r+\gamma^i[|Q^{(n)}(s_{t+i},a_{t+i})-Q^*(s_{t+i},a_{t+i})|\\&+|Q^*(s_{t+i},a_{t+i})-Q^*(s_{t+i}^*,a_{t+i}^*)|\\&\leqslant\frac{1-\lambda}{1-\lambda^k}\gamma\max_{s,a\in A(s)}|Q^{(n)}(s,a)-Q^*(s,a)|\\&+\frac{1-\lambda}{1-\lambda^k}\sum_{i=2}^{k}\lambda^{i-1}[\frac{\gamma-\gamma^i}{1-\gamma}\Delta r+\gamma^i(\max_{s,a\in A(s)}|Q^{(n)}(s,a)-Q^*(s,a)|+\Delta Q^*)]\end{aligned}\tag{2.60}$$

设 Δ_n 表示 $Q^{(n)}$ 相对于最优行为值的最大误差，即

$$\Delta_n = \max_{s,a\in A(s)} |Q^{(n)}(s,a) - Q^*(s,a)|$$

那么由式（2.60）得

$$\begin{aligned}
&\left|\frac{1-\lambda}{1-\lambda^k}\sum_{i=1}^{k}\lambda^{i-1}R_t^{(i)} - Q^*(s,a)\right| \\
&\leqslant \frac{1-\lambda}{1-\lambda^k}\gamma\Delta_n + \frac{1-\lambda}{1-\lambda^k}\sum_{i=2}^{k}\lambda^{i-1}[\frac{\gamma-\gamma^i}{1-\gamma}\Delta r + \gamma^i(\Delta_n + \Delta Q^*)] \\
&= \frac{1-\lambda}{1-\lambda^k}[\sum_{i=1}^{k}\lambda^{i-1}\gamma^i\Delta_n + \sum_{i=2}^{k}\lambda^{i-1}(\frac{\gamma-\gamma^i}{1-\gamma}\Delta r + \gamma^i\Delta Q^*)] \\
&= \frac{1-\lambda}{1-\lambda^k}\frac{1-\lambda^k\gamma^k}{1-\lambda\gamma}\gamma\Delta_n + \frac{\lambda\gamma}{1-\gamma}\frac{1}{1-\lambda^k}[1-\lambda^{k-1} - \frac{\gamma(1-\lambda)(1-\lambda^{k-1}\gamma^{k-1})}{1-\lambda\gamma}]\Delta r \\
&\quad + \lambda\gamma^2\frac{1-\lambda}{1-\lambda^k}\frac{1-\lambda^{k-1}\gamma^{k-1}}{1-\lambda\gamma}\Delta Q^*
\end{aligned} \tag{2.61}$$

由式（2.52）和式（2.61）得

$$\begin{aligned}
&|Q^{(n+1)}(s,a) - Q^*(s,a)| \\
&\leqslant (1-\alpha)\Delta_n + \alpha\left\{\frac{1-\lambda}{1-\lambda^k}\frac{1-\lambda^k\gamma^k}{1-\lambda\gamma}\gamma\Delta_n + \frac{\lambda\gamma}{1-\gamma}\frac{1}{1-\lambda^k}\left[1-\lambda^{k-1} - \frac{\gamma(1-\lambda)(1-\lambda^{k-1}\gamma^{k-1})}{1-\lambda\gamma}\right]\Delta r\right. \\
&\quad \left. + \lambda\gamma^2\frac{1-\lambda}{1-\lambda^k}\frac{1-\lambda^{k-1}\gamma^{k-1}}{1-\lambda\gamma}\Delta Q^*\right\} \\
&= (1-\alpha)\Delta_n + \alpha\gamma\frac{1-\lambda}{1-\lambda^k}\frac{1-\lambda^k\gamma^k}{1-\lambda\gamma}\Delta_n + C
\end{aligned} \tag{2.62}$$

其中，

$$C = \alpha\left\{\frac{\lambda\gamma}{1-\gamma}\frac{1}{1-\lambda^k}\left[1-\lambda^{k-1} - \frac{\gamma(1-\lambda)(1-\lambda^{k-1}\gamma^{k-1})}{1-\lambda\gamma}\right]\Delta r + \lambda\gamma^2\frac{1-\lambda}{1-\lambda^k}\frac{1-\lambda^{k-1}\gamma^{k-1}}{1-\lambda\gamma}\Delta Q^*\right\} \tag{2.63}$$

设

$$\beta = 1-\alpha+\alpha\left(\gamma\frac{1-\lambda}{1-\lambda^k}\frac{1-\lambda^k\gamma^k}{1-\lambda\gamma}+\varepsilon\right) \tag{2.64}$$

其中，ε是任意小的正数，且满足：

$$0 < \varepsilon < 1-\gamma\frac{1-\lambda}{1-\lambda^k}\frac{1-\lambda^k\gamma^k}{1-\lambda\gamma}$$

于是：

$$(1-\alpha)\Delta_n + \alpha\gamma\frac{1-\lambda}{1-\lambda^k}\frac{1-\lambda^k\gamma^k}{1-\lambda\gamma}\Delta_n \leqslant \beta\Delta_n \tag{2.65}$$

由式（2.62）得

$$|Q^{(n+1)}(s,a) - Q^*(s,a)| \leqslant \beta\Delta_n + C \tag{2.66}$$

因为 (s,a) 是任意一个状态–行为对，所以，

$$\Delta_{n+1} \leqslant \beta\Delta_n + C$$

同理可得

$$\Delta_{n+2} \leqslant \beta\Delta_{n+1} + C \leqslant \beta^2\Delta_n + \beta C + C$$

以此类推，可得

$$\Delta_{2n} \leqslant \beta^n\Delta_n + \beta^{n-1}C + \cdots + \beta C + C = \beta^n\Delta_n + \frac{1-\beta^n}{1-\beta}C \tag{2.67}$$

因为报酬函数有界，所以 Δr 与 ΔQ^* 均有界。因为 k 是常数，所以 C 是有限值。

因为任意的状态-行为对 (s,a) 的 Q 值初始化为有限值，所以 Δ_0 是有限值。因为行为值函数在学习过程中有界，所以 Δ_n 为有限值。因为 $0<\beta<1$，所以，

$$\begin{aligned}\lim_{n\to\infty}\Delta_{2n} &= \lim_{n\to\infty}\beta^n\Delta_n + \frac{1-\beta^n}{1-\beta}C \ \text{(w.p.l)} \\ &= \frac{C}{1-\beta}\end{aligned} \tag{2.68}$$

因此，当 $n\to\infty$ 时，

$$|Q^{(2n)}(s,a) - Q^*(s,a)| \leqslant \frac{C}{1-\beta}\text{(w.p.l)} \tag{2.69}$$

$$\begin{aligned}&= \frac{\alpha\left\{\dfrac{\lambda\gamma}{1-\gamma}\dfrac{1}{1-\lambda^k}\left[1-\lambda^{k-1}-\dfrac{\gamma(1-\lambda)(1-\lambda^{k-1}\gamma^{k-1})}{1-\lambda\gamma}\right]\Delta r + \lambda\gamma^2\dfrac{1-\lambda}{1-\lambda^k}\dfrac{1-\lambda^{k-1}\gamma^{k-1}}{1-\lambda\gamma}\Delta Q^*\right\}}{\alpha\left(1-\gamma\dfrac{1-\lambda}{1-\lambda^k}\dfrac{1-\lambda^k\gamma^k}{1-\lambda\gamma}-\varepsilon\right)} \\ &= \frac{\lambda\gamma}{1-\gamma\dfrac{(1-\lambda)(1-\lambda^k\gamma^k)}{(1-\lambda^k)(1-\lambda\gamma)}-\varepsilon}\left\{\frac{1}{(1-\gamma)(1-\lambda^k)}\left[1-\lambda^{k-1}\right.\right. \\ &\quad \left.\left.-\frac{\gamma(1-\lambda)(1-\lambda^{k-1}\gamma^{k-1})}{1-\lambda\gamma}\right]\Delta r + \frac{\gamma(1-\lambda)(1-\lambda^{k-1}\gamma^{k-1})}{(1-\lambda^k)(1-\lambda\gamma)}\Delta Q^*\right\}\end{aligned} \tag{2.70}$$

$n\to\infty$ 与 $t\to\infty$ 是等价的，都意味着状态-行为对 (s,a) 经历无限多次。ε是任意小的正数，所以不等式（2.46）成立。由于 (s,a) 的任意性，式（2.46）不等号右边是 Sarsa（λ，k）算法的行为值函数最大学习误差的上界。定理得证。

定理 2.2 中“行为值函数在学习过程中有界”的条件可以通过设置学习率 α 来保证。举个极端的例子，根据式（2.71）设置 α 可以确保该条件成立，

$$\alpha_t = \frac{1}{t^2K} \tag{2.71}$$

其中，α_t 表示第 t 次更新行为值函数时的学习率，K 是足够大的正数。

设 E_m 表示式（2.46）等号右边的式子，则有 $\lim\limits_{\lambda\gamma\to0}E_m = 0$。

可见，行为值函数的最大学习误差上界与 γ、λ取值有关，当 $\gamma\lambda\to0$ 时，上界也趋向于 0。如果 γ 与λ取值很小，可以把每个状态-行为对的 Q 值的学习误差以概率 1 控制在很小的范围之内。然而，定理 2.2 只提供了 Sarsa（λ，k）算法的行为值函数的最大学习误

差的上界，并非上确界，$\gamma\lambda$ 取值小并非获得小的学习误差的必要条件，所以定理 2.2 并不能说明 γ、λ 取值较大时，学习误差就一定大。

定理 2.2 的一个基本条件是每个状态-行为对都要经历无限多次，但对于有限阶段的决策问题，每一次试验经历的状态-行为对的数量都是有限的，所以为了增加访问状态-行为对的次数，用增强学习算法解决有终任务时常常要重复运行多次试验，这样可以使学习到的 Q 值更接近最优值。这也是使用增强学习算法时，在学习的初始阶段一般不使用贪婪策略的原因。

由于 Sarsa（λ，1）、Sarsa（λ，∞）分别与 Sarsa 算法、Sarsa（λ）算法等价，利用定理 2.2 也可以分析 Sarsa 算法和 Sarsa（λ）算法的行为值函数的学习误差。γ 与 λ 的取值范围均为[0, 1)，把 k=1 代入式（2.46）可得 $E_m = 0$，因此列表型 Sarsa 算法学习所得的行为值函数在一定条件下收敛到最优行为值函数。令式（2.46）中 $k \to \infty$ 可得，对任意 (s,a)，当 $t \to \infty$ 时 Sarsa（λ）算法的行为值函数学习误差满足式（2.72）：

$$|Q_t(s,a) - Q^*(s,a)| \leqslant \frac{\lambda\gamma}{1-\gamma}[\gamma(1-\lambda)\Delta Q^* + \Delta r] \tag{2.72}$$

类似构造 Sarsa（λ，k）算法的思想，可构造如下的 Q（λ，k）算法。Q（λ，k）算法的学习目标为

$$R_t^{Q,k} = \frac{1-\lambda}{1-\lambda^k}\sum_{i=1}^{k}\lambda^{i-1}R_t^{(Q,i)}$$

其中，$R_t^{(Q,n)}$ 为如下 n 步更新目标：

$$R_t^{(Q,i)} = r_{t+1} + \gamma r_{t+2} + \ldots + \gamma^{n-1} r_{t+n} + \gamma^n \max_{a\in A(s_{t+n})} Q_{t+n}(s_{t+n}, a)$$

Q（λ，k）算法的更新公式为

$$Q_{t+1}(s_t,a_t) = Q_t(s_t,a_t) + \alpha[R_t^{(Q,i)} - Q_t(s_t,a_t)]$$

类似前面关于 Sarsa（λ，k）算法的讨论，可分析 Q（λ，k）算法的相关性质。

2.3 SMDP 型 Sarsa（λ，k）算法

上面讨论的是解决马尔可夫决策过程（MDP）问题的 Sarsa（λ，k）算法，下面讨论解决半马尔可夫决策过程（SMDP）的 Sarsa（λ，k）算法（可参考文献[84]）。对于 SMDP，类似式（2.10）可得第 t 个决策时刻的 n 步更新目标为

$$R_t^{(n)} = \sum_{i=0}^{n-1}\int_{\tau_{t+i}}^{\tau_{t+i+1}} \mathrm{e}^{-\beta(\tau-\tau_t)} r(\tau)\mathrm{d}\tau + \mathrm{e}^{-\beta(\tau_{t+n}-\tau_t)} Q_{t+n}(s_{t+n}, a_{t+n}) \tag{2.73}$$

其中，$r(\tau)$ 表示在时刻 τ 的报酬率，τ_t 表示第 t 个决策时刻，β 为参数（$\mathrm{e}^{-\beta}$ 相当于 MDP 中的折扣率 γ）。SMDP 型 Sarsa（λ，k）的学习目标 $R_t^{\lambda,k}$ 的形式与式（2.16）一样，学习规则与式（2.11）一样。于是，

$$R_t^{\lambda,k} = \frac{1-\lambda}{1-\lambda^k}\sum_{i=1}^{k}\lambda^{i-1}R_t^{(i)} \tag{2.74}$$

$$= \frac{1-\lambda}{1-\lambda^k}\sum_{i=1}^{k}\lambda^{i-1}\sum_{j=0}^{i-1}\int_{\tau_{t+j}}^{\tau_{t+j+1}} \mathrm{e}^{-\beta(\tau-\tau_t)} r(\tau)\mathrm{d}\tau + \mathrm{e}^{-\beta(\tau_{t+i}-\tau_t)} Q_{t+i}(s_{t+i}, a_{t+i}) \tag{2.75}$$

类似式（2.17）的推导过程可从式（2.75）推导得到：

$$\begin{aligned}R_t^{\lambda,k} &= r_{t+1} + \frac{1}{1-\lambda^k}[\mathrm{e}^{-\beta(\tau_{t+1}-\tau_t)}Q_{t+1}(s_{t+1},a_{t+1}) - \lambda^k \mathrm{e}^{-\beta(\tau_{t+k}-\tau_t)}Q_{t+k}(s_{t+k},a_{t+k})] \\ &+ \frac{1}{1-\lambda^k}\sum_{i=1}^{k-1}\lambda^i[(1-\lambda^{k-i})\mathrm{e}^{-\beta(\tau_{t+i}-\tau_t)}r_{t+i+1} + \mathrm{e}^{-\beta(\tau_{t+i+1}-\tau_t)}Q_{t+i+1}(s_{t+i+1},a_{t+i+1})] \\ &- \frac{1}{1-\lambda^k}\sum_{i=1}^{k-1}\lambda^i \mathrm{e}^{-\beta(\tau_{t+i}-\tau_t)}Q_{t+i}(s_{t+i},a_{t+i})\end{aligned} \tag{2.76}$$

其中，

$$r_{t+i} = \int_{\tau_{t+i-1}}^{\tau_{t+i}} \mathrm{e}^{-\beta(\tau-\tau_{t+i-1})}r(\tau)\mathrm{d}\tau \tag{2.77}$$

类似式(2.21)的推导过程可得 Sarsa(λ, k)解决有限阶段($T<\infty$)或无限阶段($T=\infty$) SMDP 时 $R_t^{\lambda,k}$ 的表达式：

$$\begin{aligned}R_t^{\lambda,k} &= r_{t+1} + \frac{1}{1-\lambda^k}\mathrm{e}^{-\beta(\tau_{t+1}-\tau_t)}Q_{t+1}(s_{t+1},a_{t+1}) \\ &- \frac{\lambda^k}{1-\lambda^k}\mathrm{e}^{-\beta(\tau_{t+\min\{T-t,k\}}-\tau_t)}Q_{\min\{T,t+k\}}(s_{\min\{T,t+k\}},a_{\min\{T,t+k\}}) \\ &+ \frac{1}{1-\lambda^k}\sum_{i=1}^{\min\{T-t-1,k-1\}}\lambda^i[(1-\lambda^{k-i})\mathrm{e}^{-\beta(\tau_{t+i}-\tau_t)}r_{t+i+1} + \mathrm{e}^{-\beta(\tau_{t+i+1}-\tau_t)}Q_{t+i+1}(s_{t+i+1},a_{t+i+1})] \\ &- \frac{1}{1-\lambda^k}\sum_{i=1}^{\min\{T-t-1,k-1\}}\lambda^i \mathrm{e}^{-\beta(\tau_{t+i}-\tau_t)}Q_{t+i}(s_{t+i},a_{t+i})\end{aligned} \tag{2.78}$$

下面介绍解决 SMDP 型前视和后视形式的 Sarsa（λ，k）算法：

算法 2.6　有限阶段 SMDP 型前视 Sarsa（λ，k）算法

步骤 1：设置参数 α、γ、λ、k 和需要运行的试验数量 N_e。对任意的状态–行为对 (s,a) 的 Q 值初始化为 $Q_0(s,a)=0$，并令 $n_e=0$。

步骤 2：设置当前状态 s_t 为初始状态 s_0，当前时刻 τ_t 为 0。

步骤 3：根据 s_t、行为值函数 $Q_t(s,a)$ 和控制策略选择行为 a_t。

步骤 4：执行行为 a_t 并进行仿真，确定下一个决策时刻 τ_{t+1}。推进仿真时钟到 τ_{t+1}，确定下一个决策状态 s_{t+1}，并用式（2.79）计算报酬 r_{t+1}。

$$r_{t+1} = \int_{\tau_t}^{\tau_{t+1}} \mathrm{e}^{-\beta(\tau-\tau_t)}r(\tau)\mathrm{d}\tau \tag{2.79}$$

步骤 5：根据式（2.11）和式（2.78）更新状态–行为对 (s_t,a_t) 的 Q 值。

步骤 6：如果 s_{t+1} 为终止状态，则令 $n_e=n_e+1$；否则令 $t=t+1$，跳转到步骤 3。如果 $n_e=N_e$，则算法终止；否则跳转到步骤 2。

算法 2.7　有限阶段 SMDP 的后视 Sarsa（λ，k）算法

步骤 1：设置参数 α、γ、λ、k 和需要运行的试验数量 N_e。对任意的状态–行为对 (s,a) 初始化 $Tr_0(s,a)=0$，$Tr'_0(s,a)=0$，并令 n_e=0。

步骤 2：设置当前状态 s_t 为初始状态 s_0，当前时刻 τ_t 为 0。

步骤 3：根据 s_t、行为值函数 $Q_t(s,a)$ 和控制策略选择行为 a_t。

步骤 4：执行行为 a_t 进行仿真，确定下一个决策时刻 τ_{t+1}。推进仿真时钟到 τ_{t+1}，确定

下一个决策状态 s_{t+1} 和该状态下选择的行为 a_{t+1}，并根据式（2.79）计算报酬 r_{t+1}。根据式（2.80）和式（2.81）计算 e_t'、e_t：

$$e_t' = r_{t+1} + \frac{1}{1-\lambda^k}[\mathrm{e}^{-\beta(\tau_{t+1}-\tau_t)}Q_{t+1}(s_{t+1},a_{t+1}) - \lambda \mathrm{e}^{-\beta(\tau_{t+k}-\tau_t)}Q_{t+k}(s_{t+k},a_{t+k})] - Q_t(s_t,a_t) \tag{2.80}$$

$$e_t = r_{t+1} + \mathrm{e}^{-\beta(\tau_{t+1}-\tau_t)}Q_{t+1}(s_{t+1},a_{t+1}) - Q_t(s_t,a_t) \tag{2.81}$$

步骤 5：当 $t>0$ 时，对任意的 (s,a)，如果 (s,a) 在序列 $(s_p,a_p),(s_{p+1},a_{p+1}),\cdots,\ (s_{t-1},a_{t-1})$ 里面（其中 $p=\max\{0,t-k+1\}$），那么分别根据式（2.82）～式（2.84）计算 $Tr_t(s,a)$、$Tr_t'(s,a)$ 和 $Q_{t+1}(s,a)$；否则，令 $Tr_t(s,a)=0$，$Tr_t'(s,a)=0$。

$$Tr_t(s,a) = \lambda \mathrm{e}^{-\beta(\tau_t-\tau_{t-1})}Tr_t(s,a) \tag{2.82}$$

$$Tr_t'(s,a) = \mathrm{e}^{-\beta(\tau_t-\tau_{t-1})}Tr_t'(s,a) \tag{2.83}$$

$$Q_{t+1}(s,a) = Q_t(s,a) + \frac{\alpha}{1-\lambda^k}Tr_t(s,a)e_t - \frac{\lambda^k\alpha}{1-\lambda^k}Tr_t'(s,a)r_{t+1} \tag{2.84}$$

步骤 6～8 和算法 2.6 的步骤 6～8 相同。

实际应用 SMDP 的后视 Sarsa（λ，k）算法时用 $(\mathrm{e}^{-\beta})^{\tau_{t+1}/(t+1)}Q_t(s_{t+1},a_{t+1})$ 代替式（2.80）中的 $\mathrm{e}^{-\beta(\tau_{t+k}-\tau_t)}Q_{t+k}(s_{t+k},a_{t+k})$，这样只需观察一步状态转移就可以更新一次行为值函数。

类似定理 2.1 容易证明在离线学习方式下，SMDP 型 Sarsa（λ，k）算法的前视形式与后视形式等价，其中 $Tr_t(s,a)$ 和 $Tr_t'(s,a)$ 分别如式（2.85）和式（2.86）。易证 SMDP 型 Sarsa（λ，1）与 SMDP 型 Sarsa 算法等价，SMDP 型 Sarsa（λ，∞）与 SMDP 型 Sarsa（λ）算法等价，具体证明不再赘述。

$$Tr_t(s,a) = \sum_{i=\max\{t-k+1,0\}}^{t-1} \lambda^{t-i}\mathrm{e}^{-\beta(\tau_t-\tau_i)}\omega(s,a;s_i,a_i) \tag{2.85}$$

$$Tr_t'(s,a) = \sum_{i=\max\{t-k+1,0\}}^{t-1} \mathrm{e}^{-\beta(\tau_t-\tau_i)}\omega(s,a;s_i,a_i) \tag{2.86}$$

类似定理 2.2 可分析 SMDP 型前视 Sarsa（λ，k）算法的学习误差（见定理 2.3）。

定理 2.3　对应用于有限状态-行为空间的确定性半马尔可夫决策过程中的列表型前视 Sarsa（λ，k）算法，报酬函数有界，任意的状态-行为对 (s,a) 的 Q 值初始化为有限值。设 $0\leqslant\alpha<1$，$0\leqslant\lambda<1$，$\beta>0$，k 为正整数，对任意的 $t\geqslant 0$ 有 $\mathrm{e}^{-\beta(\tau_{t+1}-\tau_t)}\leqslant\gamma_{\max}<1$。设控制策略 π 属于 GLIE 控制策略，如果每个状态-行为对 (s,a) 都经历无限多次，而且行为值函数在学习过程中有界，那么当 $t\to\infty$ 时任意状态-行为对 (s,a) 的 Q 值以概率 1 满足不等式（2.87）：

$$|Q_t(s,a) - Q^*(s,a)| \leqslant \frac{\lambda\gamma_{\max}}{1-\gamma_{\max}}\left\{\frac{1}{1-\lambda^k}\left[\frac{1-\lambda^{k-1}}{1-\lambda} + (k-1)\lambda^{k-1}\right]\Delta r + \frac{1-\lambda^{k-1}}{1-\lambda^k}\Delta Q^*\right\} \tag{2.87}$$

其中，$Q^*(s,a)$、Δr 与 ΔQ^* 的定义同定理 2.2。

证明　定理 2.2 中从开始到式（2.59）的证明过程也适合于 SMDP 型的 Sarsa（λ，k）算法，其中 $\gamma^i (i\geqslant 1)$ 用 $\mathrm{e}^{-\beta(\tau_{t+i}-\tau_t)}$ 代替。为方便起见，令

$$\gamma(i) = \mathrm{e}^{-\beta(\tau_{t+i}-\tau_t)} \tag{2.88}$$

综合式（2.56）和式（2.59）得

$$\left|\frac{1-\lambda}{1-\lambda^k}\sum_{i=1}^{k}\lambda^{i-1}R_t^{(i)}-Q^*(s,a)\right|$$
$$\leqslant\frac{1-\lambda}{1-\lambda^k}\gamma(1)\max_{s,a\in A(s)}|Q^{(n)}(s,a)-Q^*(s,a)|+\left|\frac{1-\lambda}{1-\lambda^k}\sum_{i=2}^{k}\lambda^{i-1}\{\gamma(1)\Delta r+\gamma(2)\Delta r+\cdots\right.$$
$$\left.+\gamma(i-1)\Delta r+\gamma(i)[Q^{(n)}(s_{t+i},a_{t+i})-Q^*(s_{t+i},a_{t+i})+Q^*(s_{t+i},a_{t+i})-Q^*(s_{t+i}^*,a_{t+i}^*)]\}\right|$$

因为 $\gamma(i+1)<\gamma(i)$ 对任意 i 成立，所以，

$$\begin{aligned}&\left|\frac{1-\lambda}{1-\lambda^k}\sum_{i=1}^{k}\lambda^{i-1}R_t^{(i)}-Q^*(s,a)\right|\\ \leqslant&\frac{1-\lambda}{1-\lambda^k}\gamma(1)\max_{s,a\in A(s)}|Q^{(n)}(s,a)-Q^*(s,a)|\\ &+\left|\frac{1-\lambda}{1-\lambda^k}\sum_{i=2}^{k}\lambda^{i-1}\{(i-1)\gamma(1)\Delta r\right.\\ &\left.+\gamma(i)[Q^{(n)}(s_{t+i},a_{t+i})-Q^*(s_{t+i},a_{t+i})+Q^*(s_{t+i},a_{t+i})-Q^*(s_{t+i}^*,a_{t+i}^*)]\}\right|\\ \leqslant&\frac{1-\lambda}{1-\lambda^k}\gamma(1)\max_{s,a\in A(s)}|Q^{(n)}(s,a)-Q^*(s,a)|\\ &+\frac{1-\lambda}{1-\lambda^k}\sum_{i=2}^{k}\lambda^{i-1}\{(i-1)\gamma(1)\Delta r+\gamma(i)[\max_{s,a\in A(s)}|Q^{(n)}(s,a)-Q^*(s,a)|+\Delta Q^*]\}\\ \leqslant&\frac{1-\lambda}{1-\lambda^k}\sum_{i=1}^{k}\lambda^{i-1}\gamma(i)\Delta_n+\frac{1-\lambda}{1-\lambda^k}\left[\sum_{i=2}^{k}\lambda^{i-1}(i-1)\gamma(1)\Delta r+\sum_{i=2}^{k}\lambda^{i-1}\gamma(1)\Delta Q^*\right]\\ \leqslant&\gamma(1)\Delta_n+\frac{\lambda\gamma(1)}{1-\lambda^k}\left[\frac{1-\lambda^{k-1}}{1-\lambda}+(k-1)\lambda^{k-1}\right]\Delta r+\lambda\gamma(1)\frac{1-\lambda^{k-1}}{1-\lambda^k}\Delta Q^*\end{aligned}\tag{2.89}$$

对任意的 $t\geqslant 0$ 有 $\gamma(1)=\mathrm{e}^{-\beta(\tau_{t+1}-\tau_t)}\leqslant\gamma_{\max}<1$，因此，

$$\begin{aligned}&\left|\frac{1-\lambda}{1-\lambda^k}\sum_{i=1}^{k}\lambda^{i-1}R_t^{(i)}-Q^*(s,a)\right|\\ \leqslant&\gamma_{\max}\Delta_n+\frac{\lambda\gamma_{\max}}{1-\lambda^k}\left[\frac{1-\lambda^{k-1}}{1-\lambda}+(k-1)\lambda^{k-1}\right]\Delta r+\lambda\gamma_{\max}\frac{1-\lambda^{k-1}}{1-\lambda^k}\Delta Q^*\end{aligned}\tag{2.90}$$

由式（2.52）和式（2.90）得

$$\begin{aligned}&|Q^{(n+1)}(s,a)-Q^*(s,a)|\\ \leqslant&(1-\alpha)\Delta_n+\alpha\left\{\gamma_{\max}\Delta_n+\frac{\lambda\gamma_{\max}}{1-\lambda^k}\left[\frac{1-\lambda^{k-1}}{1-\lambda}+(k-1)\lambda^{k-1}\right]\Delta r+\lambda\gamma_{\max}\frac{1-\lambda^{k-1}}{1-\lambda^k}\Delta Q^*\right\}\\ =&(1-\alpha)\Delta_n+\alpha\gamma_{\max}\Delta_n+C\end{aligned}\tag{2.91}$$

其中，

$$C=\alpha\lambda\gamma_{\max}\left\{\frac{1}{1-\lambda^k}\left[\frac{1-\lambda^{k-1}}{1-\lambda}+(k-1)\lambda^{k-1}\right]\Delta r+\frac{1-\lambda^{k-1}}{1-\lambda^k}\Delta Q^*\right\}\tag{2.92}$$

设 $\beta=1-\alpha+\alpha(\gamma_{\max}+\varepsilon)$，其中，$\varepsilon$ 是任意小的正数，且满足 $0<\varepsilon<1-\gamma_{\max}$，于是

$$(1-\alpha)\Delta_n+\alpha\gamma_{\max}\Delta_n\leqslant\beta\Delta_n$$

由式（2.91）得

$$|Q^{(n+1)}(s,a)-Q^{*}(s,a)|\leqslant \beta\Delta_{n}+C \tag{2.93}$$

根据式（2.93）可证明当$n\to\infty$时，式（2.94）成立，证明过程同定理 2.2 中式（2.69）的证明过程。

$$|Q^{(2n)}(s,a)-Q^{*}(s,a)|\leqslant \frac{C}{1-\beta}(\text{w.p.l}) \tag{2.94}$$

$$=\frac{\lambda\gamma_{\max}\left\{\frac{1}{1-\lambda^{k}}\left[\frac{1-\lambda^{k-1}}{1-\lambda}+(k-1)\lambda^{k-1}\right]\Delta r+\frac{1-\lambda^{k-1}}{1-\lambda^{k}}\Delta Q^{*}\right\}}{1-\gamma_{\max}-\varepsilon} \tag{2.95}$$

$n\to\infty$与$t\to\infty$是等价的，都意味着状态-行为对(s,a)经历无限多次。由于ε是任意小的正数，所以不等式（2.87）成立。由于(s,a)的任意性，所以式（2.87）不等号右边是 SMDP 型 Sarsa（λ，k）算法的行为值函数学习误差的上界。定理得证。

可见，SMDP 型 Sarsa（λ，k）算法的行为值函数的学习误差上界与λ、$\gamma_{\max}$的取值有关，当$\lambda\gamma_{\max}\to 0$时，上界也趋向于 0。如果$\lambda$与$\gamma_{\max}$取值很小，可以把每个状态-行为对的 Q 值的学习误差以概率 1 控制在很小的范围之内。然而，定理 2.3 提供的上界并非上确界，$\lambda\gamma_{\max}$取值小并非获得小的行为值函数误差的必要条件，所以定理 2.3 并不能说明λ与$\gamma_{\max}$取值较大时，行为值函数的学习误差就一定大。

SMDP 型 Sarsa（λ，1）与 Sarsa（λ，∞）算法分别与 SMDP 型 Sarsa 算法、Sarsa（λ）算法等价，利用定理 2.3 也可以分析 SMDP 型 Sarsa 算法和 Sarsa（λ）算法的行为值函数的学习误差。把 k=1 代入式（2.87）可得不等号右边为零，因此，对 SMDP 型 Sarsa 算法，如果满足定理 2.3 的条件，那么当$t\to\infty$时，对任意的(s,a)，Sarsa 算法学习所得的行为值$Q_{t}(s,a)$以概率 1 收敛到最优行为值$Q^{*}(s,a)$。令$k\to\infty$，由式（2.87）可得，对任意(s,a)，当$t\to\infty$时 Sarsa（λ）算法的行为值函数学习误差满足：

$$|Q_{t}(s,a)-Q^{*}(s,a)|\leqslant \frac{\lambda\gamma_{\max}}{1-\gamma_{\max}}\left(\frac{\Delta r}{1-\lambda}+\Delta Q^{*}\right) \tag{2.96}$$

第 2.2 节和 2.3 节基于 Sarsa 增强学习算法提出衍生的 Sarsa（λ，k）多步学习算法，构造了适合于理论分析的 Sarsa（λ，k）算法的前视形式和适合于实际应用的后视形式，证明了 Sarsa（λ，k）算法的两个关键性质：①在确定性马尔可夫决策与半马尔可夫决策过程中，列表型 Sarsa（λ，k）算法的行为值函数相对于最优行为值函数的误差上界；②Sarsa（λ，k）算法的前视形式和后视形式在离线学习方式下的等价性。

2.4　多维行为的增强学习算法

多维行为（组合行为）马尔可夫决策过程是一类特殊的马尔可夫决策过程，它在一次决策过程中就要同时选择两个或以上行为。对于 k 维行为的马尔可夫决策过程，其行为实质上是一个由子行为组成的向量，可表示为 $a=(a^{1}, a^{2},\cdots, a^{k})$。下面介绍一类特殊的嵌套式二维行为的马尔可夫决策过程，它可用如下六元组描述：$\{T, (S_{1}, S_{2}), (A_{1}(i_{1}, i_{2}), A_{2}(i_{1}, i_{2}),$

$i_1 \in S_1, i_2 \in S_2), t, p, r\}$，其中，$T=\{0, 1, 2,\cdots\}$，$t \in T$；$S_1$ 是一部分状态变量张成的状态空间，S_2 是其他状态变量张成的状态空间；$A_1(i_1, i_2)$、$A_2(i_1, i_2)$是系统处于状态(i_1, i_2)（其中 $i_1 \in S_1$，$i_2 \in S_2$）的两个可用行为集合，A_1 集合里的行为可改变 S_1 里的状态变量的值，A_2 集合里的行为可改变 S_2 里的状态变量的值；$p(j|i, a^1, a^2)$表示在状态 i 采取行为 a^1（$a^1 \in A_1$）和 a^2（$a^2 \in A_2$）时，系统将转移到状态 j 的概率；r 是报酬函数（包括两部分报酬）$r = r_1(i_1, i_2; a^1) + r_2(i_1, i_2; a^1, a^2)$。三维以上行为的嵌套式马尔可夫决策过程可类似描述。第 6 章介绍的自组织排队网络控制问题就可以转化为多维行为的马尔可夫决策过程，网络节点在一次决策时就要同时选择连接节点、在队列中选择顾客进行处理等多个子行为，为获得精细化的网络控制策略奠定基础。

对于多维行为的马尔可夫决策过程，可证明以下性质（以二维行为为例）：

（1）对于任意状态，其最优值函数 v_β 满足一定形式的二重求极值的最优性方程。

（2）设 V 表示定义在状态空间 S 上的有界实值函数的集合，可以构造一个从 V 到 V 的映射 T，并证明该映射算子等价于把上述二重求极值的变换作用于一个值函数。

（3）设 u 和 v 均为有界实值函数，β 是小于 1 的正数，则$\|Tv-Tu\| \leqslant \beta\|v-u\|$。此性质表明 T 是压缩映射。

（4）设 $v_0 \in V$，$\{v_n\}$满足 $v_{n+1}=Tv_n$，则 v_n 收敛到最优值函数 v_β。

基于二维行为马尔可夫决策过程性质可提出分解值迭代算法，该算法每次迭代需要扫描比较的行为数量为所有维度的行为之和（$|A_1(i_{(1)})|+|A_2(i_{(2)})|$），而求解马尔可夫决策过程的经典值迭代算法每次迭代需要扫描比较的行为数量为所有维度的行为之积（$|A_1(i_{(1)})||A_2(i_{(2)})|$）。

下面提供一种面向三维组合行为马尔可夫决策的 TD（λ）算法供参考，该算法采用ε-贪婪策略选择行为。

算法 2.8　面向三维组合行为马尔可夫决策的列表型 TD（λ）算法

步骤 1：设置参数 α、γ、λ、ε。对任意状态 s，初始化其状态值为任意值并初始化其适合迹 $e(s)=0$。对于有终止状态的马尔可夫决策过程，对每一次试验重复步骤 2～步骤 6。

步骤 2：设置当前状态 s_t 为初始状态 s_0。

步骤 3：根据状态 s_t、状态值函数 $V_t(s)$ 和ε-贪婪策略 π 选择组合行为 $a_t=(a_t^1, a_t^2, a_t^3)$。具体步骤如下：

步骤 3.1：根据行为选择策略选择子行为 a_t^1（根据式（2.97）求贪婪子行为，其中，s' 是如果选择子行为 a 则将转移到的临时状态），若执行子行为 a_t^1 则系统状态转移到临时状态 s_t^1。

$$a_t^{1*}(s_t) = \arg\max_a [r_{s,s'}^a + V(s')] \tag{2.97}$$

步骤 3.2：根据行为选择策略选择子行为 a_t^2（根据式（2.98）求贪婪子行为），若执行子行为 a_t^2 则系统状态转移到临时状态 s_t^2。

$$a_t^{2*}(s_t) = \arg\max_a [r_{s_t^1,s'}^a + V(s')] \tag{2.98}$$

步骤 3.3：根据式（2.99）求贪婪子行为 a_t^{3*}，根据ε-贪婪策略选择子行为 a_t^3。

$$a_t^{3*}(s_t) = \arg\max_a [r_{s_t^2, s'}^a + V(s')] \tag{2.99}$$

步骤 4：执行组合行为 $a_t =（a_t^1, a_t^2, a_t^3）$，确定下一个决策时刻和下一个决策状态 s_{t+1}，计算多个子行为引起的总报酬 r_{t+1} 并采用式（2.100）与式（2.101）更新 δ 和 $e(s_t)$:

$$\delta = r_{t+1} + \gamma V(s_{t+1}) - V(s_t) \tag{2.100}$$

$$e(s_t) = e(s_t) + 1 \tag{2.101}$$

步骤 5：对任意状态 s，采用式（2.102）与式（2.103）更新 $V(s)$和 $e(s)$:

$$V(s) = V(s) + \alpha\delta e(s) \tag{2.102}$$

$$e(s) = \gamma\lambda e(s) \tag{2.103}$$

步骤 6：如果 s_{t+1} 不是终止状态，则令 $t = t+1$，跳转到步骤 3。

2.5　一种自适应步长的增强学习算法

一般的增强学习算法不能在学习过程中自动调整学习步长，而对于不同的调度问题，调度效果较优的学习步长的取值可能不一样，所以通过设置合适的学习步长 k 可获得更优的效果。即使对于相同的问题，在调度过程中允许调整 k 值会比取固定 k 值获得更好的效果。可构造一种自适应步长的增强学习算法，在学习过程中可根据算法效果自动调整步长。

用 a 表示行为，A 表示增强学习系统的行为集合，行为值函数 $Q(s,a)$ 表示从状态 s 开始，采取行为 a 所得到的总报酬。如式（2.104）所示，把 Q 值表示为一组高斯函数的线性组合，其中，K 为高斯函数的数量，$\Phi_c(s)$ $(1 \leqslant c \leqslant K)$ 是关于状态向量的高斯函数，w_c^a $(a \in A, 1 \leqslant c \leqslant K)$ 是高斯函数的权重系数。函数泛化器在学习过程中通过采用梯度下降法不断调整权重系数来调整 Q 值。关于函数泛化器权重更新的梯度下降法可参考第 5.5.3 节。设 $\boldsymbol{W}^a$ 表示 K 维向量 $(w_1^a, w_2^a, \cdots, w_K^a)^{\mathrm{T}}$。

$$Q(s,a) = \sum_{c=1}^{K} w_c^a \Phi_c(s) \tag{2.104}$$

对任一行为 a（$a \in A$），引入 $\boldsymbol{Tr}(a)$ 和 $\boldsymbol{Tr}'(a)$ 两个 K 维向量。$\boldsymbol{Tr}(a)$ 和 $\boldsymbol{Tr}'(a)$ 是增强学习算法在学习过程中调整向量 $\boldsymbol{W}^a$ 用到的两个用于存储中间数值的向量。下面是结合函数泛化器的自适应步长增强学习算法的流程[85]：

算法 2.9　一种自适应步长增强学习算法

步骤 1：设置学习率 α、折扣率相关参数 β、衰减因子 λ、初始步长 k_0 等参数。初始化 K 维参数向量 $\boldsymbol{Tr}(a) = \boldsymbol{0}$，$\boldsymbol{Tr}'(a) = \boldsymbol{0}$。对任意的 $a \in A$，用均匀分布 U（0，1）随机初始化函数泛化器的系数 $\boldsymbol{W}_0^a$。

步骤 2：设置当前状态 s_t 为初始状态 s_0，当前时刻 $\tau_t = 0$。

步骤 3：根据 s_t、函数泛化器表示的行为值函数 $Q_t(s,a)$ 和控制策略选择行为 a_t。

步骤 4：执行行为 a_t，根据状态转移机制确定下一个决策时刻 τ_{t+1}。推进时钟到 τ_{t+1}，确定下一个决策状态 s_{t+1} 和该状态下选择的行为 a_{t+1}，根据报酬函数计算报酬 r_{t+1}。

步骤 5：设当前步长为 k_t，分别令 $k = k_t + 1$，$k = k_t$，$k = k_t - 1$（$k_t > 1$），根据步骤 6～8 计算这三种情况分别对应的函数泛化器的系数 W_{t+1}^{+1}、W_{t+1}^{0}、W_{t+1}^{-1}。用 WG 表示函数泛化

器所有权重系数在这次更新前后的变化量平方的均值，k 分别取 $k=k_t+1$，$k=k_t$，$k=k_t-1$（$k_t>1$）三个值时，WG 的取值分别为 WG_{t+1}^{+1}、WG_{t+1}^{0} 和 WG_{t+1}^{-1}。根据式（2.105）～式（2.107）计算分别在三种情况下 N 步状态转移所得 WG 的平均值：

$$WG^{+1}=\frac{1}{N}(WG_{t+1}^{+1}+WG_{t}^{+1}+\cdots+WG_{t-N+2}^{+1}) \tag{2.105}$$

$$WG^{0}=\frac{1}{N}(WG_{t+1}^{0}+WG_{t}^{0}+\cdots+WG_{t-N+2}^{0}) \tag{2.106}$$

$$WG^{-1}=\frac{1}{N}(WG_{t+1}^{-1}+WG_{t}^{-1}+\cdots+WG_{t-N+2}^{-1}) \tag{2.107}$$

步骤6：根据式（2.108）、式（2.109）计算 e_t'、e_t：

$$e_t'=r_{t+1}+\frac{1}{1-\lambda^k}[\mathrm{e}^{-\beta(\tau_{t+1}-\tau_t)}Q_{t+1}(s_{t+1},a_{t+1})-\lambda^k\mathrm{e}^{-\beta(\tau_{t+k}-\tau_t)}Q_{t+k}(s_{t+k},a_{t+k})]-Q_t(s_t,a_t) \tag{2.108}$$

$$e_t=r_{t+1}+\mathrm{e}^{-\beta(\tau_{t+1}-\tau_t)}Q_{t+1}(s_{t+1},a_{t+1})-Q_t(s_t,a_t) \tag{2.109}$$

式中，e_t'、e_t 是表示适合迹（Eligibility Trace）的一对参数，λ^k 为衰减因子 λ 的 k 次幂。

步骤7：当 $t>0$ 时，对任意的 a，如果 a 在序列 $a_y,a_{y+1},\cdots,a_{t-1}$ 里面（其中 $y=\max\{0,t-k+1\}$），那么分别根据式（2.110）～式（2.112）更新 $\boldsymbol{Tr}(a)$、$\boldsymbol{Tr}'(a)$ 和 $\boldsymbol{W}_t^a$；否则，令 $\boldsymbol{Tr}(a)=\boldsymbol{0}$，$\boldsymbol{Tr}'(a)=\boldsymbol{0}$。

$$\boldsymbol{Tr}(a)=\lambda\mathrm{e}^{-\beta(\tau_t-\tau_{t-1})}\boldsymbol{Tr}(a) \tag{2.110}$$

$$\boldsymbol{Tr}'(a)=\mathrm{e}^{-\beta(\tau_t-\tau_{t-1})}\boldsymbol{Tr}'(a) \tag{2.111}$$

$$\boldsymbol{W}_t^a=\boldsymbol{W}_t^a+\frac{\alpha}{1-\lambda^k}\boldsymbol{Tr}(a)e_t-\frac{\lambda^k\alpha}{1-\lambda^k}\boldsymbol{Tr}'(a)r_{t+1} \tag{2.112}$$

式中，α 为学习率参数。

步骤8：根据式（2.113）计算 $\boldsymbol{W}_{t+1}^{a_t}$，相当于更新值函数 $Q_{t+1}(s_t,a_t)$。

$$\boldsymbol{W}_{t+1}^{a_t}=\boldsymbol{W}_t^{a_t}+\alpha e_t'\nabla_{\boldsymbol{W}_t^{a_t}}Q_t(s_t,a_t) \tag{2.113}$$

式中，$\nabla_{\boldsymbol{W}_t^{a_t}}Q_t(s_t,a_t)$ 是偏导数向量（即 $Q_t(s_t,a_t)$ 关于 $\boldsymbol{W}_t^{a_t}$ 的梯度）。

步骤9：根据四条步长调整准则调整学习步长。自适应步长调节机制如下：设 ε 表示一个较小的正数，如果符合调整准则1：$WG^{+1}\geqslant\varepsilon$，$WG^{0}\geqslant\varepsilon$，$WG^{+1}>\max\{WG^{0},WG^{-1}\}$，那么令 $k_t=k_t+1$；如果符合调整准则2：$WG^{-1}\geqslant\varepsilon$，$WG^{0}\geqslant\varepsilon$，$WG^{-1}>\max\{WG^{0},WG^{+1}\}$ 且 $k>0$，那么令 $k_t=k_t-1$；如果符合调整准则3：$WG^{+1}\leqslant\varepsilon$，$WG^{0}\leqslant\varepsilon$，$WG^{+1}<\min\{WG^{0},WG^{-1}\}$，那么令 $k_t=k_t+1$；如果符合调整准则4：$WG^{-1}\leqslant\varepsilon$，$WG^{0}\leqslant\varepsilon$，$WG^{-1}<\min\{WG^{0},WG^{+1}\}$ 且 $k>0$，那么令 $k_t=k_t-1$。

步骤10：根据式（2.114）和式（2.115）更新 $\boldsymbol{Tr}(a_t)$ 和 $\boldsymbol{Tr}'(a_t)$。

$$\boldsymbol{Tr}(a_t)=\boldsymbol{Tr}(a_t)+\nabla_{\boldsymbol{W}_t^{a_t}}Q_t(s_t,a_t) \tag{2.114}$$

$$\boldsymbol{Tr}'(a_t)=\boldsymbol{Tr}'(a_t)+\nabla_{\boldsymbol{W}_t^{a_t}}Q_t(s_t,a_t) \tag{2.115}$$

步骤11：如果满足终止条件，则算法终止；否则令 $t=t+1$ 并跳转到步骤3。

该算法把自适应步长调节机制和多步增强学习算法相结合，采用梯度下降法，根据式（2.113）调整函数泛化器的系数。自适应步长调节机制是随着状态转移的进行，步长 k

的取值可以根据情况自动调整。步长每次调整量取 1、0 或–1。调节步长的目的是在学习初始阶段（$WG \geqslant \varepsilon$）加快函数泛化器系数的收敛速度，即加快增强学习的 Q 值的收敛速度，加快增强学习的学习速度；当函数泛化器系数基本收敛之后（$WG < \varepsilon$），尽可能保持函数泛化器系数的稳定性，即保持值函数的稳定性，从而保证选取的行为策略保持在较优的水平。这种步长调节机制符合增强学习的学习曲线特性。根据式（2.105）～式（2.107）计算 WG^{+1}、WG^{0} 和 WG^{-1} 时可以采取滚动累积的方式。

第 3 章　流水车间调度问题

在第 1.2 节的最短路问题中，状态的数量较少，因此可用列表型增强学习算法求解。列表型增强学习算法存储每个状态的状态值（V 值）或每个状态-行为对的行为值（Q 值），对值函数的评估需要多次重复经历状态或状态-行为对并更新各个 V 值或 Q 值，但实际的制造系统调度问题往往具有大规模甚至是无限的状态空间，很多状态不具有重复性。在实际的制造系统调度问题中，状态空间规模随问题规模的增大而急剧增大，在这种情况下由于存储空间和计算时间的原因不能使用列表型增强学习算法。为了解决由于状态空间过大而带来的 V 值或 Q 值表示问题，需把增强学习算法和函数泛化器结合使用，用经历过的状态或状态-行为的信息来训练函数泛化器，从而利用函数泛化器表示所有 V 值或 Q 值。为了便于读者了解采用结合函数泛化器的增强学习算法解决调度问题的流程，本章先用增强学习算法解决一类形式简洁的流水车间调度问题。

3.1　问 题 描 述

流水车间（Flow Shop）调度问题是很经典的生产调度问题。本章将运用增强学习算法求解最小化时间表长（Makespan）的确定性的静态流水车间调度问题 $Fm||C_{\max}$。利用 Johnson 算法和调度规则构造行为，并采用结合线性函数泛化器的 TD（λ）算法解决该调度问题。该调度问题描述如下：假设流水车间有 m 台机器 M_i $(1\leqslant i\leqslant m)$，共有 n 个作业 J_k $(1\leqslant k\leqslant n)$，每个作业包含 m 道工序，m 道工序依次在机器 M_1，M_2，…，M_m 上完成，作业在机器 M_{i-1} 加工完之后进入机器 M_i 前面的队列 Q_i 等待。各作业在不同机器的加工顺序可能不同。n 个作业所有工序的加工时间已知，$p_{i,j}$ 表示作业 J_j 在机器 M_i 上的加工时间。调度目标是使最大完工时间（时间表长）$C_{\max}$ 最小。

很多生产调度问题是 NP 难问题甚至是强 NP 难问题，虽然流水车间调度问题 $Fm||C_{\max}$ 的描述形式很简单，但它也是强 NP 难问题。

3.2　流水车间调度问题的增强学习模型

应用增强学习算法解决调度问题的前提是把调度问题转化为增强学习多阶段决策问题，建立调度问题的增强学习模型，包括定义状态的表示方法，建立状态转移机制，以及定义行为和报酬函数。

3.2.1　系统状态表示

状态变量是对系统状态的自然描述，不同算例的状态变量的变化范围可能相差很大，对于大规模状态空间的问题，常需要把状态变量转化为状态特征，这也是结合函数泛化器使用增强学习算法的需要。状态特征和行为的定义调度问题的性质紧密相关。一般来说，状态特征的定义遵循如下准则：状态特征是对状态变量的一种数值表征，状态特征要能够反映生产环境的主要特点，包括系统的全局状态信息和局部状态信息。正规化的状态特征可以用相对统一的尺度来有效表征不同规模的算例问题。对每台机器定义如下 N_f（$N_f=11$）个状态特征，共有 mN_f（m 为机器数量）个状态特征。于是系统状态用如下状态特征表示：

$$\{f_{i,k} \mid 1 \leqslant i \leqslant m, 1 \leqslant k \leqslant N_f\}$$

与机器 M_i 相关的状态特征定义如下：

状态特征 1（$f_{i,1}$），队列 Q_i 中的作业数量除以作业总数 n。

状态特征 2（$f_{i,2}$），队列 Q_i 中的所有作业在机器 M_i 上的加工时间的平均值除以 p_i。$f_{i,2}$ 如式（3.1）计算，其中，$J_j \in Q_i$ 表示作业 J_j 在队列 Q_i 中，$|Q_i|$ 表示队列 Q_i 中的作业数量，p_i 表示所有作业在机器 M_i 上的平均加工时间，见式（3.2）。

$$f_{i,2} = \frac{1}{|Q_i| \, p_i} \sum_{J_j \in Q_i} p_{i,j} \tag{3.1}$$

$$p_i = \frac{1}{n} \sum_{j=1}^{n} p_{i,j} \tag{3.2}$$

状态特征 3（$f_{i,3}$），队列 Q_1 到 Q_i 中的所有作业在机器 M_i 上的加工时间的平均值除以 p_i：

$$f_{i,3} = \frac{1}{p_i \sum_{k=1}^{i} |Q_k|} \sum_{k=1}^{i} \sum_{J_j \in Q_k} p_{i,j} \tag{3.3}$$

状态特征 4（$f_{i,4}$），队列 Q_i 中的作业在机器 M_i 上的加工时间的最大值除以 p_i：

$$f_{i,4} = \frac{1}{p_i} \max_{J_j \in Q_i} \{p_{i,j}\} \tag{3.4}$$

状态特征 5（$f_{i,5}$），队列 Q_i 中的作业在机器 M_i 上的加工时间的最小值除以 p_i：

$$f_{i,5} = \frac{1}{p_i} \min_{J_j \in Q_i} \{p_{i,j}\} \tag{3.5}$$

状态特征 6（$f_{i,6}$），正在机器 M_i 上的加工作业的剩余加工时间除以 p_i。$f_{i,6}=0$ 表示该机器空闲。

状态特征 7（$f_{i,7}$），如果 $SJ_{i,1} \neq \varphi$ 而且 $1 \leqslant i \leqslant m-1$，那么 $f_{i,7}=1$；否则 $f_{i,7}=0$。$f_{i,7}=1$ 表示行为 2 在当前状态对机器 M_i 是可用的。

状态特征 8（$f_{i,8}$），如果 $SJ_{i,2} \neq \varphi$ 而且 $1 \leqslant i \leqslant m-1$，那么 $f_{i,8}=1$；否则 $f_{i,8}=0$。$f_{i,8}=1$ 表示行为 3 在当前状态对机器 M_i 是可用的。

状态特征 9（$f_{i,9}$），如果加工时间满足式（3.7），那么 $SJ_{i,3} \neq \Phi$ 和 $1 \leqslant i \leqslant m-2$ 成立，于是 $f_{i,9}=1$；否则 $f_{i,9}=0$。$f_{i,9}=1$ 表示行为 4 在当前状态对机器 M_i 是可用的。

状态特征 10（$f_{i,10}$），如果加工时间满足条件 3.7，那么 $SJ_{i,4} \neq \Phi$ 和 $1 \leqslant i \leqslant m-2$ 成立，于是 $f_{i,10}=1$；否则 $f_{i,10}=0$。$f_{i,10}=1$ 表示行为 5 在当前状态对机器 M_i 是可用的。

状态特征 11（$f_{i,11}$），如果 $2 \leqslant i \leqslant m-1$，$f_{i,1}=0$ 或者条件 3.9 对任何作业 J_j（$J_j \in Q_i$）成立，那么 $f_{i,11}=1$；否则 $f_{i,11}=0$。$f_{i,11}=1$ 表示行为 10 在当前状态对机器 M_i 是可用的。

以上定义了 6 类实型状态特征 $f_{i,k}$（$1 \leqslant k \leqslant 6$）和 5 类 0-1 型状态特征 $f_{i,k}$（$7 \leqslant k \leqslant 11$）描述系统的局部信息和全局信息。状态特征都是正规化的。状态特征 1 描述了作业在各机器的数量分布；状态特征 2 描述了当前各机器的负荷；状态特征 3 描述了各机器从当前时刻起还要加工的作业量；状态特征 4、5 描述了各机器前队列的作业的加工时间的最值；状态特征 6 描述了各机器的繁忙/空闲状态，以及正在加工的作业剩余加工时间；状态特征 7～10 表示一台机器能否采取参考两台机器或三台机器的 Johnson 算法构造的行为；状态特征 11 表示在有作业等待加工的情况下，空闲的机器是否应该保持空闲状态。

3.2.2　行为

利用已有的调度知识或经验规则，对每台机器定义如下行为：

定理 3.1　对于排序问题 $Fm \| C_{\max}$，至少存在一个最优排序，在该排序中，各作业在最前面两台机器 M_1，M_2 的加工顺序相同。

定理 3.1 的证明见文献[86]。从定理 3.1 知，可把先来先加工规则（First Come First Served，FCFS）作为一个行为。事实上，根据定理 3.2，如果机器 M_m 空闲而 Q_m 非空，机器 M_m 的最优行为是 FCFS 规则。

行为 1（$a^{(1)}$），采用 FCFS 规则。

定理 3.2　设 A 和 A′为问题 $Fm \| C_{\max}$ 的两个调度方案。在两个调度方案中，各作业在任何机器 M_i（$1 \leqslant i \leqslant m-1$）上的加工顺序和开始加工时间相同。在方案 A′中，各作业在最后一台机器的加工顺序相同。设 $O_{i,j}$ 表示作业 J_j 在机器 M_m 上加工的操作，$C_{i,j}$ 表示操作 $O_{i,j}$ 的完成时间。设各作业按其在机器 M_{m-1} 上的开始加工时间升序排序，记为 $J'_j\ (1 \leqslant j \leqslant n)$。操作 $O_{i,j}$ 的开始时间 $s_{m,j}$ 等于 $\max\{C_{m,j-1},\ C_{m-1,j}\}$。于是方案 A′的最大完工时间小于等于方案 A 的最大完工时间。

证明　设在方案 A′中，$s_{m,0}=0$，而且：

$$k = \max_{1 \leqslant j \leqslant n} \{ j \mid C_{m,j-1} < s_{m,j} \}$$

于是 $C_{m-1,k} = s_{m,k}$，A′的最大完工时间为

$$s_{m,k} + \sum_{j=k}^{n} p_{i,j} \tag{3.6}$$

另外，各作业在任何机器 M_i（$1 \leqslant i \leqslant m-1$）上的加工顺序和开始加工时间相同，所以在方案 A 中作业 $J'_j\ (\forall j \geqslant k)$ 在机器 M_i 的开始加工时间大于等于 $C_{m-1,k}$。因此，方案 A 的最大完工时间至少为

$$C_{m-1,k}+\sum_{j=k}^{n}p_{i,j}$$

证毕。

Johnson 提出 $F2||C_{\max}$ 的 Johnson 算法（SPT-LPT 算法）：

（1）把作业按各工序加工时间的关系分成两个子集：$SJ_1=\{J_j\,|\,p_{1,j}<p_{2,j}\}$，$SJ_2=\{J_j\,|\,p_{1,j}>p_{2,j}\}$（$p_{1,j}$，$p_{2,j}$ 分别为第一、第二道工序的加工时间）。$p_{1,j}=p_{2,j}$ 的作业可分在任意一个子集。

（2）先将子集 SJ_1 中的作业按 $p_{1,j}$ 不减的顺序排列（SPT），再将子集 SJ_2 中的作业按 $p_{2,j}$ 不增的顺序排列（LPT）。

Johnson 算法可以找到 $F2||C_{\max}$ 问题的最优调度方案，所以可参考 Johnson 算法为机器 M_i $(1\leqslant i\leqslant m-1)$ 定义行为 2 和行为 3。

行为 2（$a^{(2)}$），把队列 Q_i $(1\leqslant i\leqslant m-1)$ 中的作业分为两个集合：$SJ_{i,1}$ 和 $SJ_{i,2}$，其中，$SJ_{i,1}=\{J_j\,|\,p_{i,j}\leqslant p_{i+1,j},J_j\in Q_i\}$，$SJ_{i,2}=\{J_j\,|\,p_{i,j}>p_{i+1,j},J_j\in Q_i\}$。机器 M_i 选择 $SJ_{i,1}$ 中加工时间最短的作业。

行为 3（$a^{(3)}$），机器 M_i 选择 $SJ_{i,2}$ 中加工时间最长的作业。

Johnson 算法可推广到 $F3||C_{\max}$ 问题。三台机床 M_1，M_2，M_3 如果满足：$\min\limits_j\{p_{1,j}\}\geqslant\max\limits_j\{p_{2,j}\}$ 或 $\min\limits_j\{p_{3,j}\}\geqslant\max\limits_j\{p_{2,j}\}$，其中，$p_{k,j}(1\leqslant k\leqslant 3)$ 表示第 j 个作业在第 k 台机器上的加工时间。则三台机床的情形可以简化成两台机床的情形，可按照如下方法将三台机床问题简化为两台机床问题。

令 $p'_{\mathrm{A},j}=p_{1,j}+p_{2,j}$，$p'_{\mathrm{B},j}=p_{2,j}+p_{3,j}$，然后把 $p'_{\mathrm{A},j}$ 和 $p'_{\mathrm{B},j}$ 看作加工时间，按解决两台机床问题的 Johnson 算法排序，那么得到的排列对于三台机床问题也是最优的。

参考三台机器流水车间的 Johnson 算法为机器 M_i $(1\leqslant i\leqslant m-2)$ 定义行为 4 和行为 5：

行为 4（$a^{(4)}$），设 J_j 表示队列 Q_i $(1\leqslant i\leqslant m-2)$ 中的一个作业，$p'_{\mathrm{A},j}=p_{i,j}+p_{i+1,j}$，并且 $p'_{\mathrm{B},j}=p_{i+1,j}+p_{i+2,j}$。设 $SJ_{i,3}=\{J_j\,|\,p_{i,j}\geqslant\max\{p_{i+1,j}\},J_j\in Q_i\}$。如果各作业的加工时间满足式（3.7），那么机器 M_i 选择 $SJ_{i,3}$ 中 $p'_{\mathrm{A},j}$ 最小的作业。

$$\min_{J_j\in Q_i}\{p_{i,j}\}\geqslant\max_{J_j\in Q_i}\{p_{i+1,j}\}\text{ 或 }\min_{J_j\in Q_i}\{p_{i+2,j}\}\geqslant\max_{J_j\in Q_i}\{p_{i+1,j}\}\tag{3.7}$$

行为 5（$a^{(5)}$），设 $SJ_{i,4}=\{J_j\,|\,p_{i+2,j}\geqslant\max\{p_{i+1,j}\},J_j\in Q_i\}$。如果各作业的加工时间满足条件 3.7，那么机器 M_i 选择 $SJ_{i,4}$ 中 $p'_{\mathrm{B},j}$ 最大的作业。

再利用以下几条常用的调度规则作为行为。

行为 6（$a^{(6)}$），采用最短加工时间优先规则（Shortest Processing Time，SPT）。

行为 7（$a^{(7)}$），采用最长加工时间优先规则（Lhortest Processing Time，LPT）。

行为 8（$a^{(8)}$），采用最短剩余加工时间优先规则（Shortest Remaining Processing Time，SRPT）。

在决策时刻，当队列中没有作业时，空闲的机器只能继续等待；当机器繁忙时，加工过程是不可中断的，所以队列中的作业只能继续等待。在这些情况下都不能选取任何作业，因此，不选取任何作业是一种行为，而最后一台机器 M_m 的作业队列非空时，其最优行为总是 FCFS 规则。

行为 9（$a^{(9)}$），不选取任何作业。

事实上，在一些特殊情况下，即使机器空闲而且有作业等待加工，行为 9 也比其他行为好。以下面的 $F4\|C_{\max}$ 问题为例：该问题有四台机器和两个作业。第一个作业 J_1 在四台机器的加工时间分别为 1，4，4，1；第二个作业 J_2 在四台机器的加工时间分别为 4，1，1，4。如果机器 M_2 空闲而且有作业等待加工时，M_2 总是不选择行为 10，那么各作业在两台机器上的加工顺序都相同，得到一个排列排序（Permutation Schedule）。两种可能的排列排序分别如图 3.1（先加工作业 J_1）和图 3.2（先加工作业 J_2）所示。这两种调度方案的时间表长都是 14。

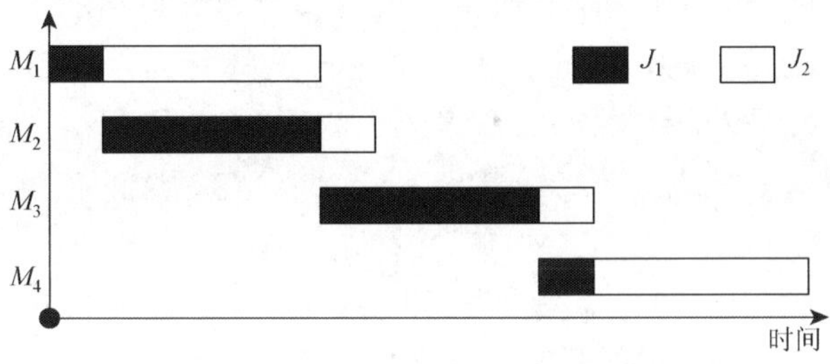

图 3.1　先加工作业 J_1 的甘特图

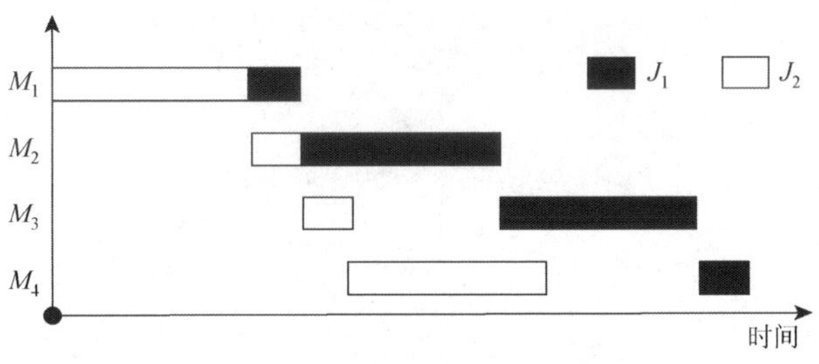

图 3.2　先加工作业 J_2 的甘特图

事实上，以上两种排列排序都不是最优调度，最优调度方案如图 3.3 所示，时间表长为 12。对比图 3.1 和图 3.3 可以看出，图 3.3 和图 3.1 的不同之处在于在机器 M_3 上先加工作业 J_2，再加工作业 J_1，即虽然作业 J_1 在等待机器 M_3 加工，但 M_3 保持空闲状态直至 M_2 加工完 J_2。

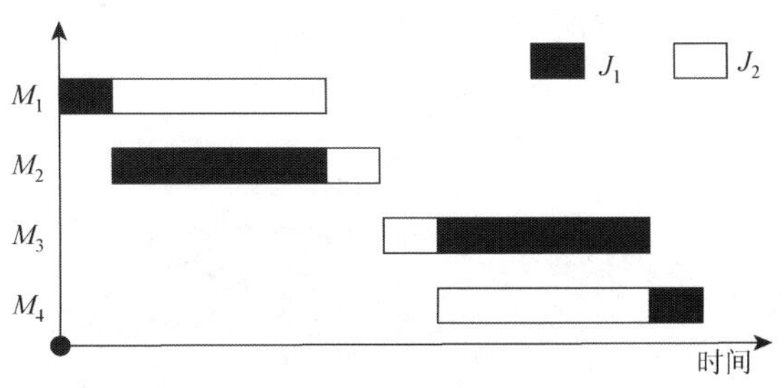

图 3.3　最优调度方案甘特图

$$p_{3,2} + p_{4,2} + p_{4,1} + p_{2,2} < p_{3,1} + p_{4,1} + p_{4,2} \tag{3.8}$$

即 $p_{3,2} + p_{2,2} < p_{3,1}$。

图 3.3 的方案之所以优于图 3.1 的方案，是因为式（3.8）成立。因此，在一些特殊情况下，采取行为 9 是不错的决策。用 J_k 表示正在机器 M_{i-1} 上加工的作业。如果满足式(3.9)，那么状态特征 $f_{i,11}$ $(2 \leqslant i \leqslant m-1)$ 设置为 1；否则设置为 0。

$$p_{i-1,k} + p_{i,k} < p_{i,j}, \quad \forall 2 \leqslant i \leqslant m-1, J_j \in Q_i \tag{3.9}$$

行为 1、行为 6～8 只考虑一个作业队列或一道工序的加工时间，而其他行为考虑多个作业队列或连续多道工序的加工时间，其目的都是借鉴小规模问题的最优性质定义行为，利用增强学习算法寻找调度系统在不同环境状态下的较佳反应，以解决较大规模的问题。机器 M_{m-1} 的可选行为集合为 $\{a^{(k)} | 1 \leqslant k \leqslant 3, 6 \leqslant k \leqslant 9\}$。机器 M_m 的可选行为集合为 $\{a^{(1)}, a^{(9)}\}$。对机器 M_i $(1 \leqslant i \leqslant m-2)$ 而言，所有行为都是可选的。

当系统处于初始状态 s_0 时，第一台机器根据 s_0 选择行为；之后每当任何一台机器加工完一个作业后，系统进入新的状态（假设为 s_i），每台机器都根据 s_i 依次选择行为。当下一个作业加工完后，系统进入下一个状态 s_{i+1}，并获得相应的报酬 r_{i+1}。r_{i+1} 可由系统的状态变量、各工序的加工时间算出。可见，当任何一台机器加工完一个作业后，增强学习模型的状态就转移一次。由于每台机器都选择一个行为，所以实际上每次执行的是个由 m 个行为组成的行为组合。图 3.4 是调度系统选择行为的流程图。

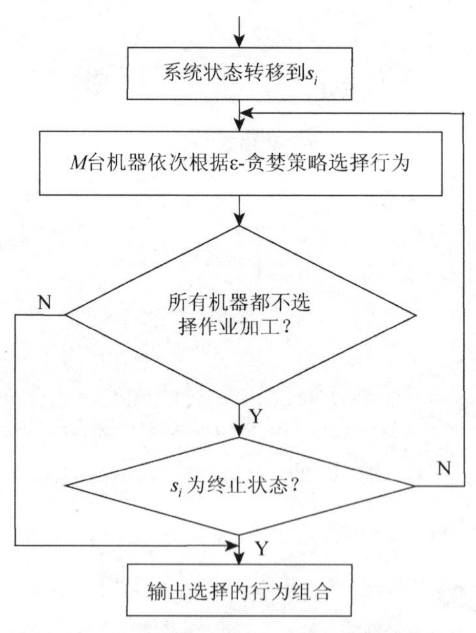

图 3.4 调度系统选择行为的流程

3.2.3 报酬函数

报酬函数的定义与目标函数紧密相关。每步状态转移获得的即时报酬反映执行行为的即时效果，表征行为对调度方案的短期影响；累积报酬反映执行行为的长期效果。注意 $C_{\max}$ 和机器的利用率有密切关系。定义表示机器繁忙/空闲状态的示性函数 $\delta_k(t)$：

$$\delta_k(t)=\begin{cases}0, & \text{在时刻}t\text{机器}k\text{繁忙}\\ -1, & \text{在时刻}t\text{机器}k\text{空闲}\end{cases} \tag{3.10}$$

因为所有作业在各机器的总加工时间 P 是常数，所以最小化 $C_{\max}$ 等价于最大化所有机器的平均利用率 U，即等价于最小化所有机器的平均空闲率 I（$I=1-U$）。U 的定义式为

$$U=\frac{P}{mC_{\max}} \tag{3.11}$$

对同一个调度问题而言，最小化所有机器的平均空闲率 I 等价于最小化平均每台机器的空闲时间。由于：

$$I=-\frac{1}{mC_{\max}}\sum_{k=1}^{m}\int_{t=0}^{C_{\max}}\delta_k(t)\mathrm{d}t \tag{3.12}$$

可如式（3.13）定义报酬函数：

$$r_k=\frac{1}{m}\sum_{i=1}^{m}\int_{\tau=t_{k-1}}^{t_k}\delta_i(\tau)\mathrm{d}\tau \tag{3.13}$$

其中，m 表示机器的数量，t_k 表示系统状态转移到 s_k 的时刻，r_k 表示在时刻 t_k 获得的报酬。显然，r_k 等于在时间区间 $[t_{k-1}, t_k]$ 内平均每台机器空闲时间的相反数。报酬函数具备性质：最小化 $C_{\max}$ 等价于最大化运行一次试验获得的总报酬 R。

证明　设 K 表示一次试验中决策状态的数目，T_i 表示机器 i 在时间区间 $[0, C_{\max}]$ 的空闲时间，于是

$$R=\sum_{k=1}^{K}r_k=\frac{1}{m}\sum_{k=1}^{K}\sum_{i=1}^{m}\int_{\tau=t_{k-1}}^{t_k}\delta_i(\tau)\mathrm{d}\tau=\frac{1}{m}\sum_{i=1}^{m}\sum_{k=1}^{K}\int_{\tau=t_{k-1}}^{t_k}\delta_i(\tau)\mathrm{d}\tau=\frac{1}{m}\sum_{i=1}^{m}\int_{\tau=0}^{C_{\max}}\delta_i(\tau)\mathrm{d}\tau=-\frac{1}{m}\sum_{i=1}^{m}T_i$$

因此，累积报酬 R 等于在时间区间 $[0, C_{\max}]$ 内平均每台机器空闲时间的相反数。由于：

$$T_i=C_{\max}-\sum_{j=1}^{n}p_{i,j}$$

所以：

$$R=-\frac{\sum_{i=1}^{m}(C_{\max}-\sum_{j=1}^{n}p_{i,j})}{m}=-\frac{mC_{\max}-\sum_{i=1}^{m}\sum_{j=1}^{n}p_{i,j}}{m}=\frac{\sum_{i=1}^{m}\sum_{j=1}^{n}p_{i,j}}{m}-C_{\max}$$

式中 $\sum_{i=1}^{m}\sum_{j=1}^{n}\frac{p_{i,j}}{m}$ 是常数，所以最小化 $C_{\max}$ 等价于最大化 R。

3.3　结合线性函数泛化器的 TD（λ）算法及实验结果

3.3.1　结合线性函数泛化器的 TD（λ）算法

前面把流水车间调度问题转化为有终多阶段决策问题。下面应用 TD（λ）算法解决该

决策问题。采用ε-贪婪策略作为选择行为的策略。ε-贪婪策略是指以概率 $1-\varepsilon$（$0<\varepsilon<1$）选择贪婪行为，以概率ε随机选择任何可选行为，其中ε为探索因子。设 $P(s,a)$ 表示在决策状态 s 选择行为 a 的概率，其表达式为

$$P(s,a)=\begin{cases}1-\varepsilon+\dfrac{\varepsilon}{|A(s)|}, & \text{if } a=a^*(s)\\ \dfrac{\varepsilon}{|A(s)|}, & \text{if } a\neq a^*(s)\end{cases} \tag{3.14}$$

其中，$A(s)$表示在状态 s 可以选择的行为的集合，$|A(s)|$表示在状态 s 可以选择的行为的数量，$a^*(s)$表示状态 s 的贪婪行为。

把状态值简单地表示为一组参数 $c_{i,k}$（$1\leqslant i\leqslant m$，$1\leqslant k\leqslant N_f$）的线性函数。设 $\boldsymbol{F}$ 和 $\boldsymbol{C}$ 分别表示状态特征和参数的向量，可得

$$\left.\begin{aligned}\boldsymbol{F}&=(f_{1,1},f_{1,2},\cdots,f_{1,N_f},f_{2,1},\cdots,f_{m,N_f})^{\mathrm{T}}\\ \boldsymbol{C}&=(c_{1,1},c_{1,2},\cdots,c_{1,N_f},c_{2,1},\cdots,c_{m,N_f})^{\mathrm{T}}\end{aligned}\right\} \tag{3.15}$$

于是状态值表示为

$$V(s)=\boldsymbol{F}^{\mathrm{T}}\boldsymbol{C}=\sum_{i=1}^{m}\sum_{k=1}^{N_f}c_{i,k}f_{i,k} \tag{3.16}$$

从而可求得 $V(s)$ 关于 $\boldsymbol{C}$ 的梯度：

$$\nabla_{\boldsymbol{C}}V(s)=\boldsymbol{F} \tag{3.17}$$

关于函数泛化器权重更新的梯度下降法可参考第 5.5.3 节。TD（λ）算法的具体步骤如算法 3.1 所示，其中，α 为学习率，γ 为折扣率，δ 为 TD 误差，$\boldsymbol{e}$ 为适合迹向量，N_e 为试验的数量。

算法 3.1　用于流水车间调度问题的 TD（λ）算法

步骤 1：设置参数 α、γ、λ、ε和需要运行的试验数量 N_e。初始化 $\boldsymbol{C}=\mathbf{1}$，$\boldsymbol{e}=\mathbf{0}$，$n_e=0$，其中，$n_e$ 为已经运行的试验数量。

步骤 2：设置当前状态 s 为初始状态 s_0，初始化 $\boldsymbol{F}$。

步骤 3：设置 $i=1$。

步骤 4：假设机器 M_k $(1\leqslant k\leqslant m,k\neq i)$ 选择行为 9 并用式（3.19）选择机器 M_i 的贪婪行为为 $a_i^*(s)$，其中，$r_{s,s'}^{a}$ 表示在状态 s 采取行为 a 转移到状态 s' 获得的报酬。

$$a_i^*(s)=\arg\max_{a}[r_{s,s'}^{a}+\gamma V(s')] \tag{3.18}$$

步骤 5：根据ε-贪婪策略 π 选择行为 a_i。

步骤 6：如果 $i=m$，则执行步骤 7；否则令 $i=i+1$ 并执行步骤 4。

步骤 7：如果所有机器在状态 s 处于空闲状态并且所有机器都选择行为 9，则返回步骤 3；否则执行步骤 8。

步骤 8：执行行为组合$[a_1, a_2,\cdots, a_m]$进行仿真，确定下一个决策时刻和下一个决策状态 s'。计算报酬 r 和新的状态特征 $\boldsymbol{F}'$。

步骤 9：更新如下参数：

$$\begin{aligned}&\delta = r + \gamma V(s') - V(s),\\&\boldsymbol{e} = \gamma\lambda\boldsymbol{e} + \nabla_{\boldsymbol{C}} V(s),\\&\boldsymbol{C} = \boldsymbol{C} + \alpha\delta\boldsymbol{e}\end{aligned} \tag{3.19}$$

步骤 10：令 $s = s'$。如果 s' 为终止状态（所有作业均加工完），则令 $n_e = n_e + 1$；否则跳转到步骤 3。如果 $n_e = N_e$，则算法终止；否则跳转到步骤 2。

3.3.2　实验结果

一些简单的流水车间调度问题存在多项式时间的最优算法。下面用算法 3.1 解决两类问题：满足 Johnson 算法使用条件的简单问题和标准测试问题。

1. 简单算例

利用 $F2||C_{\max}$ 问题和满足 Johnson 算法的使用条件的 $F3||C_{\max}$ 问题（这些问题可用 Johnson 算法求最优解）测试算法 3.1。$F2||C_{\max}$ 问题的作业数量分别取 10、20 和 30，加工时间 $p_{i,j}$ $(1 \leqslant i \leqslant 2, 1 \leqslant j \leqslant n)$ 已知，通过均匀分布 U（1, 100）产生。$F3||C_{\max}$ 问题的作业数量分别取 10、20 和 30，各作业在第一台机器的加工时间 $p_{1,j}$ $(1 \leqslant j \leqslant n)$ 由均匀分布 U（50, 100）产生，在第二台机器的加工时间 $p_{2,j}$ $(1 \leqslant j \leqslant n)$ 由均匀分布 U（1, 50）产生，在第三台机器的加工时间 $p_{3,j}$ $(1 \leqslant j \leqslant n)$ 由均匀分布 U（1, 100）产生。对任意一个机器数量和作业数量的组合，随机产生 100 个算例，每个算例重复运行 100 次试验。

把算法 3.1 的参数（α、γ、λ 和 ε）分别设置为 0.002、0.05、0.1 和 0.03，实验表明，无论 $F2||C_{\max}$ 问题，还是 $F3||C_{\max}$ 问题，算法 3.1 基本上都能找到最优解。可见，对于简单的流水车间调度问题，增强学习调度算法能通过学习，面对不同的系统状态选择最优的行为，从而找到优化的调度策略。

2. 标准测试问题的实验

前面用实验验证了算法 3.1 解决简单问题的有效性。下面考察算法 3.1 解决较大规模问题的表现。文献[87]提供了 40 个标准测试问题和参考解。用算法 3.1 解决这些标准测试问题。参数设置如下：$\alpha = 0.002$，$\gamma = 0.005$，$\lambda = 0.005$，$\varepsilon = 0.05$，每个问题运行 600 次试验，观察在这些试验中能找到的最优结果。表 3.1 列了算法 3.1 解决标准测试问题的求解结果。

表 3.1　标准测试问题的实验结果

问题	n	m	文献[87]提供的参考解	增强学习算法的解
flcmax_20_15_3	20	15	4 437	4 211
flcmax_20_15_6	20	15	4 144	3 962
flcmax_20_15_4	20	15	3 779	3 776
flcmax_20_15_10	20	15	4 302	4 264
flcmax_20_15_5	20	15	4 373	4 257

续表

问题	n	m	文献[87]提供的参考解	增强学习算法的解
flcmax_20_20_1	20	20	4 821	4 794
flcmax_20_20_3	20	20	4 779	4 755
flcmax_20_20_9	20	20	4 944	4 828
flcmax_20_20_2	20	20	4 886	4 858
flcmax_20_20_10	20	20	4 717	4 642
flcmax_30_15_3	30	15	5 226	4 907
flcmax_30_15_4	30	15	5 304	5 095
flcmax_30_15_9	30	15	5 079	4 972
flcmax_30_15_8	30	15	5 605	5 242
flcmax_30_15_6	30	15	5 147	5 113
flcmax_30_20_3	30	20	6 183	5 854
flcmax_30_20_1	30	20	6 037	5 979
flcmax_30_20_6	30	20	6 241	6 236
flcmax_30_20_10	30	20	6 095	5 889
flcmax_30_20_2	30	20	5 822	5 805
flcmax_40_15_5	40	15	6 986	6 559
flcmax_40_15_9	40	15	6 351	6 154
flcmax_40_15_2	40	15	6 506	6 402
flcmax_40_15_10	40	15	6 845	6 510
flcmax_40_15_8	40	15	6 783	6 431
flcmax_40_20_3	40	20	7 154	7 116
flcmax_40_20_9	40	20	7 528	7 439
flcmax_40_20_6	40	20	7 469	7 426
flcmax_40_20_7	40	20	7 608	7 466
flcmax_40_20_5	40	20	7 219	7 203
flcmax_50_15_6	50	15	7 673	7 466
flcmax_50_15_5	50	15	7 679	7 221
flcmax_50_15_1	50	15	7 416	7 212
flcmax_50_15_8	50	15	7 548	7 383
flcmax_50_15_2	50	15	7 750	7 673
flcmax_50_20_2	50	20	8 838	8 360
flcmax_50_20_1	50	20	8 539	7 896
flcmax_50_20_7	50	20	8 417	8 370
flcmax_50_20_8	50	20	8 590	8 219
flcmax_50_20_4	50	20	8 493	8 461

本章定义了正规化的状态特征，利用 Johnson 算法及 SPT 等常用调度规则构造行为，把最小化时间表长的流水车间调度问题 $Fm||C_{max}$ 转化为增强学习问题，并采用结合线性函数泛化器的 TD（λ）算法解决。实验表明该算法对加工时间满足 Johnson 算法的应用要求

的绝大多数简单问题能找到最优解，而对标准测试问题的调度结果也表明增强学习算法能获得较优的结果。

本章使用的标准测试问题及其参考解是文献[87]在 20 世纪末提出来的，在文献[87]提出这些标准测试问题之后，陆续有文献求得这些问题的更优解，相对于文献[87]当初提供的参考解有大幅度改善。本章使用的状态特征等增强学习模型要素较为简单，函数泛化器也采用最简单的形式，如果改善增强学习模型的状态特征和行为的构造，采用更好的函数泛化器并改善算法参数的选择，增强学习算法也可以获得比表 3.1 更优的调度结果（见文献[88]），对部分测试问题能取得很好的结果。虽然基于该增强学习模型，增强学习算法的调度结果在总体上不如当前已知的最优解，但这些研究结果表明增强学习算法是一类有潜力的方法。如果进一步改善增强学习模型、采用更好的函数泛化器，则增强学习算法的效果仍有进一步提升空间。

第4章　平行机调度问题

根据约束理论（TOC），生产线的产能主要取决于瓶颈工序的生产能力，提高瓶颈工序的计划与调度水平能优化生产资源的配置，改善生产系统的绩效。平行机调度问题在工业界有着广泛应用，实际生产中很多瓶颈工序的调度就属于这类问题。在机械制造和半导体封装生产线中，瓶颈工序通常由一组平行机完成（如芯片粘贴工序是一些半导体封装线上的瓶颈工序）。因此，平行机调度的研究对实际生产有重要的指导意义。平行机分为同速机、恒速机和变速机三种类型[86]。如果所有作业在任意一台机器上的加工时间相同，那么把平行机称为同速机；如果所有作业在所有机器上的加工时间都成比例，那么把平行机称为恒速机；如果所有作业在任意一台机器上的加工时间是互相独立的，不符合以上规律，那么把平行机称为变速机。本章研究将依次介绍 Q 学习、R 学习在最小化加权平均流程时间的离线平行机调度、最小化加权平均误工时间的离线平行机调度、最小化加权平均流程时间的在线平行机调度、最小化加权平均误工时间的在线平行机调度等 4 个问题的应用。

4.1　最小化加权平均流程时间的离线平行机调度

最小化流程时间和时间表长是常见的平行机调度目标。Frangioni 等[89]用基于邻域交换机理的局部搜索方法优化同速机调度的时间表长。Gharbi 和 Haouari[90]在考虑机器的可用时间约束的条件下优化同速机调度的时间表长。Becchetti 和 Leonardi[91]，Azizoglu 和 Kirca[92]研究了同速机的总流程时间优化问题，以及同速机和恒速机的加权总流程时间优化问题。Gupta 和 Ruiz-Torres[93]同时考虑多个优化目标，在最小化同速机调度总流程时间的前提下尽量缩短时间表长。变速机调度问题比同速机和恒速机调度问题复杂。Gairing 等[94]对变速机调度的时间表长优化问题提出一种高效的组合近似算法。Azizoglu 和 Kirca[95]分析了以最小化加权总流程时间为目标的变速机调度问题的最优解的性质，并提出一种确定下界的方法。Mosheiov[96]，Mosheiov 和 Sidney[97]把以最小化总流程时间为目标的同速机和变速机调度问题转化为多项式个数的分配问题求解。Yu 等[98]把变速机调度问题转化为整数规划模型，用拉格朗日松弛启发式算法求解，优化时间表长和平均流程时间等 6 个评价指标。

本节运用增强学习算法研究以最小化作业的加权平均流程时间为目标的动态平行机调度问题 $Q_m\,|\,r_j,s_{jk},M_j\,|\,\sum w_j f_j$ ，该问题已知作业到达时间，考虑了与作业加工顺序相关的换型时间和机器-作业资格约束[99]。

4.1.1　问题描述

考察平行机调度问题 $Q_m\,|\,r_j,s_{jk},M_j\,|\,\sum w_j f_j$ 。系统共有 m 台平行机和 n 个独立的作

业。作业 $j(1\leqslant j\leqslant n)$ 的到达时间为 a_j。作业 j 可在机器集合 M_j 中的任一台机器上加工，其中 $M_j\subset\{i|1\leqslant i\leqslant m\}$。加工过程不可中断，一台机器不能同时加工多个作业。作业 j 在机器 $i(1\leqslant i\leqslant m)$ 上的加工时间为 $p_{i,j}$。由于 p_{i_1,j_1} 和 p_{i_2,j_2} $(i_1\neq i_2$或$j_1\neq j_2)$ 互相独立，所以这是个变速机调度问题。转换时间与作业顺序相关，但与机器无关，作业 j_1 到 j_2 的转换时间为 s_{j_1,j_2} （$1\leqslant j_1,j_2\leqslant n$）。作业的到达时间、加工时间和不同作业之间的转换时间都是已知的确定量。作业到达后如果不能立刻加工就进入队列等待加工，加工完成后离开系统。设 c_j 表示作业 j 的完工时间，那么它在处理系统的流程时间（等待时间加上加工时间） f_j 为

$$f_j=c_j-a_j \tag{4.1}$$

调度目标是最小化所有作业的加权平均流程时间：

$$\min\overline{f}=\frac{1}{n}\sum_{j=1}^{n}w_jf_j \tag{4.2}$$

其中，w_j 为作业 j 的权重。该问题是 NP 难问题。

4.1.2　增强学习模型

1. 系统状态

状态变量既反映系统物理状态的主要特征，包括机器和作业的信息，又能及时反映系统的变化情况。如式（4.3）定义表示系统状态的向量 s，该向量由 $3m+n+1$ 个分量（状态变量）组成。

$$s=[q_j(1\leqslant j\leqslant n);b;T_i^0(1\leqslant i\leqslant m);T_i(1\leqslant i\leqslant m);t_i^p(1\leqslant i\leqslant m)] \tag{4.3}$$

其中，$q_j(1\leqslant j\leqslant n)$ 是表示作业状态的变量，定义如下：

$$q_j=\begin{cases}1, & \text{作业 } j \text{ 在等待加工}\\ -1, & \text{作业 } j \text{ 已完成加工}\\ 0, & \text{其他}\end{cases} \tag{4.4}$$

b 表示从最近一个作业到达时刻开始到当前时刻的时间；T_i^0 $(1\leqslant i\leqslant m)$ 表示机器 i 最近一次加工完的作业类型；T_i $(1\leqslant i\leqslant m)$ 表示机器 i 正在加工的作业类型（如果机器处于空闲状态，则用 0 表示）；t_i^p $(1\leqslant i\leqslant m)$ 表示从机器 i 最近一次开始准备加工的时刻到当前时刻的时间（如果 $T_i=0$，则 $t_i=0$）。b 和 t_i^p 是连续变量，所以状态空间是无限的。状态转移的触发事件有两种：新的作业到达或有作业加工完成。

2. 行为

行为包括选择空闲的机器及该机器加工的作业。好的行为定义方式充分利用已有的经

验知识和调度理论。假设在某决策时刻，SM 表示空闲机器的集合，SJ 表示队列中等待加工的作业集合。利用加权最短加工时间优先规则（Weighted Shortest Processing Time，WSPT）、最弱柔性作业优先规则（Least Flexible Job，LFJ）两条调度规则及 Weng 算法[71]、排名算法定义以下行为。

行为 1，根据 WSPT 规则选择作业和机器。

步骤 1：根据式（4.5）选机器 i^* 加工作业 j^*。

$$(i^*,j^*)=\underset{(i,j)}{\operatorname{argmin}}\{(s_{T_i^0,j}+p_{i,j})/w_j \mid i\in SM\cap M_j, j\in SJ\} \tag{4.5}$$

步骤 2：从 SM 中删除 i^*，从 SJ 中删除 j^*。如果 $\bigcup_{j\in SJ}\{SM\cap M_j\}\neq\Phi$，重复步骤 1、2。

行为 2，利用 Weng 算法选择作业和机器。

Weng 算法的提出是针对所有作业的到达时间为零的情况，本章把它扩展为适用于作业动态到达的情况，其中步骤 1 在整个调度过程中只需要运行一次，不需要每次选择行为 2 时都运行。

步骤 1：确定在机器 i 上加工的作业集合 $\sigma_i\ (1\leqslant i\leqslant m)$。

（1）令 $\sigma_i=\Phi\ (1\leqslant i\leqslant m)$，$N=\{j|1\leqslant j\leqslant n\}$，$u_i=0\,(1\leqslant i\leqslant m)$。

（2）根据式（4.6）选机器 i^* 和作业 j^*。

$$(i^*,j^*)=\underset{(i,j)}{\operatorname{argmin}}\{(u_i+s_{T_i^0,j}+p_{i,j})/w_j \mid i\in M_j, j\in N, a_j\geqslant u_i\} \tag{4.6}$$

令 $u_{i^*}=u_{i^*}+s_{T_{i^*}^0,j^*}+p_{i^*,j^*}$，$T_{i^*}^0=j^*$，$\sigma_{i^*}=\sigma_{i^*}\cup\{j^*\}$，$N=N-\{j^*\}$。

（3）如果 $N\neq\Phi$，跳转到 2)。

步骤 2：对每台机器 i（$i\in SM$ 且 $\sigma_i\cap SJ\neq\Phi$），根据式（4.7）选择作业 q 在机器 i 加工：

$$q=\underset{j}{\operatorname{argmin}}\{(s_{T_i^0,j}+p_{i,j})/w_j \mid j\in SJ\cap\sigma_i\} \tag{4.7}$$

行为 3，根据排名算法（Ranking Algorithm，RA）选择作业和机器。

步骤 1：对每个作业 $j\,(1\leqslant j\leqslant n)$，把各机器按 $s_{Vi,j}+p_{i,j}\ (i\in M_j)$ 从小到大排序，其中 V_i 定义如下：

$$V_i=\begin{cases}T_i, & \text{如果机器}\ i\ \text{繁忙}\\ T_i^0, & \text{如果机器}\ i\ \text{空闲}\end{cases}\quad (1\leqslant i\leqslant m, i\in M_j)$$

令 $g_{i,j}\ (i\in M_j, 1\leqslant j\leqslant n, 1\leqslant g_{i,j}\leqslant |M_j|)$ 表示（i，j）组合的排名，即机器 i 关于作业 j 的排名。

步骤 2：如果 $\bigcup_{j\in SJ}\{SM\cap M_j\}\neq\Phi$，按照式（4.8）选择机器 v 加工作业 q：

$$(v,q)=\underset{(i,j)}{\operatorname{argmin}}\{g_{i,j} \mid j\in SJ, i\in M_j\cap SM\} \tag{4.8}$$

如果存在两个或两个以上的（机器，作业）组合（假设为组合 (i_1,j_1)，(i_2,j_2)，…，(i_h,j_h)）的排名相同，即 $(i_e,j_e)=\underset{(i,j)}{\operatorname{argmin}}\{g_{i,j} \mid j\in SJ, i\in M_j\cap SM\}$ 对任意 $e\,(1\leqslant e\leqslant h)$ 成立，那么选择满足下面条件的机器 i_e 加工作业 j_e：

$$(i_e,j_e)=\underset{(i,j)}{\operatorname{argmin}}\{(s_{T_{i_e}^0,j_e}+p_{i_e,j_e})/w_{j_e} \mid 1\leqslant e\leqslant h\} \tag{4.9}$$

步骤3：从 SM 中删除 v 或 i_e，从 SJ 中删除 q 或 j_e。如果 $\bigcup_{j\in SJ}\{SM\cap M_j\}\neq\Phi$，重复步骤2、3。

行为4，根据LFJ-RA（Least Flexible Job-Ranking Algorithm）算法选择作业和机器。

步骤1：令 $SJ^*=SJ$。

步骤2：如果 $SJ^*\neq\Phi$，根据LFJ（Least Flexible Job）规则从 SJ^* 中选择作业 q。如果 $SM\cap M_q=\Phi$，从 SJ^* 删除 q；否则根据排名算法选择机器 v 加工 q，从 SM 中删除 v，从 SJ 和 SJ^* 中删除 q。

步骤3：如果 $SJ^*\neq\Phi$，重复步骤2、3，直至 $\bigcup_{j\in SJ}\{SM\cap M_j\}=\Phi$。

行为5，不选取任何作业。

在下列情况下只能选择行为5：没有作业等待加工；有作业等待加工，但各机器都繁忙；虽然有作业等待加工，但它们都不能在任一空闲机器加工。

3. 报酬函数

报酬函数的定义与调度的目标函数直接或间接相关，即时报酬要反映行为的即时效果，累积报酬要反映行为的长期效果，即表征目标函数的大小。如下定义表示作业状态的示性函数 $\delta_j(\tau)$：

$$\delta_j(t)=\begin{cases}0, & \text{在时刻}\,t\,\text{作业}\,j\,\text{还没到达或已完工}\\-1, & \text{在时刻}\,t\,\text{作业}\,j\,\text{在等待或正在加工}\end{cases}\tag{4.10}$$

在示性函数 $\delta_j(\tau)$ 的基础上定义报酬函数：设 K 表示一次试验（Episode）中决策状态的数目，τ_t（$0\leqslant t<K$）表示第 t 个决策时刻，r_t 表示在第 t 个决策时刻获得的报酬，则 r_t 定义为

$$r_k=\sum_{j=1}^{n}\int_{\tau_{k-1}}^{\tau_k}w_j\delta_j(t)\mathrm{d}t\tag{4.11}$$

报酬函数具备如下性质：

最小化目标函数（式（4.2））等价于最大化一次试验中得到的无折扣累积报酬。

证明　一次试验中得到的无折扣累积报酬为

$$\begin{aligned}\sum_{k=1}^{K}r_k&=\sum_{k=1}^{K}\sum_{j=1}^{n}\int_{\tau_{k-1}}^{\tau_k}w_j\delta_j(t)\mathrm{d}t\\&=\sum_{j=1}^{n}\sum_{k=1}^{K}\int_{\tau_{k-1}}^{\tau_k}w_j\delta_j(t)\mathrm{d}t\\&=\sum_{j=1}^{n}\int_{a_j}^{c_j}w_j\delta_j(t)\mathrm{d}t\\&=\sum_{j=1}^{n}w_j(c_j-a_j)\\&=n\overline{f}\end{aligned}$$

因为最小化作业的加权平均流程时间 $\overline{f}$ 等价于最大化一次试验中获得的无折扣总报酬，所以如式（4.11）定义报酬函数的优点是把报酬函数和调度的目标函数直接联系起来，直接反映行为对目标函数的长期影响。

前面定义了状态变量、行为和报酬函数，设 s_u 和 r_u 分别表示第 u 个决策时刻的状态和在该状态获得的报酬，易知第 u+1 个决策时刻的状态 s_{u+1} 和在该状态获得的报酬 r_{u+1} 都只取决于 s_u 及在第 u 个决策时刻采取的行为 a_u。可见状态变量 b 和 t_i^p 的引入使状态的表示具备马尔可夫属性。

4. 结合线性函数泛化器的 Q 学习

由于状态空间的规模很大，把 Q 学习和函数泛化器结合使用。如式（4.12）把行为值表示为一组基函数的线性组合。

$$Q(s,a)=\sum_{k=1}^{3m+n+1} c_k^a \varPhi_k(s) \tag{4.12}$$

其中，$\varPhi_k(s)$ $(1\leqslant k\leqslant 3m+n+1)$ 为定义在状态空间的基函数，c_k^a $(1\leqslant a\leqslant 5,1\leqslant k\leqslant 3m+n+1)$ 为基函数的权重。如式（4.13）定义正规化的基函数（其功能相当于第 3 章的正规化的状态特征）：

$$\varPhi_k(s)=\begin{cases} q_j, & 1\leqslant k\leqslant n \\ \dfrac{b}{\max\limits_{1\leqslant j<n}\{a_{j+1}-a_j\}}, & k=n+1 \\ \dfrac{T_{k-n-1}^0}{n}, & n+2\leqslant k\leqslant m+n+1 \\ \dfrac{T_{k-m-n-1}}{n}, & m+n+2\leqslant k\leqslant 2m+n+1 \\ \dfrac{t_{k-2m-n-1}^p}{\max\limits_{1\leqslant i\leqslant m,1\leqslant j_1,j_2\leqslant n}\{s_{j1,j2}+p_{i,j2}\}}, & 2m+n+2\leqslant k\leqslant 3m+n+1 \end{cases} \tag{4.13}$$

函数泛化器在学习的过程中不断调整基函数的权重，从而不断改变行为值函数 $Q(s,a)$。采用梯度下降法，根据式（4.14）调整基函数的权重。

$$\left.\begin{aligned} &\delta(a)=r(s,a,s')+\gamma\max_{a'\in A(s')}Q(s',a')-Q(s,a),\\ &\boldsymbol{E}(a)=\lambda\boldsymbol{E}(a)+\nabla_{\boldsymbol{C}^a}Q(s,a),\\ &\boldsymbol{C}^a=\boldsymbol{C}^a+\alpha\delta(a)\boldsymbol{E}(a)fc \end{aligned}\right\} \tag{4.14}$$

其中，$\delta(a)$ 是标量，$\boldsymbol{C}^a$ 和 $\boldsymbol{E}(a)$ 为 m+n 维向量，$\boldsymbol{C}^a$ 如式（4.15）所示。图 4.1 是利用 Q 学习解决调度问题的仿真流程图。

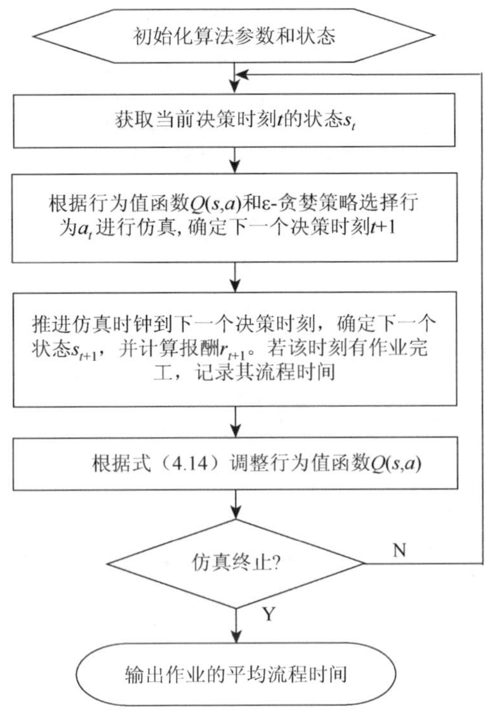

图 4.1　Q 学习解决调度问题的流程

$$\boldsymbol{C}^a = (c_1^a, c_2^a, \ldots, c_{m+n}^a)^{\mathrm{T}} \tag{4.15}$$

具体算法步骤如下：

算法 4.1　结合函数泛化器的 Q 学习

步骤 1：设置参数 α 、γ 、λ 和 ε ，并初始化如下 $m+n$ 维向量：$\boldsymbol{C}^a = \mathbf{1}$，$\boldsymbol{E}(a) = \mathbf{0}$。设 num_episode 和 num_job 分别表示已经运行的试验次数和当前 episode 已经完工的作业数，令 num_episode 等于 0。

步骤 2：设置当前状态 s_t 为初始状态 s_0 ，初始化基函数。令 num_job 等于 0。

步骤 3：根据式（4.16）确定贪婪行为 $a_t^*(s_t)$ ，并遵循 ε-贪婪策略 π 根据行为值函数 $Q_t(s,a)$ 选取行为 a_t 。

$$a_t^*(s_t) = \underset{a \in A(s)}{\operatorname{argmax}} \{ r(s_t, a, s') + \max_{a' \in A(s)} Q_t(s', a') \} \tag{4.16}$$

步骤 4：采取行为 a_t 进行仿真，确定下一个决策时刻。推进仿真时钟到下一个决策时刻，确定下一个状态 s_{t+1} ，并计算报酬 r_{t+1} 。若该时刻有作业完工，记录其流程时间并令 num_job 增加 1。

步骤 5：根据式（4.14）调整基函数的权重。

步骤 6：如果 num_job 小于 MAX_JOB（需要加工的作业总数），令 $t = t+1$，转移到步骤 3。如果 num_job 等于 MAX_JOB，计算所有作业的加权平均流程时间，令 num_episode 增加 1。如果 num_episode 小于 MAX_EPISODE，转移到步骤 2；否则算法终止。

4.1.3 实验结果

下面通过仿真实验验证 Q 学习的效果。假设转换时间 s_{j_1,j_2} （$1\leqslant j_1,j_2\leqslant n$）分别由均匀分布 $U[1, 20]$和 $U[10, 20]$随机产生，作业加工时间 $p_{i,j}$ $(1\leqslant i\leqslant m,1\leqslant j\leqslant n)$ 分别由均匀分布 $U[10, 50]$和 $U[10, 100]$随机产生。假设一个测试问题对应着一对机器数量和作业数量的组合，即 $m\times n$ 问题表示系统中有 m 台机器和 n 个作业。m 分别取 4、6、8 和 10；对每种机器数量，n 分别取 40、60、80 和 100。每个问题用不同的随机种子生成 20 个独立的算例，Q 学习对每个算例重复运行 200 次试验（重复解决算例 200 次），取最优调度方案的加权平均流程时间。算法中的参数取值如下：$\alpha=0.001$，$\gamma=0.9$，$\lambda=0.005$，$\varepsilon=0.01$。

表 4.1～表 4.3 列出 WSPT 规则、排名算法、LFJ-RA 算法及 Weng 算法对各测试问题的调度结果与 Q 学习调度结果的对比情况，表中的数据为单独使用各行为的调度目标函数值除以 Q 学习的调度目标函数值所得的商。实验结果表明，4 种启发式算法对不同的测试问题的效果各不相同，但对于大部分问题，排名算法和 LFJ-RA 算法得到优于 WSPT 规则和 Weng 算法的调度结果。对任何一个测试问题，Q 学习的效果都优于单独使用 WSPT 规则、排名算法、LFJ-RA 算法或 Weng 算法的效果。WSPT 规则、排名算法、LFJ-RA 算法及 Weng 算法对所有测试问题的调度方案的加权平均流程时间的均值分别比 Q 学习算法的结果大 11.02%、9.61%、9.34%和 17.81%。这表明通过仿真实验重复解决问题，增强学习系统能在很短的时间内学习到解决调度问题的较优策略。

表 4.1　s_{j_1,j_2} 由 $U[1, 20]$产生、$p_{i,j}$ 由 $U[10, 100]$产生的测试问题的相对目标函数值

m	n	WSPT	排名算法	LFJ-RA	Weng 算法	Q 学习
4	40	1.090 149	1.105 180	1.100 471	1.129 290	1
	60	1.117 075	1.095 961	1.079 390	1.229 461	1
	80	1.116 936	1.072 269	1.054 816	1.245 273	1
	100	1.078 426	1.082 059	1.089 423	1.348 452	1
6	40	1.099 775	1.064 463	1.079 634	1.072 413	1
	60	1.137 027	1.076 562	1.050 611	1.137 750	1
	80	1.093 57	1.113 013	1.119 588	1.214 120	1
	100	1.082 031	1.072 851	1.085171	1.256 445	1
8	40	1.136 312	1.142 134	1.154 257	1.092 020	1
	60	1.172 856	1.106 153	1.082 606	1.112 175	1
	80	1.135 040	1.076 579	1.060 515	1.152 494	1
	100	1.079 487	1.085 288	1.098 774	1.194 036	1
10	40	1.186 321	1.135 655	1.132 198	1.125 849	1
	60	1.167 423	1.106 138	1.098 377	1.138 091	1
	80	1.120 867	1.093 740	1.102 488	1.159 470	1
	100	1.151 819	1.114 447	1.097 775	1.147 510	1
平均值		1.122 820	1.096 406	1.092 881	1.172 178	1

表 4.2　s_{j_1,j_2} 由 $U[1, 20]$产生、$p_{i,j}$ 由 $U[10, 50]$产生的测试问题的相对目标函数值

m	n	WSPT	排名算法	LFJ-RA	Weng 算法	Q 学习
4	40	1.125 389	1.103 882	1.082 135	1.196 262	1
	60	1.090 402	1.077 085	1.067 379	1.316 078	1
	80	1.162 693	1.142 545	1.131 418	1.433 953	1
	100	1.103 027	1.091 715	1.099 846	1.442 188	1
6	40	1.139 920	1.081 937	1.055 002	1.131 695	1
	60	1.114 757	1.114 839	1.128 937	1.249 052	1
	80	1.092 524	1.104 184	1.106 303	1.288 983	1
	100	1.139 580	1.109 215	1.107 774	1.390 203	1
8	40	1.122 426	1.124 667	1.121 165	1.138 115	1
	60	1.134 820	1.085 649	1.084 734	1.181 818	1
	80	1.140 902	1.112 309	1.128 152	1.288 085	1
	100	1.124 351	1.074 580	1.081 908	1.277 176	1
10	40	1.123 843	1.115 143	1.110 515	1.123 843	1
	60	1.128 819	1.086 957	1.08 960	1.159 959	1
	80	1.122 336	1.087 719	1.083 245	1.196 750	1
	100	1.108 720	1.094 952	1.078 429	1.234 370	1
平均值		1.123 407	1.100 461	1.097 284	1.253 033	1

表 4.3　s_{j_1,j_2} 由 $U[10, 20]$产生、$p_{i,j}$ 由 $U[50, 100]$产生的测试问题的相对目标函数值

m	n	WSPT	排名算法	LFJ-RA	Weng 算法	Q 学习
4	40	1.105 273	1.098 167	1.109 514	1.088 258	1
	60	1.089 782	1.080 034	1.075 934	1.139 054	1
	80	1.073 139	1.075 169	1.065 104	1.173 752	1
	100	1.072 178	1.089 624	1.108 532	1.110 294	1
6	40	1.094 843	1.094 825	1.103 042	1.083 981	1
	60	1.091 853	1.096 339	1.088 890	1.094 332	1
	80	1.086 430	1.112 093	1.087 203	1.120 770	1
	100	1.087 080	1.068 003	1.066 833	1.060 087	1
8	40	1.052 243	1.113 464	1.109 915	1.093 838	1
	60	1.085 825	1.086 320	1.095 565	1.105 430	1
	80	1.111 734	1.077 069	1.072 153	1.142 645	1
	100	1.072 215	1.090 187	1.080 827	1.140 653	1
10	40	1.102 934	1.128 688	1.110 154	1.097 163	1
	60	1.071 818	1.107 935	1.117 084	1.062 495	1
	80	1.063 101	1.071 154	1.081 308	1.118 738	1
	100	1.091 541	1.074 979	1.069 918	1.116 947	1
平均值		1.084 499	1.091 503	1.090 123	1.109 277	1

4.2 最小化加权平均误工时间的离线平行机调度

因为准时交货成为现代生产重要的绩效指标，所以很多研究集中在与交货期相关的调度目标，如最小化误工时间、最小化误工数量等。Pinedo[100]列举了一些多项式时间可解的简单平行机调度问题，然而大多数以最小化误工时间为目标的变速机调度问题是 NP 难问题。Liaw 等[101]针对最小化误工时间加权总和问题提出一种两阶段启发式算法，通过解决分配问题寻找调度问题的上界和下界。Kim 等[102]研究了考虑换型时间的最小化误工时间加权总和的平行机批调度问题，提出 4 种搜索算法：最早加权交货期优先、最短加权加工时间优先、两层批调度启发式算法及模拟退火算法。

对于以优化误工时间为目标的问题，调度规则是很常用的一类方法，最早交货期（Earliest Due Date，EDD）规则、最短加工时间优先（Shortest Processing Time，SPT）规则、关键比（Critical Ratio，CR）规则和最小松弛（Minimal Slack，MS）规则是常用的 4 种简单规则。传统的调度规则只考虑局部信息，Rachamadugu 和 Morton[103]提出一条考虑更多全局信息的 ATC（Apparent Tardiness Cost）规则。Volgenant 和 Teerhuis[104]的研究表明 ATC 规则对单机问题的调度效果优于 EDD 和 WSPT 规则。Carroll[105]提出 COVERT 规则的原始形式，Vepsalainen 和 Morton[106]在此基础之上提出加权 COVERT 规则（称之为 WCOVERT 规则)，用于解决最小化加权平均误工时间问题。Russell 等[107]把 COVERT 规则、截断（Truncated）SPT 规则、动态松弛规则和修正的交货期规则用于单件车间调度。采用不同的交货期松紧程度的实验证明，对于大多数测试问题，COVERT 规则优于其他方法。Vepsalainen 和 Morton[106]用单件车间调度问题测试了 FCFS、EDD、S/RPT（Slack per Remaining Processing Time）、WSPT、ATC 及 WCOVERT 规则，结果表明 ATC 和 WCOVERT 规则优于其他规则。Baker 和 Bertrand[108]提出 MDD（Modified Due Date）规则，Kanet 和 Li[109]把它推广为 WMDD（Weighted Modified Due Date）规则并通过大量实验说明 WMDD、ATC 和 WCOVERT 对很多测试问题得到相似的调度结果。最小化误工时间的 ATC 规则的原始形式没有考虑换型时间，Lee 等[110]把它扩展成可以处理换型时间的 ATCS（Apparent Tardiness Cost with Setups）规则并通过实验证明其有效性。最弱柔性作业优先（LFJ）规则和最弱柔性机器优先（LFM）规则[1]是处理机器资格约束的常用规则。另外，Vairaktaraikis 和 Cai[111]也考虑机器资格约束，针对最小化时间表长问题提出启发式算法和分枝定界方法。

本节考虑与作业加工顺序相关的换型时间和机器-作业资格约束的平行机调度问题，作业的数量和各作业的到达时间已知，调度目标是最小化作业的加权平均误工时间。本节的相关研究成果发表在文献[112]。

4.2.1 问题描述

考察如下问题：有 n 个互相独立的作业在 m 台平行机上加工。作业 $j(1\leqslant j\leqslant n)$ 的到达时间为 a_j。每个作业只需要在任何一台机器上加工一次，考虑机器-作业资格约束，即

作业 j 只允许在集合 M_j $(M_j \subseteq \{i|1 \leqslant i \leqslant m\})$ 中的任一台机器上加工。作业的加工时间和交货期都已知，而且是确定的。作业 j 在机器 $i(1 \leqslant i \leqslant m)$ 的加工时间为 $p_{i,j}$，任何两个加工时间互相独立。从作业 j_1 到 j_2 的换型时间为 s_{j_1,j_2}　$(1 \leqslant j_1, j_2 \leqslant n)$，换型时间与作业的加工顺序相关。令 d_j 表示作业 j 的交货期。调度目标是最小化如式（4.17）所示的所有作业的加权平均误工时间（Weighted Mean Tardiness）：

$$\min\ \overline{D} = \frac{1}{n}\sum_{j=1}^{n} w_j (c_j - d_j)^+ \tag{4.17}$$

其中，c_j 为作业 j 的完工时间，w_j 为作业 j 的权重（作业 j 每单位时间延迟得到的惩罚），$(c_j - d_j)^+$ 等于 $\max\{0, c_j - d_j\}$。

该调度问题可表示为 $Q_m | a_j, s_{jk}, M_j | \sum w_j D_j$。下面用 Q 学习解决该问题，先定义系统状态、行为和报酬函数。

4.2.2　增强学习建模

1. 状态表示及状态转移机制

为了把调度问题转化为增强学习问题，把当前时刻离作业交货期的时间也反映到系统状态中。状态可用式（4.18）的向量表示，该向量由 $3m+2n+1$ 个分量组成，每个分量是一个状态变量。

$$s = [q_j(1 \leqslant j \leqslant n); e_j(1 \leqslant j \leqslant n); b; T_i^0(1 \leqslant i \leqslant m); T_i(1 \leqslant i \leqslant m); t_i(1 \leqslant i \leqslant m)] \tag{4.18}$$

其中，q_j $(1 \leqslant j \leqslant n)$ 是表示作业 j 的状态的变量，定义如下：

$$q_j = \begin{cases} 1, & \text{如果作业 } j \text{ 在等待加工} \\ -1, & \text{如果作业 } j \text{ 已经完工} \\ 0, & \text{其他情况} \end{cases}$$

$e_j(1 \leqslant j \leqslant n)$ 表示作业 j 的交货期的松紧程度，等于 $d_j - \tau$（τ 为当前时刻）；b 表示从最近一个到达作业的到达时刻起，到当前时刻的时间；T_i^0 $(1 \leqslant i \leqslant m)$ 表示机器 i 最近一次加工完的作业类型；T_i $(1 \leqslant i \leqslant m)$ 表示机器 i 正在加工的作业类型（如果机器处于空闲状态，则用 0 表示）；t_i $(1 \leqslant i \leqslant m)$ 表示从机器 i 最近一次开始准备加工当前作业的时刻起，到当前时刻的时间（如果 $T_i = 0$，则 $t_i = 0$）。

系统状态分为决策状态和临时状态两种。下面分析状态的转移机制。触发系统状态从临时状态转移到下一个决策状态的触发事件包括：任何一个作业加工完成和新作业到达。设 s_k（$0 \leqslant t < T$）和 s_k^* 分别表示第 k 个决策状态和第 k 个临时状态，s_k 表示为

$$s_k = [q_{j,k}(1 \leqslant j \leqslant n); e_{j,k}(1 \leqslant j \leqslant n); b_k; T_{i,k}^0(1 \leqslant i \leqslant m); T_{i,k}(1 \leqslant i \leqslant m); t_{i,k}(1 \leqslant i \leqslant m)] \tag{4.19}$$

如果触发状态从 s_{k-1}^* 转移到 s_k 的触发事件为某个作业的完工，那么 $\{i | T_{i,k} = 0, 1 \leqslant i \leqslant m\} \neq \phi$ 成立。如果作业 j 还没到达或已经加工完，那么 $e_{j,k} = 0$。如果 $T_{i,k} = 0$（机器 i 处于空闲状态），那么 $t_{i,k} = 0$。设 τ_k 表示第 k 个决策时刻。如果触发状态从 s_{k-1}^* 转移到 s_k 的触发

事件为某个作业的到达，那么 $e_{j,k}=d_j-\tau_k$， $b_k=0$ 。

采取行为 a_k（各行为的定义将在后续章节介绍）后系统状态立刻从 s_k 转移到临时状态 s_k^*， s_k^* 如式（4.20）所示：

$$s_k^*=[q_j(1\leqslant j\leqslant n);e_j(1\leqslant j\leqslant n);b;T_i^0(1\leqslant i\leqslant m);T_i(1\leqslant i\leqslant m);t_i(1\leqslant i\leqslant m)] \tag{4.20}$$

设 Δt 表示在临时状态 s_t^* 逗留的时间（即从状态 s_k 到 s_{k+1} 的时间），则有

$$\Delta t=\min\{\min_{1\leqslant i\leqslant m,T_i>0}\{s_{T_i^0,T_i}+p_{i,T_i}-t_i\},a_{x+1}-a_x-b\} \tag{4.21}$$

其中，x 表示到时刻 τ_k 为止已经到达的作业数量，定义如下：

$$x=\sum_{j=1}^{n}|q_j|+\sum_{i=1}^{m}\xi(i) \tag{4.22}$$

其中， $\xi(i)$ 为示性函数，定义如下：

$$\xi(i)=\begin{cases}1, & \text{if } T_i>0\\ 0, & \text{if } T_i=0\end{cases},(1\leqslant i\leqslant m) \tag{4.23}$$

如果式（4.24）成立，那么下一个触发事件为作业的完工。

$$\Delta t=\min_{1\leqslant i\leqslant m,T_i>0}\{s_{T_i^0,T_i}+p_{i,T_i}-t_i\} \tag{4.24}$$

设

$$\varLambda=\{i\,|\,s_{T_i^0,T_i}+p_{i,T_i}-t_i=\Delta t,1\leqslant i\leqslant m\},\varGamma=\{T_i\,|\,i\in\varLambda\} \tag{4.25}$$

下一个决策状态 s_{k+1} 可表示为

$$\begin{aligned}s_{k+1}=&[q_j(j\notin\varGamma),-1(j\in\varGamma);e_j-\Delta t(j\in\{z\,|\,q_z+\sum_{i=1}^{m}\delta_Y(i,z)=1\}),\\&0(j\in\{z\,|\,q_z+\sum_{i=1}^{m}\delta_Y(i,z)<1\});b+\Delta t;T_i(i\in\varLambda),T_i^0(i\notin\varLambda);\\&0(i\in\varLambda),T_i(i\notin\varLambda);0(i\in\varLambda),t_i+\Delta t(i\notin\varLambda)]\end{aligned} \tag{4.26}$$

其中，

$$\delta_Y(i,j)=\begin{cases}1, & \text{if } T_i=j\\ 0, & \text{if } T_i\neq j\end{cases} \tag{4.27}$$

如果 $\Delta t=a_{x+1}-a_x-b$ 成立，那么下一个触发事件为作业的到达。设 θ 表示在时刻 τ_{k+1} 到达的作业的集合， s_{k+1} 可表示为

$$\begin{aligned}s_{k+1}=&[q_j(j\notin\theta),1(j\in\theta);e_j-\Delta t(j\in\{z\,|\,q_z+\sum_{i=1}^{m}\delta_Y(i,z)=1\},j\notin\theta),\\&d_j-\tau_{k+1}(j\in\theta),0(j\in\{z\,|\,q_z+\sum_{i=1}^{m}\delta_Y(i,z)<1\},j\notin\theta);0;\\&T_i^0(1\leqslant i\leqslant m);T_i(1\leqslant i\leqslant m);t_i+\xi(i)\Delta t(1\leqslant i\leqslant m)]\end{aligned} \tag{4.28}$$

本节讨论的是确定性的调度问题，所以如果已知决策状态 s_k 和在该状态采取的行为 a_{k+1}，那么下一决策状态 s_{k+1}、获得的报酬 r_{k+1} 及从 s_k 到 s_{k+1} 的间隔时间可完全确定。在一

次试验中，以上状态转移过程不断重复，直至到达终止状态 s_T 。

2. 行为

行为的作用是选择空闲的机器加工正在等待的作业。假设在决策状态如果有空闲的机器并且有空闲机器可以加工的作业等待加工，那么空闲的机器必须选择作业进行加工。下面利用 WSPT、WMDD、WCOVERT、RATCS 和 LFJ-WCOVERT 等启发式规则定义行为。设 SM 表示当前决策时刻 τ_k 的空闲机器的集合，SJ 表示在时刻 τ_k 等待加工的作业的集合，在决策状态 s_k 的可选行为定义如下：

行为 1，WSPT 规则。

如果式（4.29）成立，则对下面步骤进行循环：

$$\bigcup_{j\in SJ}\{SM\cap M_j\}\neq\phi \tag{4.29}$$

根据式（4.30）选择机器 v 加工作业类型 q：

$$(v,q)=\underset{(i,j)}{\operatorname{argmin}}\{\frac{s_{T_{i,k}^0,j}+p_{i,j}}{w_j}\mid j\in SJ,\ i\in SM\cap M_j\} \tag{4.30}$$

更新状态变量，从 SM 中删除 v，从 SJ 中删除 q。

行为 2，WMDD 规则。

如果式（4.29）成立，则对下面步骤进行循环：

$$\bigcup_{j\in SJ}\left\{\mathrm{SM}\cap\mathrm{M}_j\right\}\neq\phi$$

根据式（4.31）选择机器 v 加工作业类型 q：

$$(v,q)=\underset{(i,j)}{\operatorname{argmin}}\{\frac{\max\{s_{T_{i,k}^0,j}+p_{i,j},d_j-\tau_k\}}{w_j}\mid j\in SJ,\ i\in SM\cap M_j\} \tag{4.31}$$

更新状态变量，从 SM 中删除 v，从 SJ 中删除 q。

行为 3，WCOVERT 规则。

如果式（4.29）成立，则对下面步骤进行循环：

根据式（4.32）选择机器 v 加工作业类型 q，其中 K_t 是一个近似因子。

$$(v,q)=\underset{(i,j)}{\operatorname{argmax}}\{\frac{w_j}{s_{T_{i,k}^0,j}+p_{i,j}}[1-\frac{(d_j-s_{T_{i,k}^0,j}-p_{i,j}-\tau_k)^+}{K_t(s_{T_{i,k}^0,j}+p_{i,j})}]^+\ \mid j\in SJ,\ i\in SM\cap M_j\} \tag{4.32}$$

更新状态变量，从 SM 中删除 v，从 SJ 中删除 q。

行为 4，RATCS 规则。

令 p_j 表示作业 j 的名义加工时间，p_j 定义为

$$p_j=\sum_{i\in M_i}\frac{p_{i,j}}{|M_i|} \tag{4.33}$$

基于 ATCS 规则[110]提出如下 RATCS（Ranking Apparent Tardiness Cost with Setups）规则：

步骤 1：对任意作业类型 j（$j \in SJ$），把 M_j 中的机器按 RI 指数（Ranking Index）降序排列。RI 指数定义如下：

$$\mathrm{RI}_i = \begin{cases} \dfrac{w_j}{p_{i,j}} \exp\left(-\dfrac{(d_j - p_{i,j} - \tau_k)^+}{h_1 p}\right) \exp\left(-\dfrac{s_{T_{i,k}^0, j}}{h_2 s}\right), & \text{if } i \in M_j \text{ and } T_i = 0 \\ \dfrac{w_j}{p_{i,j}} \exp\left(-\dfrac{[d_j - p_{i,j} - (s_{T_{i,k}^0, T_{i,k}} + p_{i,T_{i,k}} - t_i) - \tau_k]^+}{h_1 p}\right) \exp\left(-\dfrac{s_{T_{i,k}, j}}{h_2 s}\right)_i, & \text{if } i \in M_j \text{ and } T_i > 0 \end{cases} \tag{4.34}$$

其中，h_1 和 h_2 是前瞻（Look-ahead）参数，p 是等待加工的作业的加工时间的平均值，s 是平均换型时间。

设 $g_{i,j}$ $(1 \leqslant g_{i,j} \leqslant |M_j|)$ 表示机器 $i\,(1 \leqslant i \leqslant m)$ 关于作业类型 $j\,(1 \leqslant j \leqslant n)$ 的排名。

步骤 2：如果式（4.29）成立，则对下面步骤进行循环：

根据式（4.35）选择机器 v 加工作业 q：

$$(v,q) = \underset{(i,j)}{\operatorname{argmin}} \{ g_{i,j} \mid j \in SJ, i \in M_j \cap SM \} \tag{4.35}$$

如果存在两个或两个以上的（机器，作业）组合[假设为组合 (i_1, j_1)，(i_2, j_2)，…，(i_h, j_h)]的排名相同，即式（4.36）对任意 $e\,(1 \leqslant e \leqslant h)$ 成立，那么选择满足式（4.37）的机器 i_e 加工作业 j_e：

$$(i_e, j_e) = \underset{(i,j)}{\operatorname{argmin}} \{ g_{i,j} \mid j \in SJ, i \in M_j \cap SM \}, \tag{4.36}$$

$$(i_e, j_e) = \underset{(i,j)}{\operatorname{argmin}} \left\{ \frac{s_{T_{i_e}^0, j_e} + p_{i_e, j_e}}{w_{j_e}} \,\middle|\, 1 \leqslant e \leqslant h \right\} \tag{4.37}$$

更新状态变量。从 SM 中删除 v 或 i_e，从 SJ 中删除 q 或 j_e。

行为 5，LFJ-WCOVERT 规则。

如果式（4.29）成立，则对下面步骤进行循环：

令 $SJ^* = SJ$。

如果 $SJ^* \neq \phi$，则对下面步骤进行循环：

根据 LFJ 规则从 SJ^* 中选择作业类型 q。

如果 $SM \cap M_q = \phi$，则从 SJ^* 中删除 q；否则根据 WCOVERT 规则选择机器 v 加工作业 q：

$$v = \underset{i}{\operatorname{argmax}} \left\{ \frac{w_q}{s_{T_{i,k}^0, q} + p_{i,q}} \left[1 - \frac{(d_j - s_{T_{i,k}^0, q} - p_{i,q} - \tau_k)^+}{K_t (s_{T_{i,k}^0, q} + p_{i,q})}\right]^+ \,\middle|\, i \in SM \cap M_q \right\} \tag{4.38}$$

更新状态变量，从 SM 中删除 v，从 SJ 和 SJ^* 中删除 q。

行为 6，不选择任何作业。

如果有机器空闲但没有作业等待加工，那么空闲的机器只能继续保持空闲的状态；如果所有机器都处于繁忙状态，或者任何空闲的机器都不能加工任何一个等待加工的作业，那么所有等待加工的作业也只能继续等待。因此，不选择任何作业也是一个候选行为。

3. 报酬函数

定义如下表示作业 j 的延迟信息的示性函数 $\delta_j(t)$：

$$\delta_j(t)=\begin{cases}0, & a_j \leqslant t < \min\{c_j,d_j\} \\ -1, & \min\{c_j,d_j\} \leqslant t \leqslant c_j\end{cases} \tag{4.39}$$

设 r_k 表示在第 k（$0<k\leqslant T$）个决策时刻获得的报酬，定义为

$$r_k=\sum_{j=1}^{n}\int_{\tau_{k-1}}^{\tau_k} w_j\delta_j(t)\mathrm{d}t \tag{4.40}$$

由于 $\delta_j(t)$ 是在区间$[a_j，c_j]$上定义的，式（4.40）等价于

$$r_k=\sum_{j\in J(\tau_{k-1})}\int_{\tau_{k-1}}^{\tau_k} w_j\delta_j(t)\mathrm{d}t \tag{4.41}$$

其中，$J(\tau_{k-1})$ 表示在时刻 τ_{k-1} 等待加工的或正在加工的作业的集合。

报酬函数是所有作业的交货期的函数，具备如下性质：最小化加权平均误工时间（式(4.17)）等价于最大化运行一次试验获得的无折扣累积报酬。

证明　运行一次试验获得的无折扣累积报酬为

$$\begin{aligned}\sum_{k=1}^{T}r_k&=\sum_{k=1}^{T}\sum_{j=1}^{n}\int_{\tau_{k-1}}^{\tau_k} w_j\delta_j(t)\mathrm{d}t \\ &=\sum_{j=1}^{n}\sum_{k=1}^{T}\int_{\tau_{k-1}}^{\tau_k} w_j\delta_j(t)\mathrm{d}t \\ &=\sum_{j=1}^{n}\int_{a_j}^{c_j} w_j\delta_j(t)\mathrm{d}t\end{aligned} \tag{4.42}$$

设 $\varphi_1=\{j\,|\,c_j\geqslant d_j,1\leqslant j\leqslant n\}$，$\varphi_2=\{j\,|\,c_j<d_j,1\leqslant j\leqslant n\}$，则

$$\begin{aligned}\sum_{k=1}^{T}r_k&=\sum_{j\in\phi_1}\left[\int_{a_j}^{d_j} w_j\delta_j(t)\mathrm{d}t+\int_{d_j}^{c_j} w_j\delta_j(t)\mathrm{d}t\right]+\sum_{j\in\phi_2}\int_{a_j}^{c_j} w_j\delta_j(t)\mathrm{d}t \\ &=\sum_{j\in\phi_1}\left[0+\int_{d_j}^{c_j}(-w_j)\mathrm{d}t\right]+0 \\ &=-\sum_{j\in\phi_1}w_j(c_j-d_j)\end{aligned} \tag{4.43}$$

由式（4.17）和式（4.43）可得

$$\begin{aligned}\overline{D}&=\frac{1}{n}\sum_{j=1}^{n}w_j(c_j-d_j)^{+} \\ &=\frac{1}{n}\left[\sum_{j\in\phi_1}w_j(c_j-d_j)^{+}+\sum_{j\in\phi_2}w_j(c_j-d_j)^{+}\right] \\ &=\frac{1}{n}\sum_{j\in\phi_1}w_j(c_j-d_j) \\ &=-\frac{1}{n}\sum_{k=1}^{T}r_k\end{aligned} \tag{4.44}$$

由于 n 是常数，

$$\min \ \overline{D} \Leftrightarrow \max \ \sum_{k=1}^{K} r_k \tag{4.45}$$

4. 结合线性函数泛化器的 Q 学习

前面把调度问题转化为有终（Episodic）增强学习问题。状态空间非常庞大，所以把 Q 学习和函数泛化器结合起来使用。如式（4.46）所示，把 Q 值表示为一组基函数 $\Phi_k(s)(1 \leqslant k \leqslant 3m+2n+1)$ 的线性组合：

$$Q(s,a) = \sum_{k=1}^{3m+2n+1} c_k^a \Phi_k(s) \tag{4.46}$$

其中，$c_k^a\ (1 \leqslant a \leqslant 5, 1 \leqslant k \leqslant 3m+2n+1)$ 为基函数的权重。如式（4.47）所示，每个状态变量对应一个基函数。

$$\Phi_k(s) = \begin{cases} q_j, & 1 \leqslant k \leqslant n \\ \dfrac{e_j}{\max\{d_j\}}, & n+1 \leqslant k \leqslant 2n \\ \dfrac{b}{\max\{a_{(j+1)} - a_{(j)} \mid 1 \leqslant j \leqslant n\}}, & k = 2n+1 \\ \dfrac{T_i^0}{n}, & 2n+2 \leqslant k \leqslant 2n+m+1 \\ \dfrac{T_i}{n}, & 2n+m+2 \leqslant k \leqslant 2n+2m+1 \\ \dfrac{t_i}{\max\{s_{j_1,j_2} + p_{i,j_2} \mid 1 \leqslant i \leqslant m, 1 \leqslant j_1 \leqslant n, 1 \leqslant j_2 \leqslant n\}}, & 2n+2m+2 \leqslant k \leqslant 2n+3m+1 \end{cases} \tag{4.47}$$

其中，$a_{(j)}$ 表示第 j 个到达作业的到达时间，$a_{(n+1)}$ 等于 d_n。基函数的向量为

$$\boldsymbol{\Phi}(s) = [\Phi_1(s), \Phi_2(s), \cdots, \Phi_{3m+2n+1}(s)]^{\mathrm{T}} \tag{4.48}$$

基函数的权重向量为

$$\boldsymbol{C}^a = [c_1^a, c_2^a, \cdots, c_{3m+2n+1}^a]^{\mathrm{T}} \tag{4.49}$$

使用结合线性函数泛化器的 Q 学习（算法 4.2），其中，α 为学习率，γ 为折扣率，$\boldsymbol{E}(a)$ 为行为 a 的适合迹向量，$\delta(a)$ 为行为 a 的误差变量，λ为衰减因子。

算法 4.2　结合线性梯度下降函数泛化器的 Q 学习

步骤 1：设置参数 α、γ、λ及需要运行的试验数量 N_e。设 n_e 和 num_job 分别表示已经运行的试验数量和当前试验已经加工的作业数量，令 n_e=0。

步骤 2：设置当前状态 s_t 为初始状态 s_0，令 $k=0$，num_job=0。

步骤 3：根据 s_k、行为值函数 $Q_k(s,a)$ 和ε-贪婪策略选择行为 a_k。

步骤 4：执行行为 a_k 进行仿真，确定状态转移触发事件和下一个决策时刻。状态转移到下个决策状态 s_{k+1}，计算报酬 $r(s_k,a_k,s_{k+1})$。如果状态转移触发事件是某作业的完工，则

更新 num_job。

步骤 5：根据式（4.50）～式（4.52）更新 a_k 对应的函数泛化器的权重：

$$\delta(a_k)=r(s_k,a_k,s_{k+1})+\gamma\max_{a'\in A(s_{k+1})}Q(s_{k+1},a)-Q(s_k,a_k) \tag{4.50}$$

$$\boldsymbol{E}(a_k)=\lambda\boldsymbol{E}(a_k)+\nabla_{\boldsymbol{C}^{ak}}Q(s_k,a_k) \tag{4.51}$$

$$\boldsymbol{C}^{a_k}=\boldsymbol{C}^{a_k}+\alpha\delta(a_k)\boldsymbol{E}(a_k) \tag{4.52}$$

步骤 6：如果 num_job=n，则令 $n_e=n_e+1$；否则令 $k=k+1$，跳转到步骤 3。如果 $n_e=N_e$，则算法终止；否则跳转到步骤 2。

4.2.3　实验结果

下面通过数值实验验证算法 4.2 的效果。在实验中，换型时间 s_{j_1,j_2} $(1\leqslant j_1,j_2\leqslant n)$、加工时间 $p_{i,j}$ $(1\leqslant i\leqslant m,1\leqslant j\leqslant n)$ 和作业到达时间 a_j $(1\leqslant j\leqslant n)$ 分别通过均匀分布 U（1, 20）、U（1, 100）和 U（1, 50n/m）在调度之前产生，各种时间都是确定量。交货期 d_j $(1\leqslant j\leqslant n)$ 由式（4.53）计算得到，其中 K_d 为交货期松紧因子。机器-作业资格约束关系随机生成。机器的数量分别取 4、8、12、16 和 20，对任意一种机器数量，作业数量分别取 80、120、160 和 200。对任意一个机器数量和作业数量的组合，K_d 分别取 1、3 和 5。一个测试问题对应一定的机器数量、作业数量及 K_d 取值。例如，问题 P（12, 200, 3）指该调度问题有 12 台机器、200 个作业，而且 K_d 等于 3。对每个测试问题，用不同的随机种子生成 30 个不同的算例。对每个算例，用 Q 学习重复解决 300 次（即运行 300 次试验）。

$$d_j=a_j+K_d p_j(1\leqslant j\leqslant n) \tag{4.53}$$

算法的学习效果可以通过一条关于调度目标函数值的“学习曲线”来观察，学习曲线

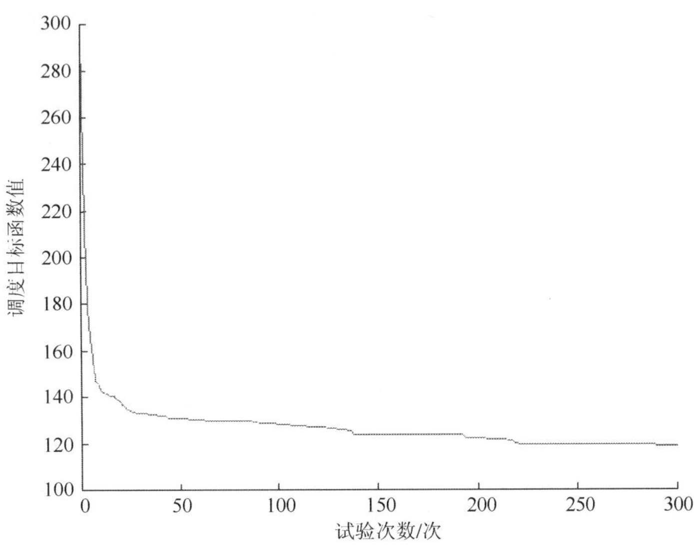

图 4.2　问题 P（12, 200, 1）的学习曲线

表示到目前为止所有试验中找到的最小的目标函数值（对应着当前最优的调度方案）随着试验次数增加的变化趋势。图 4.2 为问题 P（12, 200, 1）的学习曲线。学习曲线的横坐标表示试验次数，纵坐标表示到当前试验为止找到的最小目标函数值。例如，（100, 127.67）是曲线上的一点，它表示在前 100 次试验内找到的最优调度方案对应的目标函数值为 127.67。学习曲线表明，随着试验次数的增加，学习曲线在前面的试验下降得很快，之后平缓下降，趋于水平。

表 4.4～表 4.6 列出了 Q 学习和 WSPT、WMDD、WCOVERT、RATCS 及 LFJ-WCOVERT 等启发式规则的调度目标函数。每个问题的结果是该问题 30 个算例的平均值。

表 4.4　$K_d = 1$ 时的调度结果对比

m	n	WSPT	WMDD	WCOVERT	RATCS	LFJ-WCOVERT	Q 学习
4	80	749.801 3	717.162 4	749.801 3	710.696 3	690.384 0	461.074 6
	120	1 066.695 6	1 018.512 0	1 066.695 6	998.881 9	1 091.607 4	667.884 7
	160	1 224.891 2	1 167.824 0	1 224.891 2	1 137.075 0	1 408.990 9	822.246 6
	200	1 325.293 5	1 293.785 0	1 325.293 5	1 295.590 0	1 893.349 2	980.153 1
8	80	157.377 8	150.624 3	157.377 8	152.499 2	218.522 1	125.158 2
	120	221.978 0	218.988 3	221.978 0	194.657 4	387.191 9	176.102 3
	160	271.152 5	257.394 7	271.152 5	256.598 6	597.350 8	228.319 6
	200	318.501 3	313.870 8	318.501 3	300.925 0	796.148 5	260.427 3
12	80	65.141 0	63.237 0	65.141 0	65.548 8	95.197 7	45.610 6
	120	85.924 5	79.032 9	85.924 5	82.800 6	203.649 2	68.314 0
	160	104.328 4	102.155 0	104.328 4	98.198 9	306.781 0	84.263 0
	200	151.791 5	150.047 9	151.791 5	143.643 6	459.379 0	118.861 0
16	80	18.737 5	19.356 6	18.737 5	19.768 0	13.301 6	11.844 0
	120	38.448 6	38.680 7	38.448 6	39.319 3	82.258 7	26.262 1
	160	48.237 5	51.836 2	48.237 5	47.677 4	152.897 4	37.468 9
	200	75.322 5	73.573 2	75.322 5	70.181 1	256.679 8	60.001 9
20	80	8.255 3	11.906 1	8.255 3	9.722 6	5.431 0	3.986 9
	120	20.247 9	20.070 2	20.247 9	20.375 3	38.086 8	12.311 1
	160	27.442 7	27.067 0	27.442 7	26.016 0	81.849 6	20.131 0
	200	47.830 2	45.239 0	47.830 2	41.003 3	166.800 7	31.748 7

如表 4.4～表 4.6 所示，Q 学习对所有测试问题的调度结果都明显优于各调度规则。如式（4.54）定义相对效果指标 RPI（Relative Performance Index）衡量各启发式规则相对于 Q 学习的调度效果，其中，$\mathrm{RPI}_{k,a}$ 表示 $K_d = k$ 时算法 a 的 RPI 值，$\Omega_1 = \{4,8,12,16,20\}$，$\Omega_2 = \{80,120,160,200\}$，$I_{m,n,k,a}$ 表示用算法 a 解决问题 P（m, n, k）的加权平均误工时间，$I_{m,n,k,Q}$ 表示用 Q 学习解决问题 P（m, n, k）的加权平均误工时间。

$$\mathrm{RPI}_{k,a} = \frac{1}{|\Omega_1||\Omega_2|} \sum_{m\in\Omega_1, n\in\Omega_2} \frac{I_{m,n,k,a}}{I_{m,n,k,Q}} \tag{4.54}$$

表 4.5　$K_d = 3$ 时的调度结果对比

m	n	WSPT	WMDD	WCOVERT	RATCS	LFJ-WCOVERT	Q 学习
4	80	640.140 2	632.726 4	626.763 3	607.450 8	504.273 4	337.504 4
	120	916.320 3	912.955 3	877.011 4	874.517 1	867.776 9	534.419 7
	160	1 106.438 8	1 058.285 0	1 047.566 0	1 023.179 0	1 142.418 9	689.562 8
	200	1 199.496 9	1 153.226 3	1 183.021 0	1 147.030 0	1 654.610 5	832.502 4
8	80	98.336 5	96.920 5	91.935 8	95.831 0	92.607 2	58.921 5
	120	152.820 0	148.981 1	151.482 4	139.100 4	225.240 4	113.832 5
	160	203.918 7	199.870 9	187.041 8	187.959 0	395.310 0	156.720 2
	200	239.833 1	232.302 2	236.213 4	221.367 8	584.103 8	189.137 0
12	80	26.543 9	26.006 3	21.199 2	27.600 4	24.319 4	13.323 1
	120	38.615 0	37.702 6	32.073 2	35.789 7	77.164 6	23.505 3
	160	57.126 3	54.981 2	52.089 0	50.109 7	147.825 5	38.254 3
	200	95.738 5	93.279 4	91.761 9	94.821 8	272.673 2	69.057 1
16	80	3.236 5	3.118 6	3.216 2	3.627 8	1.311 7	1.012 9
	120	11.567 8	10.741 9	11.346 6	11.813 4	17.617 0	7.063 9
	160	16.339 4	15.363 5	15.706 7	14.871 1	45.012 1	11.276 4
	200	38.198 5	37.612 8	37.112 1	32.714 4	111.559 4	22.619 0
20	80	0.385 8	0.416 2	0.369 3	0.360 3	0.252 7	0.095 1
	120	3.001 7	3.004 9	2.531 6	3.101 7	4.009 5	0.788 0
	160	6.280 9	5.864 0	5.679 5	6.081 5	8.491 6	3.024 3
	200	16.799 0	15.976 7	14.514 7	10.760 3	31.781 4	7.874 9

表 4.7 列了各启发式规则的$\mathrm{RPI}_{k,a}$值。WSPT、WMDD、WCOVERT、RATCS 及 LFJ-WCOVERT 等启发式规则的平均 RPI 值（K_d 分别取 1、3、5 时 RPI 的平均值）分别为 2.5897、2.5528、2.2850、2.3522 和 2.9604，即五种规则获得的平均目标函数值分别比 Q 学习大 158.97%、155.28%、128.50%、135.22%和 196.04%。图 4.3 为各调度规则的 RPI 值随 K_d 的变化曲线。当 K_d 等于 1 时，测试问题的交货期很紧急。此时除了 LFJ-WCOVERT 规则，其他规则的结果相似，而 RATCS 规则最好。每一种规则的 RPI 值都随 K_d 的增大而增大，LFJ-WCOVERT 规则的增长速度比其他规则缓慢，即 LFJ-WCOVERT 规则对 K_d 的取值最不敏感。WCOVERT 和 RATCS 对不同的测试问题的调度结果各有优劣，但总体而言它们比其他三种规则好。虽然 K_d 等于 1 或 3 时 LFJ-WCOVERT 的效果最差，但是 K_d 等于 5 时它表现最好。

实验表明 WCOVERT 和 RATCS 算法的平均效果优于其他三种启发式规则；$K_d = 5$ 时 LFJ-WCOVERT 优于其他启发式规则。对任意的测试问题，Q 学习的效果都显著优于所有启发式规则，它获得的调度目标值比 WSPT、WMDD、WCOVERT、RATCS 和 LFJ-WCOVERT 等启发式规则分别减小 61.38%、60.82%、56.23%、57.48%和 66.22%。

表 4.6 $K_d=5$ 时的调度结果对比

m	n	WSPT	WMDD	WCOVERT	RATCS	LFJ-WCOVERT	Q 学习
4	80	556.801 0	525.631 8	551.323 1	523.924 9	379.245 5	273.907 3
	120	801.841 8	751.536 3	792.729 9	750.645 7	718.388 1	438.799 6
	160	1 018.246 5	955.146 1	1 001.108 7	934.071 8	934.497 2	589.648 1
	200	1 112.938 9	1 014.521 0	1 108.478 9	1 026.372 0	1 315.451 7	739.918 2
8	80	64.387 8	57.360 1	53.269 5	59.043 0	47.780 7	26.709 6
	120	112.411 0	102.738 7	96.972 3	100.306 7	144.556 3	67.268 8
	160	163.333 7	153.037 7	153.196 0	148.978 9	255.669 9	106.721 7
	200	192.816 2	178.422 7	193.898 9	180.525 5	321.128 9	136.111 1
12	80	15.141 8	12.605 3	12.058 5	13.383 7	11.295 6	4.434 6
	120	19.088 0	17.871 4	16.000 5	17.770 5	34.895 5	7.568 7
	160	35.800 5	34.260 5	33.151 7	32.834 1	56.993 3	18.653 4
	200	64.553 3	61.904 2	63.429 1	58.919 5	151.730 7	37.136 4
16	80	0.450 1	0.446 0	0.115 8	0.356 3	0.057 4	0.030 1
	120	5.291 2	4.937 4	5.303 3	4.900 7	4.887 6	2.002 2
	160	5.448 2	5.534 9	5.663 9	5.024 9	12.013 8	2.122 7
	200	21.293 7	19.217 1	20.029 2	19.576 3	41.358 0	9.733 1
20	80	0.004 1	0.006 3	0.004 1	0.003 3	0.000 0	0.000 0
	120	1.185 1	0.978 9	1.083 1	1.044 3	0.623 8	0.048 1
	160	1.658 2	1.792 8	1.656 9	1.5122	1.558 1	0.278 1
	200	5.401 4	5.139 0	5.086 2	3.788 9	6.314 4	1.609 6

表 4.7 各启发式规则获得的 RPI 值对比

K_d	WSPT	WMDD	WCOVERT	RATCS	LFJ-WCOVERT	Q 学习
1	1.418 4	1.436 0	1.418 4	1.382 6	2.767 9	1.000 0
3	1.939 9	1.904 3	1.802 5	1.845 7	2.807 2	1.000 0
5	4.411 0	4.318 3	3.634 3	3.828 3	3.306 3	1.000 0
平均值	2.589 7	2.552 8	2.285 0	2.352 2	2.960 4	1.000 0

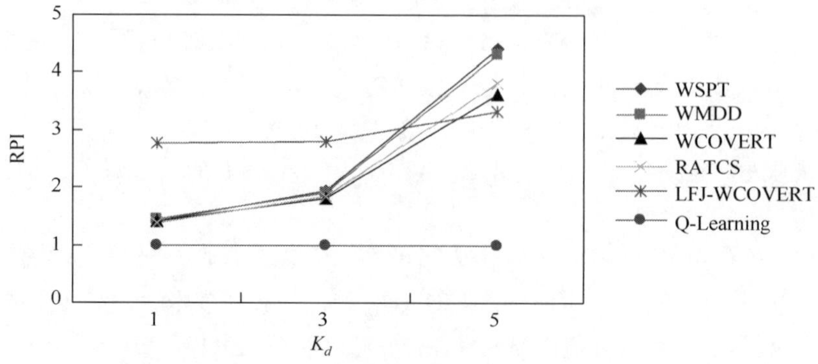

图 4.3 各调度规则的 RPI 值随 K_d 的变化

4.3　最小化加权平均流程时间的在线平行机调度

4.3.1　问题描述

考察如下随机的在线平行机调度问题（本节的相关研究成果发表在文献[113]）。系统共有 m 台平行机和 n 类作业，作业动态到达，第 j 类作业到达的间隔时间为随机变量 $e_j(1\leqslant j\leqslant n)$，$e_j$ 服从一般分布 G_j^a。每个作业只需加工一道工序，可在任一台机器上加工，加工过程不可中断，一台机器不能同时加工多个作业。第 j 类作业在机器 i 上的加工时间为随机变量 $p_{i,j}$ $(1\leqslant i\leqslant m,1\leqslant j\leqslant n)$，$p_{i,j}$ 服从一般分布 $G_{i,j}^p$。$G_{i,j}^p$ 各不相同，所以该问题是个变速机调度问题。作业到达加工系统后如果不能立刻加工就进入队列等待加工，加工完成后离开系统。设 a_g 和 c_g 分别表示第 g 个作业的到达时间和完工时间，那么该作业在加工系统的流程时间（等待时间加上加工时间）f_g 为

$$f_g=c_g-a_g \tag{4.55}$$

设 N_T^a 表示在 T 时间内到达的作业总数，$\overline{f_T}$ 表示 T 时间内到达的所有作业的平均流程时间［如式（4.56）所示］。调度目标是最小化 $\overline{f_T}$。

$$\overline{f_T}=\frac{1}{N_T^a}\sum_{g=1}^{N_T^a}f_g \tag{4.56}$$

4.3.2　增强学习模型

1. 系统状态变量

状态变量既要反映系统状态的主要特征，包括整体和局部特征，又能及时反映系统的变化。针对所研究问题的特点，定义如下 2（m+n）维向量表示系统的状态：

$$s=[q_j(1\leqslant j\leqslant n);t_j^a(1\leqslant j\leqslant n);T_i(1\leqslant i\leqslant m);t_i^p(1\leqslant i\leqslant m)] \tag{4.57}$$

向量的各分量是状态变量，定义如下：q_j 表示队列中第 j 类作业的数量，t_j^a 表示当前时刻与第 j 类作业最近一次到达时刻之间的时间间隔，T_i 表示机器 i 正在加工的作业类型（如果机器 i 处于空闲状态，则 $T_i=0$），t_i^p 表示机器 i 正在加工的作业的已加工时间（如果机器 i 处于空闲状态，则令 $t_i^p=0$）。

t_j^a 和 t_i^p 为连续变量，所以状态空间是无限的。每当有新的作业到达或有作业加工完成时发生一次状态转移。设 s_u 表示第 u 个决策时刻的系统状态，则式（4.58）成立。可见对于一般分布的作业到达间隔时间和作业加工时间，引入状态变量 t_j^a 和 t_i^p 使状态表示具

备马尔可夫属性。

$$P\{s_{u+1}=s\mid s_0,s_1,\cdots,s_u\}=P\{s_{u+1}=s\mid s_u\} \tag{4.58}$$

2. 行为

各作业在各机器的加工时间不一定相同，所以当空闲的机器不止一台时，行为的定义不仅要考虑选择哪一个作业，还要考虑把选取的作业分配给哪台机器加工。用 SM 表示在某决策时刻空闲机器的集合，SJ 表示在该决策时刻队列中等待加工的作业类型的集合，N_j 表示 SJ 中第 j 类作业的数量。定义如下行为：

行为 1，根据最短期望加工时间（Shortest Expected Processing Time，SEPT）规则选择作业和机器。

步骤 1：根据式（4.59）选机器 i^* 加工第 j^* 类中最早到达的作业。

$$(i^*,j^*)=\underset{(i,j)}{\operatorname{argmin}}\{E[p_{i,j}]\mid i\in SM,j\in SJ\} \tag{4.59}$$

步骤 2：从 SM 中删除 i^*；$N_j=N_j-1$，如果 N_j 等于零，从 SJ 中删除 j^*。如果 $SM\neq\Phi$ 并且 $SJ\neq\Phi$，重复步骤 1、2。

行为 2，根据先进先出（First In First Out，FIFO）规则选择作业和机器。类似行为 1 可分为两个步骤，在第一个步骤中，该规则选择 SJ 中到达时间最早的作业在加工该作业耗时最短的空闲机器上加工。步骤 2 同行为 1。

行为 3，根据排名算法选择作业和机器。

步骤 1：对每类作业 $j\,(1\leqslant j\leqslant n)$，把各机器按 $E[p_{i,j}]\ (1\leqslant i\leqslant m)$ 从小到大排序。令 $L_{i,j}\ (1\leqslant j\leqslant n,1\leqslant L_{i,j}\leqslant m)$ 表示（i，j）组合的排名，即机器 i 关于第 j 类作业的排名。

步骤 2：选择机器 i^* 加工第 j^* 类中最早到达的作业，使 (i^*,j^*) 满足下面条件：

$$(i^*,j^*)=\underset{(i,j)}{\operatorname{argmin}}\{L_{i,j}\mid i\in SM,j\in SJ\} \tag{4.60}$$

如果存在两个或两个以上的（机器，作业）组合的排名相同，那么根据 SEPT 规则选择 i^*、j^*。

步骤 3：从 SM 中删除 i^*；$N_j=N_j-1$，如果 N_j 等于零，从 SJ 中删除 j^*。如果 $SM\neq\Phi$ 并且 $SJ\neq\Phi$，重复步骤 2、3。

行为 4，不选取任何作业。当队列中没有作业时，所有空闲的机器只能继续等待；当有新作业到达而各机器都繁忙时，由于加工过程是不可中断的，所以队列中各作业都只能继续等待。在这些情况下只能选择行为 4。

另外，假设在某决策时刻队列中有作业等待加工而且所有机器都空闲，此时必须选取作业进行加工，不能让所有的空闲机器都继续保持空闲状态。

3. 报酬函数

设函数 h（t）表示 t 时刻滞留在整个系统的作业（包括正在各机器上加工的作业和队列中等待加工的作业）数目，r_u（u=1，2，…）表示在第 u 个决策时刻获得的报酬。定义

报酬函数 r_u 为第 u–1 个和第 u 个决策时刻的时间间隔与 $h(t_{u-1})$ 乘积的相反数（如式（4.61）所示），其中 t_u 表示第 u 个决策时刻。

$$r_u = -h(t_{u-1})(t_u - t_{u-1}) \tag{4.61}$$

式（4.61）表明要最大化报酬函数就要最小化系统中的时间平均作业数。设 N_T^d 表示在 T 时间内决策时刻的数量。如式（4.62）所示，设 $\overline{r_T}$ 表示在 T 时间内平均每个决策时刻获得的报酬。

$$\overline{r_T} = \frac{1}{N_T^d}\sum_{u=1}^{N_T^d} r_u \tag{4.62}$$

根据式（4.61）和式（4.62）可得

$$\overline{r_T} = -\frac{1}{N_T^d}\sum_{u=1}^{N_T^d} h(t_{u-1})(t_u - t_{u-1}) \tag{4.63}$$

定义如下示性函数：

$$\delta_g(t) = \begin{cases} 0, & \text{如果第 } g \text{ 个作业在时刻 } t \text{ 未到达或已完工} \\ 1, & \text{如果第 } g \text{ 个作业在时刻 } t \text{ 在等待或正在加工} \end{cases} \tag{4.64}$$

根据式（4.63）和式（4.64）可得

$$\overline{r_T} = -\frac{1}{N_T^d}\sum_{u=1}^{N_T^d}\int_{\tau=t_{u-1}}^{t_u}\sum_{g=1}^{N_T^a}\delta_g(\tau)\mathrm{d}\tau = -\frac{1}{N_T^d}\sum_{g=1}^{N_T^a}\int_{\tau=0}^{T}\delta_g(\tau)\mathrm{d}\tau \tag{4.65}$$

根据式（4.55）可得

$$\overline{r_T} = -\frac{1}{N_T^d}\sum_{g=1}^{N_T^a} f_g \tag{4.66}$$

每次状态转移只有一个作业进入或离开系统的概率为 1，而每当有作业到达或有作业加工完成时发生一次状态转移。假设存在正实数 U，使 $E[f_g] \leqslant U$ 对任意 g 成立，那么根据 N_T^d 和 N_T^a 的关系可以证明（证明过程可参考第 6.1 节），当 $T \to \infty$ 时式（4.67）成立：

$$E[\overline{r_T}] = -E[\frac{1}{N_T^d}\sum_{g=1}^{N_T^a} f_g] = -E[\overline{f_T}]/2 \tag{4.67}$$

可见，当系统运行无限长时间时，最小化平均每个作业的流程时间等价于最大化平均每个决策时刻获得的报酬。而平均报酬型增强学习算法的目标正是最大化平均报酬，所以用式（4.61）定义报酬函数的优点是把报酬函数和调度的目标函数直接联系起来，直接反映行为对目标函数的长期影响，有利于找到对全局而言较优的调度策略。

相邻两个决策时刻之间的时间间隔是随机变量，本节的增强学习问题实际上是半马尔可夫决策过程。根据上面的分析，由于该问题的特殊性，最小化平均每个作业的流程时间等价于最大化平均每个决策时刻获得的报酬，可用平均报酬型增强学习算法求解。

4. R 学习

采用结合线性函数泛化器的 R 学习求解上面的增强学习模型。如式（4.68）所示，线性函数泛化器把相对行为值表示为一组基函数的线性组合。

$$Q(s,a)=\sum_{k=1}^{2m+2n}c_k^a\varPhi_k(s) \tag{4.68}$$

其中，$\varPhi_k(s)$ $(1\leqslant k\leqslant 2m+2n)$ 为定义在状态空间的基函数，c_k^a $(1\leqslant a\leqslant 4, 1\leqslant k\leqslant 2m+2n)$ 为基函数的权重。定义如下正规化的基函数：

（1）表示队列中各类型作业数量的基函数：

$$\varPhi_k(s)=\begin{cases}0, & q_k=0\\ 2^{-\frac{1}{q_k}}, & q_k>0\end{cases}\quad(1\leqslant k\leqslant n) \tag{4.69}$$

（2）表示当前时刻与第 j 类作业最近一次到达时刻的时间间隔的基函数：

$$\varPhi_k(s)=t_{k-n}^a/\max_{1\leqslant j\leqslant n}\{E[e_j]\}(n+1\leqslant k\leqslant 2n) \tag{4.70}$$

（3）表示各机器正在加工的作业类型的基函数：

$$\varPhi_k(s)=T_{k-2n}/C(2n+1\leqslant k\leqslant m+2n) \tag{4.71}$$

其中，C 为常数，可取 $C=n$。

（4）表示各机器正在加工作业的已加工时间的基函数：

$$\varPhi_k(s)=t_{k-2n-m}^p/\max_{1\leqslant i\leqslant m,1\leqslant j\leqslant n}\{E[p_{i,j}]\}(m+2n+1\leqslant k\leqslant 2m+2n) \tag{4.72}$$

函数泛化器在学习的过程中不断调整基函数的权重，从而不断改变相对行为值函数 $Q(s,a)$，其作用相当于列表型 R 学习的相对行为值函数 $Q(s,a)$ 的迭代公式。采用梯度下降法来调整基函数的权重，具体算法步骤如下：

算法 4.3　结合函数泛化器的 R 学习

步骤 1：设置参数 α、β、γ 和 ε，并初始化如下变量：$\boldsymbol{C}^a=\mathbf{1}$，$\boldsymbol{E}(a)=\mathbf{0}$，$\rho=-1$。其中 $\boldsymbol{C}^a$ 和 $\boldsymbol{E}(a)$ 为 2（m+n）维向量，$\boldsymbol{C}^a=(c_1^a,c_2^a,\cdots,c_{2m+2n}^a)^{\mathrm{T}}$。

步骤 2：设置当前状态 s 为初始状态 s_0，初始化基函数。用 num 表示已加工的作业数，令 num=0。

步骤 3：根据式（4.73）确定贪婪行为 $a^*(s)$，并遵循 ε-贪婪策略 π 根据相对行为值函数 $Q(s,a)$ 选取行为 a。

$$a^*(s)=\arg\max_{a\in A(s)}\{r(s,a,s')+\max_{a'\in A(s)}Q(s',a')\} \tag{4.73}$$

步骤 4：采取行为 a 进行仿真，确定下一个决策时刻。推进仿真时钟到下一个决策时刻，确定下一个状态 s'，并计算报酬 $r(s,a,s')$。若该时刻有作业完工，记录其流程时间并令 num 增加 1。

步骤 5：根据 $r(s,a,s')$ 调整基函数的权重：

$$\delta(a)=r(s,a,s')-\rho+\max_{a'\in A(s')}Q(s',a')-Q(s,a) \tag{4.74}$$

$$\boldsymbol{E}(a)=\gamma\boldsymbol{E}(a)+\nabla_{\boldsymbol{C}^a}Q(s,a) \tag{4.75}$$

$$\boldsymbol{C}^a=\boldsymbol{C}^a+\alpha\delta(a)\boldsymbol{E}(a) \tag{4.76}$$

步骤 6：如果 $Q(s,a)=\max_{a\in A(s)}Q(s,a)$，则根据式（4.77）更新 ρ：

$$\rho = \rho + \beta[r(s,a,s') - \rho + \max_{a' \in A(s')} Q(s',a') - \max_{a \in A(s)} Q(s,a)] \tag{4.77}$$

步骤 7：设置 $s = s'$。如果 num 小于 MAX_NUM（加工的最大作业总数，用于控制仿真终止），跳到步骤 3；否则计算所有作业的平均流程时间。

4.3.3 实验结果

下面通过实验来验证 R 学习解决 4.3.1 节所述问题的效果。不失一般性，假设作业加工时间 $p_{i,j}$ 服从正态分布 $N(\mu_{i,j}^p, (\sigma_{i,j}^p)^2)$，$\mu_{i,j}^p\ (1 \leqslant i \leqslant m, 1 \leqslant j \leqslant n)$ 分别由均匀分布 $U[5, 20]$ 和 $U[20, 50]$随机产生，$\sigma_{i,j}^p$ 取值为 3。作业到达的间隔时间 $e_j (1 \leqslant j \leqslant n)$ 分成两种情况：服从指数分布 $\exp(\lambda_j)$（见表 4.8 和表 4.9）或正态分布 $N[\mu_j^a, (\sigma_j^a)^2]$（见表 4.10 和表 4.11）。当间隔时间服从指数分布时，λ_j 取值分别为$15/mP_j$ 和 $30/mP_j$，其中 P_j 随机生成，满足如下条件：$P_j > 0$ 且 $\sum_{1 \leqslant j \leqslant n} P_j = 1$。当间隔时间服从正态分布时，$\mu_j^a$ 取值分别为 $15/mP_j$ 和 $30/mP_j$，σ_j^a 取值为 3。

假设一个测试问题对应着一对机器数量和作业类型数量的组合，即 $m \times n$ 问题表示系统中有 m 台机器和 n 类作业。m 分别取 6、8 和 10；对每种机器数量，n 分别取 10、20 和 30。每个问题用不同的随机种子生成 30 个独立的实例，每个实例随机生成 2000 个作业，采用 R 学习对每个实例重复进行 500 次调度“试验”，取最优调度方案的平均流程时间。算法中的参数一般取值如下：$\alpha = 0.001$，$\beta = 0.10$，$\gamma = 0.002$，$\varepsilon = 0.03$。

表 4.8　$e_j \sim \exp(15/mP_j)$，$\mu_{i,j}^p$ 由 $U[5, 20]$产生时测试问题的平均流程时间

m	n	SEPT	RA	FIFO	R 学习
6	10	34.92	34.42	41.78	28.54
	20	38.02	37.88	50.70	31.54
	30	36.4	34.32	59.12	28.92
8	10	31.42	29.18	38.52	24.56
	20	31.92	33.16	41.38	25.38
	30	33.82	32.9	52.44	26.18
10	10	22.92	22.56	22.86	19.58
	20	30.46	29.06	36.82	25.12
	30	29.66	27.68	35.51	23.58

表 4.9　$e_j \sim \exp(30/mP_j)$，$\mu_{i,j}^p$ 由 $U[20, 50]$产生时测试问题的平均流程时间

m	n	SEPT	RA	FIFO	R 学习
6	10	113.64	92.00	183.45	79.02
	20	88.90	81.02	167.31	71.90
	30	79.56	75.42	139.12	68.32

续表

m	n	SEPT	RA	FIFO	R 学习
8	10	82.78	85.54	157.19	70.44
	20	80.26	72.34	144.32	66.92
	30	82.98	78.68	159.14	70.82
10	10	72.38	69.34	120.97	62.88
	20	82.12	75.38	128.95	68.14
	30	74.04	71.36	116.21	63.42

表 4.10　$e_j \sim N(15/mP_j,9)$，$\mu_{i,j}^p$ 由 $U[5, 20]$产生时测试问题的平均流程时间

m	n	SEPT	RA	FIFO	R 学习
6	10	43.75	37.43	42.09	31.43
	20	41.85	36.06	55.85	29.70
	30	42.14	36.70	57.14	29.91
8	10	39.73	37.55	59.48	29.23
	20	40.16	38.48	62.26	30.06
	30	40.44	40.60	63.45	32.24
10	10	35.06	35.31	55.67	29.63
	20	37.28	35.87	62.38	30.68
	30	36.17	34.29	53.24	28.79

表 4.11　$e_j \sim N(30/mP_j,9)$，$\mu_{i,j}^p$ 由 $U[20, 50]$产生时测试问题的平均流程时间

m	n	SEPT	RA	FIFO	R 学习
6	10	115.01	115.58	175.23	85.26
	20	94.62	87.49	167.03	77.73
	30	89.10	84.53	156.12	74.26
8	10	93.85	89.37	160.37	79.60
	20	92.83	86.31	155.43	76.36
	30	94.35	88.67	167.12	77.59
10	10	80.73	77.13	142.71	67.18
	20	85.57	80.25	156.67	69.77
	30	82.34	78.87	146.60	67.91

表 4.8～表 4.11 列出 R 学习、SEPT 规则、RA 算法及 FIFO 规则对测试问题的调度结果对比情况。实验结果取各问题 30 个实例的平均值。实验结果表明，SEPT 规则是解决以最小化流程时间为目标的随机调度问题的较优规则，对大多数测试问题它的调度结果都远远优于 FIFO 规则。而对于绝大多数测试问题，RA 算法的效果都优于 SEPT 规则。RA 算法优于 SEPT 规则的原因在于 SEPT 规则主要考虑局部信息，找到的是局部较优的解，

而 RA 算法考虑了更多的全局信息，所以可以找到对全局而言更优的解。对任何一个测试问题，不论其规模大小，R 学习的效果都明显优于任何一种调度规则。这表明通过仿真实验，增强学习系统能学习到解决调度问题的较优策略，在不同的系统状态下选择不同的最优或次优行为。

4.4　最小化加权平均误工时间的在线平行机调度

4.4.1　问题描述

本节采用一种平均报酬型 R 学习解决一类变速机的在线调度问题（本节的相关研究成果发表在文献[114]）。问题具体描述如下：有 n 类作业 JT_j $(1 \leqslant j \leqslant n)$ 需要在 m 台变速机 M_i $(1 \leqslant i \leqslant m)$ 上加工。作业动态到达，n 类作业的到达过程是参数为 λ_j $(1 \leqslant j \leqslant n)$ 的泊松过程。每个作业如果到达就可被加工。每一个作业都只需要在一台机器上进行加工，而且每台机器同时只能加工一个作业。同类型的作业（如 JT_j）如果在机器 i 上加工，那么它们有一个确定的加工时间 $p_{j,i}$。机器是非关联的，即对所有的作业 j 和所有的机器 $i \neq k$ 而言，$p_{j,i}$ 和 $p_{j,k}$ 是互相独立的。

假设 $J_{j,k}$ 表示作业类型 JT_j 的第 k 个作业，$r_{j,k}$ 表示作业 $J_{j,k}$ 的到达时间，$d_{j,k}$ 表示作业 $J_{j,k}$ 的交货期。调度目标函数是最小化所有作业的平均加权延误，定义如下：

$$\text{minimize } \overline{T} = \frac{\sum_{j=1}^{n}\sum_{k=1}^{N_j} w_j (C_{j,k} - d_{j,k})^+}{\sum_{j=1}^{n} N_j} \tag{4.78}$$

其中，$C_{j,k}$ 表示作业 $J_{j,k}$ 的完工时间，w_j 是作业类型 JT_j 的延误的权重，N_j 是作业类型 JT_j 已经加工完毕的作业数量，$(C_{j,k} - d_{j,k})^+$ 等于 $\max\{0, C_{j,k} - d_{j,k}\}$。作业的到达时间是随机的，作业到达系统前并不知道其到达时间，因此该问题是一个在线调度问题。

4.4.2　增强学习模型

1. 状态特征

定义如下状态特征：

状态特征 1[$f_{1,j}$ $(1 \leqslant j \leqslant n)$]，用 NJ_j 表示作业类型 JT_j 等待加工的作业数量，$f_{1,j}$ 定义为

$$f_{1,j} = \begin{cases} 0, & \text{if } NJ_j = 0 \\ 2^{-\frac{1}{NJ_j}}, & \text{if } NJ_j > 0 \end{cases} \tag{4.79}$$

根据定义易知 $f_{1,j} \in [0,1)$。

状态特征 2[$f_{2,i}$ $(1 \leqslant i \leqslant m)$]，$f_{2,i}$ 定义如下：

$$f_{2,i} = \begin{cases} 0, & \text{如果机器}M_i\text{空闲} \\ \dfrac{j}{n}, & \text{如果机器}M_i\text{正在加工属于作业类型}JT_j\text{的作业} \end{cases} \tag{4.80}$$

根据定义易知 $f_{2,j} \in [0,1]$ 。

状态特征 3[$f_{3,i}$ $(1 \leqslant i \leqslant m)$]，假设 $J_{j,k}$ 表示机器 M_i 正在加工的作业，用 p_j 表示作业类型 JT_j 的平均加工时间（名义加工时间），p_j 定义如下：

$$p_j = \sum_{i=1}^{m} p_{j,i} / m \tag{4.81}$$

$f_{3,i}$ 等于作业 $J_{j,k}$ 的剩余加工时间（ z_i ）除以 p_j 。$f_{3,i}$ 定义如下：

$$f_{3,i} = z_i / p_j \tag{4.82}$$

如果 M_i 空闲，那么 z_i 等于零。

状态特征 4[$f_{4,i}$ $(1 \leqslant i \leqslant m)$]，假设 $J_{j,k}$ 表示机器 M_i 正在加工的作业，$f_{4,i}$ 定义如下：

$$f_{4,i} = \frac{d_{j,k} - t}{p_j} \tag{4.83}$$

其中，t 表示当前状态所在的时刻。

上面定义了 4 种正规化的特征来描述环境的状态。状态特征 1 描述了不同类型的等待作业的数量。状态特征 2～4 描述每台机器上加工的作业信息，如作业类型、剩余加工时间和交货期的松紧程度。为了完全描述环境的状态，需要把等待作业的交货期信息表示出来。为此，定义状态特征 5～8。

状态特征 5[$f_{5,j}$ $(1 \leqslant j \leqslant n)$]，用 SJ_j 表示等待队列中属于作业类型 JT_j 的作业的集合。$f_{5,j}$ 表示等待队列中属于作业类型 JT_j 的作业当中最小的交货期松弛时间，$f_{5,j}$ 定义如下：

$$f_{5,j} = \frac{\min\limits_{J_{j,k} \in SJ_j} d_{j,k} - t}{p_j} \tag{4.84}$$

状态特征 6[$f_{6,j}$ $(1 \leqslant j \leqslant n)$]，$f_{6,j}$ 表示等待队列中属于作业类型 JT_j 的作业当中最长的交货期松弛时间，$f_{6,j}$ 定义如下：

$$f_{6,j} = \frac{\max\limits_{J_{j,k} \in SJ_j} d_{j,k} - t}{p_j} \tag{4.85}$$

状态特征 7[$f_{7,j}$ $(1 \leqslant j \leqslant n)$]，$f_{7,j}$ 表示等待队列中属于作业类型 JT_j 的各作业的交货期松弛时间的均值，$f_{7,j}$ 定义如下：

$$f_{7,j} = \frac{\sum\limits_{J_{j,k} \in SJ_j} d_{j,k} / NJ_j - t}{p_j} \tag{4.86}$$

状态特征 8[$f_{8,j,g}$ $(1 \leqslant j \leqslant n, 1 \leqslant g \leqslant 4)$]，令 g 表示用于表征作业交货期松弛时间的时段编号，g 定义如下：

$$g=\begin{cases}1, & \text{if } d_{j,k}-t\in(\max\limits_{1\leqslant i\leqslant m}p_{j,i},+\infty) \\ 2, & \text{if } d_{j,k}-t\in(\min\limits_{1\leqslant i\leqslant m}p_{j,i},\max\limits_{1\leqslant i\leqslant m}p_{j,i}] \\ 3, & \text{if } d_{j,k}-t\in(0,\min\limits_{1\leqslant i\leqslant m}p_{j,i}] \\ 4, & \text{if } d_{j,k}-t\in(-\infty,0]\end{cases} \tag{4.87}$$

令 $NI_{j,g}$ 表示等待队列中属于作业类型 JT_j 并且位于区间 g 的作业。$f_{8,j,g}$ 定义如下：

$$f_{8,j,g}=\begin{cases}0, & \text{if } NI_{j,g}=0 \\ 2^{\frac{1}{NJ_{j,g}}}, & \text{if } NI_{j,g}>0\end{cases} \tag{4.88}$$

共计有 $3m+8n$ 个状态特征。当有作业到达或作业完成时发生状态转移。在开始时，系统处于初始状态 s_0，此时没有作业等待加工，所有机器空闲。智能体选择一个作业并把它分配给一台机器，之后系统转移到一个新的状态 s_q。然后智能体根据 s_q 选择行为，在下一个决策时刻状态转移到 s_{q+1}，智能体接收到一笔延时的报酬 r_{q+1}，r_{q+1} 可以根据 s_q 和相邻两次状态转移之间的间隔时间计算得到（见第 4.4.2 节）。各段间隔时间是不相同的。

2. 行为

为了充分挖掘智能体的探索学习能力，应定义与环境状态无关的通用行为。另外，为了利用现有的理论或经验来解决调度问题，也应定义一些与特定状态相关的行为。在每个决策时刻，如果有闲置的机器且没有作业等待加工，那么该机器保持空闲。如果所有的机器都繁忙，当有新的作业到达时，那么由于加工的不可中断性，因此这个作业必须要排队。

行为 1（a_1），不选择任何作业。

假设有机器空闲并且有作业等待加工，智能体要选择一个作业给空闲的机器。选择 4 个有效的启发式优先规则（WSPT、WMDD、ATC 和 WCOVERT）作为行为并应用于变速机调度问题。因此共有 5 个行为。实际上，一个行为不仅要选择一个作业，而且要选择加工该作业的机器。假设 M_i 是一台空闲的机器，JT_j 是一个等待的作业类型。$WS_{j,i}$、$WM_{j,i}$、$WA_{j,i}$ 和 $WT_{j,i}$ 分别表示根据 WSPT、WMDD、ATC 和 WCOVERT 规则选择机器 M_i 加工具有最早交货期的作业（d_j）的优先指数。下面定义 4 个优先指数。

行为 2（a_2），根据 WSPT 规则选择作业和机器。根据 $WS_{j,i}$ 指数递增的顺序加工作业，$WS_{j,i}$ 定义如下：

$$WS_{j,i}=p_{j,i}/w_j \tag{4.89}$$

行为 3（a_3），根据 WMDD 规则选择作业和机器。根据 $WM_{j,i}$ 指数递增的顺序加工作业，$WM_{j,i}$ 定义如下：

$$WM_{j,i}=\frac{1}{w_j}\max\{p_{j,i},d_j-t\} \tag{4.90}$$

行为 4（a_4），根据 ATC 规则选择作业和机器。根据 $WA_{j,i}$ 指数递增的顺序加工作业，$WA_{j,i}$ 指数定义如下：

$$WA_{j,i} = \frac{w_j}{p_{j,i}} \exp(-\frac{[d_j - p_{j,i} - t]^+}{h\bar{p}}) \tag{4.91}$$

式中，h 是一个前瞻系数，$\bar{p}$ 是所有等待加工的作业的平均名义加工时间（p_j 是作业类型 JT_j 的一个作业的名义加工时间）。

行为 5（a_5），根据 WCOVERT 规则选择作业和机器。WCOVERT 规则把作业类型按照 $WT_{j,i}$ 指数递减的顺序排列。在单操作模式中，$WT_{j,i}$ 指数定义如下：

$$WT_{j,i} = \frac{w_j}{p_{j,i}}[1 - \frac{(d_j - p_{j,i} - t)^+}{K_t p_{j,i}}]^+ \tag{4.92}$$

式中，K_t 是一个近似因子。

3. 报酬函数

由于每步状态转移获得的即时报酬反映执行行为的即时效果，累积报酬反映执行行为的长期效果，因此目标函数值越小的调度方案获得的累积报酬越大。设 $\delta_{j,k}(v)$ 表示作业 $J_{j,k}$ 的延迟信息的示性函数，定义如下：

$$\delta_{j,k}(v) = \begin{cases} 0, & r_{j,k} \leqslant v < \min\{C_{j,k}, d_{j,k}\} \\ -1, & \min\{C_{j,k}, d_{j,k}\} \leqslant v \leqslant C_{j,k} \end{cases} \tag{4.93}$$

利用示性函数定义：

$$r_q = \sum_{j=1}^{n} \sum_{k=1}^{NJ(t_q,j)} \int_{t_{q-1}}^{t_q} w_j \delta_{j,k}(v)\,\mathrm{d}v$$

式中，t_q 表示第 q 个决策时刻（从状态 s_{q-1} 转移到状态 s_q 的时刻），NJ（t_q，j）表示到时刻 t_q 为止到达的作业类型 JT_j 的作业数，r_q 表示从状态 s_{q-1} 转移到状态 s_q 所获得的报酬。

引理 4.1 当系统运行无限长时间时，最小化加权平均延误等价于最大化时间平均报酬。即

$$\min \lim_{\tau\to\infty} \overline{T} \Leftrightarrow \max \lim_{\tau\to\infty} \frac{1}{\tau} \sum_{q=1}^{NT(\tau)} r_q \tag{4.94}$$

式中，τ 表示调度过程运行的时间，NT（τ）表示到时刻 τ 为止发生状态转移的次数。

证明

$$\begin{aligned} \sum_{q=1}^{NT(\tau)} r_q &= \sum_{q=1}^{NT(\tau)} \sum_{j=1}^{n} \sum_{k=1}^{NJ(\tau,j)} \int_{t_{q-1}}^{t_q} w_j \delta_{j,k}(v)\,\mathrm{d}v \\ &= \sum_{j=1}^{n} \sum_{k=1}^{NJ(\tau,j)} \sum_{q=1}^{NT(\tau)} \int_{t_{q-1}}^{t_q} w_j \delta_{j,k}(v)\,\mathrm{d}v \\ &= \sum_{j=1}^{n} \sum_{k=1}^{NJ(\tau,j)} \int_{0}^{\tau} w_j \delta_{j,k}(v)\mathrm{d}v \\ &= \sum_{j=1}^{n} \sum_{k=1}^{NJ(\tau,j)} \int_{r_{j,k}}^{C_{j,k}} w_j \delta_{j,k}(v)\mathrm{d}v \end{aligned} \tag{4.95}$$

令 $SJ1=\{J_{j,k}\mid C_{j,k}\geqslant d_{j,k},1<j<n,1<k<NJ(\tau,j)\}$，$SJ2=\{J_{j,k}\mid C_{j,k}<d_{j,k}, 1<j<n,1<k<NJ(\tau,j)\}$，于是：

$$\begin{aligned}\sum_{q=1}^{NT(\tau)} r_q &= \sum_{J_{j,k}\in SJ1}\left[\int_{r_{j,k}}^{d_{j,k}} w_j\delta_{j,k}(v)\mathrm{d}v+\int_{d_{j,k}}^{C_{j,k}} w_j\delta_{j,k}(v)\mathrm{d}v\right]+\sum_{J_{j,k}\in SJ2}\int_{r_{j,k}}^{C_{j,k}} w_j\delta_{j,k}(v)\mathrm{d}v\\ &=\sum_{J_{j,k}\in SJ1}\left[0+\int_{d_{j,k}}^{C_{j,k}}(-w_j)\mathrm{d}v\right]+0\\ &=-\sum_{J_{j,k}\in SJ1} w_j(C_{j,k}-d_{j,k})\end{aligned} \tag{4.96}$$

根据式（4.78）可得

$$\begin{aligned}\overline{T}&=\frac{\sum_{j=1}^{n}\sum_{k=1}^{NJ(\tau,j)} w_j(C_{j,k}-d_{j,k})^+}{\sum_{j=1}^{n} NJ(\tau,j)}\\ &=\frac{\sum_{J_{j,k}\in SJ1} w_j(C_{j,k}-d_{j,k})^+ + \sum_{J_{j,k}\in SJ2} w_j(C_{j,k}-d_{j,k})^+}{\sum_{j=1}^{n} NJ(\tau,j)}\\ &=\frac{\sum_{J_{j,k}\in SJ1} w_j(C_{j,k}-d_{j,k})}{\sum_{j=1}^{n} NJ(\tau,j)}\end{aligned} \tag{4.97}$$

作业类型 JT_j 的作业到达过程是参数为 λ_j 的泊松过程，因此：

$$\begin{aligned}\lim_{\tau\to\infty}\overline{T}&=\lim_{\tau\to\infty}\frac{\sum_{J_{j,k}\in SJ1} w_j(C_{j,k}-d_{j,k})}{\sum_{j=1}^{n} NJ(\tau,j)}\\ &=\lim_{\tau\to\infty}\frac{\sum_{J_{j,k}\in SJ1} w_j(C_{j,k}-d_{j,k})}{\sum_{j=1}^{n}\lambda_j\tau}\\ &=\frac{1}{\sum_{j=1}^{n}\lambda_j}\lim_{\tau\to\infty}\frac{1}{\tau}\sum_{J_{j,k}\in SJ1} w_j(C_{j,k}-d_{j,k})\end{aligned} \tag{4.98}$$

又 $\sum_{j=1}^{n}\lambda_j$ 是常数，因此：

$$\min\ \lim_{\tau\to\infty}\overline{T}\Leftrightarrow\min\ \lim_{\tau\to\infty}\frac{1}{\tau}\sum_{J_{j,k}\in SJ1} w_j(C_{j,k}-d_{j,k}) \tag{4.99}$$

即

$$\min \lim_{\tau\to\infty}\overline{T} \Leftrightarrow \max \lim_{\tau\to\infty}\frac{1}{\tau}[-\sum_{J_{j,k}\in SJ1} w_j(C_{j,k}-d_{j,k})] \tag{4.100}$$

根据式（4.96）可得式（4.94）。

定理 4.1 对于无限阶段的问题，最小化加权平均延误等价于最大化平均每次状态转移所获得的报酬。即

$$\min \lim_{\tau\to\infty}\overline{T} \Leftrightarrow \max \lim_{\tau\to\infty}\frac{1}{NT(\tau)}\sum_{q=1}^{NT(\tau)} r_q \tag{4.101}$$

证明 如上所述，当有作业到达或作业完成时发生状态转移。不失一般性，假设所有的作业都只在系统逗留有限时间（否则会导致堵塞）。每个作业进入和离开系统各一次，因此：

$$\lim_{\tau\to\infty} NT(\tau) = \lim_{\tau\to\infty} 2\sum_{j=1}^{n} NJ(\tau,j) \tag{4.102}$$

于是，

$$\lim_{\tau\to\infty}\frac{\sum_{q=1}^{NT(\tau)} r_q}{NT(\tau)} = \frac{1}{2}\lim_{\tau\to\infty}\frac{\sum_{q=1}^{NT(\tau)} r_q}{\sum_{j=1}^{n} NJ(\tau,j)} = \frac{1}{2}\lim_{\tau\to\infty}\frac{\sum_{q=1}^{NT(\tau)} r_q}{\sum_{j=1}^{n}\lambda_j\tau} = \frac{1}{2\sum_{j=1}^{n}\lambda_j}\lim_{\tau\to\infty}\frac{\sum_{q=1}^{NT(\tau)} r_q}{\tau} \tag{4.103}$$

由于 $\sum_{j=1}^{n}\lambda_j$ 是常数，

$$\max \lim_{\tau\to\infty}\frac{1}{NT(\tau)}\sum_{q=1}^{NT(\tau)} r_q \Leftrightarrow \max \lim_{\tau\to\infty}\frac{1}{\tau}\sum_{q=1}^{NT(\tau)} r_q \tag{4.104}$$

根据引理 4.1 可得式（4.101）。证毕。

平均报酬型增强学习的目标正是最大化平均每次状态转移所获得的报酬。定理 4.1 确保了当平均报酬型增强学习的目标达到的同时获得最优调度目标。

由于 $\delta_{j,k}(v)$ 在区间$[r_{j,k}, C_{j,k}]$上定义，因此

$$\begin{aligned} r_q &= \sum_{j=1}^{n}\sum_{k=1}^{NJ(t_q,j)}\int_{t_{q-1}}^{t_q} w_j\delta_{j,k}(v)\mathrm{d}v \\ &= \sum_{J_{j,k}\in SY(t_{q-1})}\int_{t_{q-1}}^{t_q} w_j\delta_{j,k}(v)\mathrm{d}v \end{aligned} \tag{4.105}$$

式中，$SY(t_{q-1})$ 表示 t_{q-1} 时刻等待加工的作业和正在加工的作业的总数量。

本节定义的报酬函数是一个关于所有作业的交货期信息的函数。如果要使状态特征具有马尔可夫属性，那么需要把所有交货期信息完整描述出来。然而，作业的数量是未知的而且是随时间变化的，所以不可能把当前所有作业的交货期信息都完整描述出来。为了弥补这一点，定义状态特征 8 刻画作业交货期的相对松紧程度。

4.4.3 求解变速机调度问题的 R 学习

在第 4.4.2 节，变速机调度问题转化为没有终止状态的平均报酬型增强学习问题。由

于 R 学习是一种以最大化平均每次状态转移所得报酬为目标的离策略增强学习方法，可采用 R 学习来解决增强学习问题。采用ε-贪婪策略作为选择行为的控制策略。

有些状态特征是连续的变量，因此状态空间是无限的，仍采用结合梯度下降法为每一个行为构造函数泛化器。对每个行为 a 用一组径向基函数的线性组合来表示其行为值函数，如式（4.106）所示，其中，U 为基函数的数量，$\boldsymbol{\Phi}_u(\boldsymbol{F})$ $(1\leqslant u\leqslant U)$ 是形如式（4.107）的高斯径向基函数，w_u^a $(1\leqslant u\leqslant U)$ 是基函数的权重系数，$\boldsymbol{F}$ 是形如式（4.108）的状态特征向量，σ_u $(1\leqslant u\leqslant U)$ 是带宽参数，$\boldsymbol{C}_u$ $(1\leqslant u\leqslant U)$ 是表示基函数位置的向量。

$$Q(s,a)=\sum_{u=1}^{U}w_u^a\Phi_u(\boldsymbol{F}) \tag{4.106}$$

$$\Phi_u(\boldsymbol{F})=\exp(-\frac{\|\boldsymbol{F}-\boldsymbol{C}_u\|^2}{2\sigma_u^2}) \tag{4.107}$$

$$\boldsymbol{F}=(f_{1,1},f_{1,2},\cdots,f_{1,N_f},f_{2,1},\cdots,f_{m,N_f})^{\mathrm{T}} \tag{4.108}$$

令 $\boldsymbol{W}^a$ 表示如下权重向量：

$$\boldsymbol{W}^a=(w_1^a,w_2^a,\cdots,w_U^a)^{\mathrm{T}} \tag{4.109}$$

构造径向基函数泛化器的基本内容包括设定 U、$\boldsymbol{C}_u$ $(1\leqslant u\leqslant U)$、$\sigma_u$ $(1\leqslant u\leqslant U)$，并调整 $\boldsymbol{W}^a$。如果 U、$\boldsymbol{C}_u$ $(1\leqslant u\leqslant U)$、$\sigma_u$ $(1\leqslant u\leqslant U)$ 都确定了，$Q(s,a)$ 就只取决于 $\boldsymbol{W}^a$ 和状态特征。在本节的实验中，设置 U 为 20，采用一个基于 K-Means 算法的启发式方法来设置 $\boldsymbol{C}_k$ 和 σ_k。采用梯度下降法来更新权重向量 $\boldsymbol{W}^a$，即通过 $Q(s,a)$ 相对 $\boldsymbol{W}^a$ 的梯度（见式（4.110））更新权重系数，从而达到更新值函数的目的。

$$\nabla_{W^a}Q(s,a)=\boldsymbol{\Phi}(\boldsymbol{F}) \tag{4.110}$$

式中，$\boldsymbol{\Phi}(F)$ 是 U 个基函数组成的向量 $[\Phi_1(\boldsymbol{F}),\Phi_2(\boldsymbol{F}),\cdots,\Phi_U(\boldsymbol{F})]^{\mathrm{T}}$。

为了解决第 4.4.1 节描述的问题，采用以下增强学习算法（算法 4.4），其中，α 是学习率，β 是步长参数，$\boldsymbol{E}(a)$ 是关于行为 a 的 U 维适合迹向量，表示为 $(e_1^a,e_2^a,\cdots,e_U^a)^{\mathrm{T}}$，$\delta(a)$ 是行为 a 的误差变量，γ 是更新适合迹的折扣因子，ρ 是 R^π 的近似值（R^π 表示在策略 π 下平均每次决策获得的期望报酬）。

算法 4.4　用于解决变速机调度问题的结合函数泛化器的 R 学习

步骤 1：初始化 $w_u^a=1\ (1\leqslant u\leqslant U)$，$e_u^a=0\ (1\leqslant u\leqslant U)$，$\rho=-1$。设置参数 α、β、γ 和 ε 为预设值。

步骤 2：设置当前状态为初始状态 s_0 并计算初始状态特征 $\boldsymbol{F}$。

步骤 3：根据式（4.111）确定贪婪行为 $a^*(s)$。

$$a^*(s)=\arg\max_{\mathrm{a}}[r_{s,s'}^a+\max_{\mathrm{a'}}Q(s',a')] \tag{4.111}$$

式中，$r_{s,s'}^a$ 为采取行为 a 的情况下状态从 s 转移到 s'所获得的报酬。

步骤 4：遵循 ε-贪婪策略 π 选择行为 a。

步骤 5：采取行为 a。当有作业到达或有作业加工完毕时，系统转移到新状态 s'。计算报酬 $r_{s,s'}^a$ 和新的状态特征 F'。采取行为 a 进行仿真，确定下一个决策时刻。推进仿真时钟到下一个决策时刻，确定下一个状态 s'，并计算报酬。

步骤 6：根据下列公式更新关于行为 a 的函数泛化器的参数向量：

$$\delta(a)=r_{s,s'}^{a}-\rho+\max_{a'}Q(s',a')-Q(s,a)\,, \tag{4.112}$$

$$\boldsymbol{E}(a)=\gamma\boldsymbol{E}(a)+\nabla_{W^a}Q(s,a)\,, \tag{4.113}$$

$$\boldsymbol{W}^a=\boldsymbol{W}^a+\alpha\delta(a)\boldsymbol{E}(a) \tag{4.114}$$

步骤 7：如果 $Q(s,a)=\max_{a}Q(s,a)$，那么如式（4.115）更新 ρ 值：

$$\rho=\rho+\beta[r_{s,s'}^{a}-\rho+\max_{a'}Q(s',a')-Q(s,a^*(s))] \tag{4.115}$$

步骤 8：令 s 为 s'。如果不满足终止准则，那么转步骤 3。

下面进行算法 4.4 的最坏情形计算复杂度分析。用 N_a 表示行为的数目。在算法 4.4 中，步骤 1 需要进行 $O(UN_a)$ 次运算，步骤 2 需要进行 $O(m+n)$ 次运算，步骤 3 需要进行 $O(N_a^2U(m+n))$ 次运算，步骤 4 需要进行 $O(N_a)$ 次运算。计算报酬 $r_{s,s'}^{a}$ 需要 $O(n)$ 次运算，计算状态特征需要 $O(m+n)$ 次运算，因此步骤 5 需要进行 $O(m+n)$ 次运算。由于执行式（4.112）～式（4.114）分别需要的运算次数为 $O(N_aU(m+n))$、$O(U)$ 和 $O(U)$，步骤 6 需要进行 $O(N_aU(m+n))$ 次运算。此外，步骤 7 和步骤 8 分别需要 $O(N_aU(m+n))$ 和 $O(1)$ 次运算。因此，执行关于一次状态转移的步骤需要 $O(N_a^2U(m+n))$ 次运算。由于状态转移次数为 $O(N)$，其中 n 是需要加工的作业总数，算法 4.4 的最坏情况下的计算复杂度是 $O(N_a^2UN(m+n))$。

4.4.4 实验结果

本节通过实验分析算法 4.4 的性能。理论上 R 学习的目的是最大化无限时间的平均报酬。然而，在计算实验中不可能让系统运行无限长时间。在本节中，一个测试问题指定了一定数量的机器和作业类型，每个问题产生 50 个算例。在一次试验中，每个算例随机产生 1000 个作业。一次试验是指生成 1000 个作业并完成这 1000 个作业调度的从初始状态到最终状态的全过程（即 1000 个作业都加工完）。在解决每个算例之前，增强学习系统通过运行一定次数的试验进行训练。一次试验结束时的 $\boldsymbol{W}^a$ 和 ρ 值等于下一次试验开始时的 $\boldsymbol{W}^a$ 和 ρ 值。权重系数 w_j 和加工时间 $p_{j,i}$ 分别由均匀分布 $U[0, 5]$和 $U[1, 20]$产生。假设所有作业类型的到达率（λ_j）由均匀分布 $U[1, \lambda_u]$产生。为了避免出现作业加工任务相对于变速机的能力过于繁重的情况发生，引入如下的启发式公式：

$$\sum_{j=1}^{n}\lambda_j p_j \leqslant m \tag{4.116}$$

即

$$E[\sum_{j=1}^{n}\lambda_j p_j]\leqslant m \tag{4.117}$$

$$\sum_{j=1}^{n}E[\lambda_j]p_j \leqslant m \tag{4.118}$$

因为 $E[\lambda_j]=(1+\lambda_u)/2$，所以对于任意 j 有

$$\frac{1}{2}(1+\lambda_u)\sum_{j=1}^{n}p_j \leqslant m \tag{4.119}$$

所以：

$$\lambda_u \leqslant 2m / \sum_{j=1}^{n}p_j - 1 \tag{4.120}$$

令

$$\lambda_u = 2m / \sum_{j=1}^{n}p_j - 1 \tag{4.121}$$

给定 m、n 和 $p_{j,i}$ $(1\leqslant j\leqslant n, 1\leqslant i\leqslant m)$，$\lambda_u$ 可由式（4.121）计算，$d_{j,k}$ 可由式（4.122）计算：

$$d_{j,k} = r_{j,k} + Kp_j \tag{4.122}$$

式中，K 是松弛因子。

下面首先研究 5 个测试问题（m 等于 8，n 分别等于 10、15、20、25 和 30）。对每一个问题，画一条算法 4.4 得到的 1000 个作业的加权平均延误随着训练试验次数的增加而变化的学习曲线。

对每一个问题，加权平均延误取 50 个算例的平均值。图 4.4～图 4.8 分别描述了 $\alpha=0.001$、$\beta=0.15$、$\gamma=0.001$、$\varepsilon=0.015$、$K=1$ 时五个问题的学习曲线。横坐标代表训练用的试验次数，纵坐标代表训练之后解决调度 1000 个作业的测试问题所得到的加权平均延误。例如，（100，8.30）表示在图 4.4 中曲线的一个点，它表明先用 100 次试验训练增强学习系统，然后再用它解决测试问题，获得的加权平均延误为 8.30。所有学习曲线开始时下降得很快，之后下降平缓，趋于水平。可见，算法学习得很快，开始时调度结果改善速度很快，后来调度结果改善速度逐渐变慢，当试验次数大于 70 时调度结果改善的幅度很小。

下面用更多的测试问题证明所提出算法的性能。在测试问题中，机器的数量分别为 4、6、8、10 和 12。对任一指定数量的机器，作业类型的数量分别是 10、15、20、25 和 30。对任意的机器数量和作业类型数量的组合，K 分别取 1，3 和 5。表 4.12～表 4.14 分别显

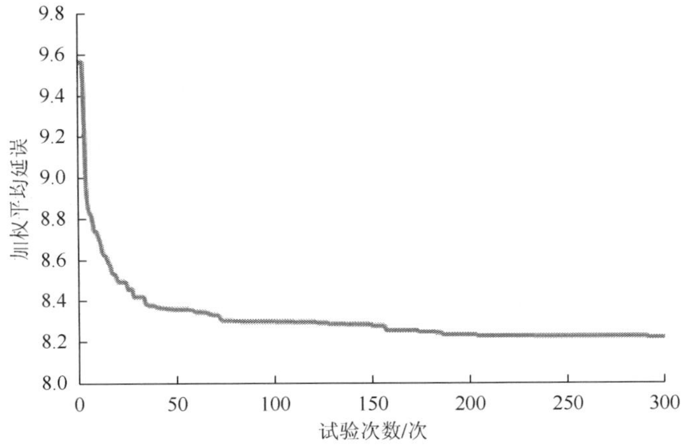

图 4.4　测试问题的学习曲线（8 台机器、10 个作业类型、K=1）

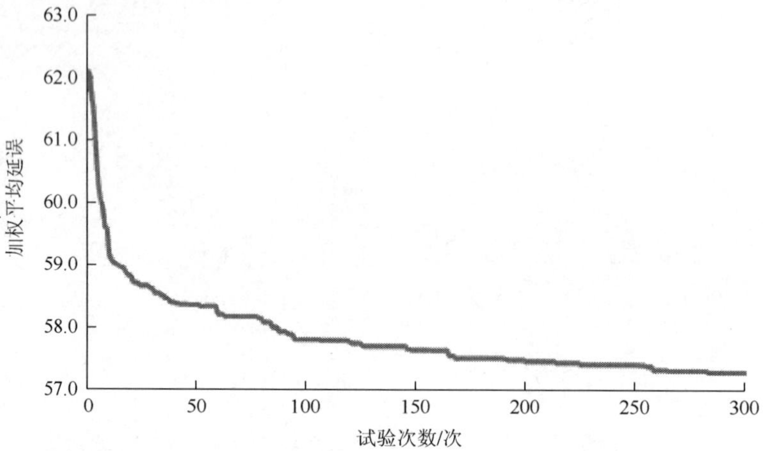

图 4.5　测试问题的学习曲线（8 台机器、15 个作业类型、K=1）

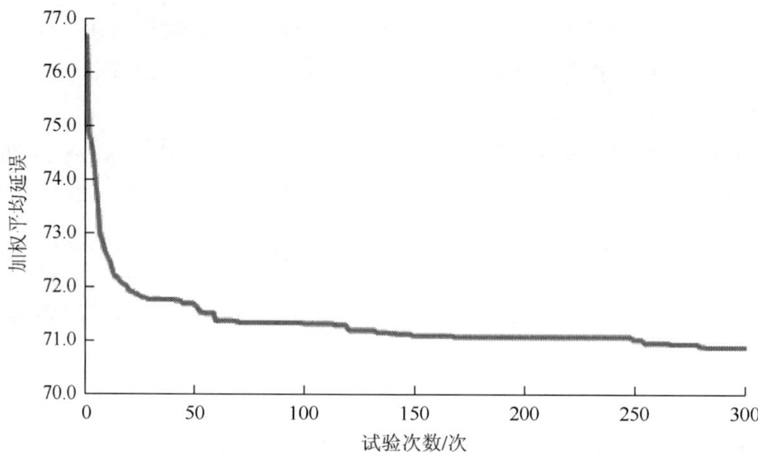

图 4.6　测试问题的学习曲线（8 台机器、20 个作业类型、K=1）

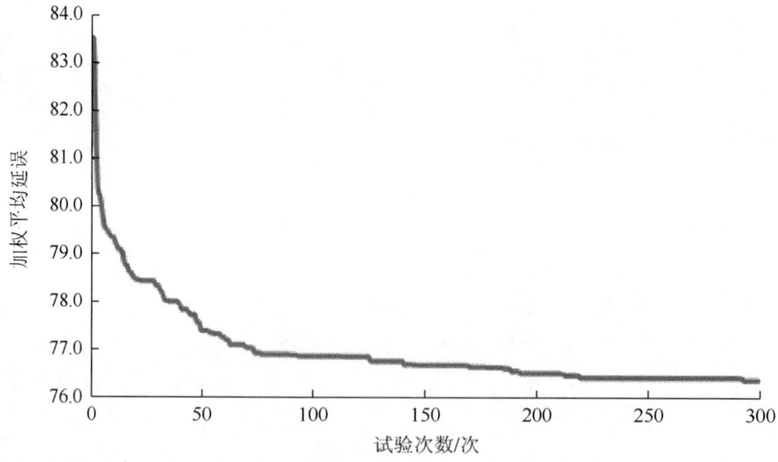

图 4.7　测试问题的学习曲线（8 台机器、25 个作业类型、K=1）

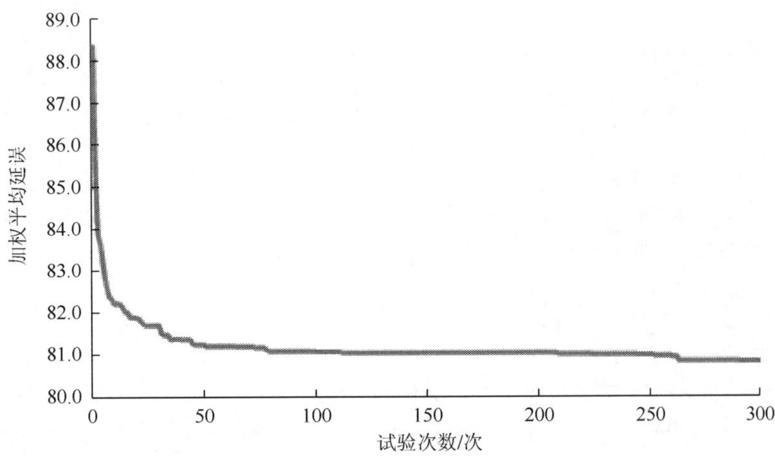

图 4.8　测试问题的学习曲线（8 台机器、30 个作业类型、K=1）

示采用算法 4.4 通过 300 次训练后解决这些问题的加权平均延误。其结果也是 50 个算例的平均值，并且与 WSPT、WMDD、ATC 和 WCOVERT 4 条启发式规则的结果对比。表 4.12～表 4.14 表明，当 K 等于 1（交货期紧迫），4 条启发式规则在大多数情况下得到了类似的结果。WSPT 规则通常在高负荷、交货期紧迫的情况下效果较好。当 K 等于 3 或 5 时，对于大多数测试问题，ATC 和 WCOVERT 优于 WSPT 和 WMDD。ATC 和 WCOVERT 各有一些测试问题的表现优于对方，但对许多测试问题也得到了类似的结果。然而，R 学习解决所有测试问题的效果均优于 4 条规则，这表明 R 学习系统学会在不同的场合下选择一个好的规则。它集成了 4 条规则的优点，并灵活选择它们在动态环境下调度作业，获得比单独使用任何一条规则更好的结果。对每个测试问题，每一条启发式规则的运行时间都小于 0.01 s。R 学习求解每个测试问题的运行时间（完成 1000 个作业的调度）都小于 0.3 s（见表 4.12～表 4.14 的最后一列）。虽然 R 学习的运行时间比启发式规则的运行时间更长，但对于在线应用也是可以接受的。

表 4.12　K=1 时，解决测试问题所获得的加权平均延误对比结果

m	n	WSPT	WMDD	ATC	WCOVERT	R 学习	R 学习的运行时间/s
4	10	172.80	172.12	172.45	172.80	158.90	0.050 4
	15	201.68	201.44	201.68	201.68	181.60	0.070 8
	20	231.41	231.41	231.40	231.41	212.97	0.091 0
	25	235.97	235.83	235.84	235.97	215.64	0.123 8
	30	234.63	234.49	234.62	234.63	212.28	0.140 0
6	10	77.73	78.49	77.63	77.73	70.32	0.070 0
	15	111.30	110.78	111.30	111.23	101.12	0.091 2
	20	124.84	124.79	124.75	124.84	113.97	0.116 7
	25	140.63	141.05	140.72	140.63	130.78	0.140 7
	30	136.57	137.16	136.38	136.57	126.21	0.165 5
8	10	9.43	9.83	9.56	9.43	8.22	0.095 7
	15	62.19	62.16	62.04	62.19	57.30	0.115 3

续表

m	n	WSPT	WMDD	ATC	WCOVERT	R 学习	R 学习的运行时间/s
	20	76.87	76.89	76.84	76.87	70.90	0.136 0
	25	83.59	83.88	83.57	83.59	76.38	0.163 9
	30	88.69	88.71	88.58	88.69	80.83	0.188 4
10	10	0.125	0.210	0.254	0.125	0.100	0.120 3
	15	35.37	37.86	36.33	35.37	29.92	0.143 2
	20	51.34	51.84	51.51	51.34	46.33	0.165 9
	25	60.41	60.35	60.34	60.41	52.52	0.192 4
	30	62.22	61.79	61.69	62.23	54.49	0.219 4
12	10	4.81e–4	3.93e–4	4.24e–4	4.81e–4	1.53e–4	0.148 9
	15	3.46	4.00	3.80	3.47	2.87	0.166 2
	20	33.85	34.78	34.04	33.85	29.20	0.191 8
	25	42.57	42.45	42.15	42.57	37.13	0.218 0
	30	44.03	45.00	44.51	44.03	39.01	0.244 7

表 4.13　*K*=3 时，解决测试问题所获得的加权平均延误对比结果

m	n	WSPT	WMDD	ATC	WCOVERT	R 学习	R 学习的运行时间/s
4	10	166.07	166.38	164.61	164.42	147.83	0.055 5
	15	195.75	196.07	193.98	193.08	174.63	0.080 2
	20	224.82	230.00	223.58	221.94	187.55	0.101 7
	25	228.46	230.00	228.97	228.13	202.06	0.135 5
	30	227.82	228.93	227.60	227.55	197.13	0.155 7
6	10	74.46	75.72	70.23	69.37	55.88	0.079 5
	15	106.65	108.45	102.81	101.18	91.74	0.102 2
	20	119.10	120.21	118.12	117.92	102.85	0.134 6
	25	134.64	135.08	133.34	133.40	124.25	0.160 8
	30	130.39	132.23	129.52	129.61	116.43	0.178 2
8	10	8.00	7.44	4.50	6.84	3.92	0.103 1
	15	58.06	56.42	51.68	50.97	42.98	0.122 7
	20	76.52	75.81	72.63	71.47	66.65	0.144 6
	25	85.80	86.31	83.77	83.15	74.12	0.180 6
	30	85.32	85.25	83.16	83.08	75.24	0.201 0
10	10	0.05	0.187	0.09	0.110	0.04	0.133 4
	15	33.01	32.81	27.31	27.46	24.55	0.149 7
	20	47.38	46.97	42.90	42.25	38.22	0.174 0
	25	60.40	56.27	53.59	52.85	45.52	0.205 5
	30	57.59	53.05	53.94	54.09	47.97	0.233 9
12	10	0	0	0	0	0	0.155 6
	15	2.98	3.40	1.83	3.09	1.50	0.174 9
	20	30.71	30.39	27.17	27.98	23.76	0.200 8
	25	38.62	39.63	35.48	35.27	32.80	0.228 4
	30	40.06	40.89	37.49	37.31	33.41	0.260 5

表 4.14　*K*=5 时，解决测试问题所获得的加权平均延误对比结果

m	*n*	WSPT	WMDD	ATC	WCOVERT	R 学习	R 学习的运行时间/s
4	10	159.70	160.94	158.76	157.83	146.68	0.057 8
	15	190.02	190.42	187.36	187.89	174.96	0.087 6
	20	218.46	220.20	216.84	216.23	194.68	0.105 9
	25	221.43	224.14	221.11	222.87	204.40	0.140 4
	30	221.39	223.09	220.61	221.66	201.77	0.162 4
6	10	71.50	71.75	64.68	63.31	55.95	0.087 0
	15	102.38	104.89	97.44	96.02	89.93	0.105 4
	20	113.87	114.43	112.34	112.58	103.06	0.138 5
	25	128.87	130.22	126.93	128.00	120.16	0.169 9
	30	124.82	126.51	123.08	123.93	114.41	0.183 8
8	10	7.41	5.34	2.34	7.02	1.95	0.110 1
	15	54.79	52.06	47.88	46.05	41.56	0.127 0
	20	72.40	71.30	66.15	66.21	59.33	0.150 4
	25	80.67	81.75	77.71	77.615	70.72	0.185 4
	30	80.36	80.79	77.01	78.09	71.22	0.206 6
10	10	0.02	0.03	0	0.15	0	0.136 2
	15	30.79	32.81	23.62	24.67	20.91	0.153 7
	20	43.52	42.93	37.35	38.13	34.34	0.177 6
	25	51.17	52.57	47.70	48.50	42.69	0.210 7
	30	53.19	53.05	49.03	49.80	44.14	0.240 7
12	10	0	0	0	0	0	0.158 2
	15	2.65	2.38	0.62	4.05	0.48	0.177 9
	20	28.12	27.75	22.29	24.36	19.94	0.206 8
	25	34.99	36.45	30.90	31.94	28.64	0.234 7
	30	40.06	37.01	32.62	33.21	29.24	0.269 7

本节采用 R 学习研究最小化加权平均延误目标的在线变速机调度问题，在该问题中不同类型的作业以独立的泊松过程到达。为了利用先验知识和经验，选择了 4 条启发式规则（WSPT、WMDD、ATC 和 WCOVERT）作为行为。最小化平均报酬等价于最小化加权平均延误。R 学习从已经经历的训练中不断学习特定知识与经验，改进行为选择策略，并将其应用于解决新问题。计算实验表明 R 学习解决所有测试问题的结果均优于 4 条启发式优先规则。实验结果表明 R 学习系统从训练中找到一种不依赖于完整环境信息的优化策略。R 学习能针对不同的系统状态灵活选择行为，集成了 WSPT、WMDD、ATC 和 WCOVERT 调度规则的优点，从而找到优于任何一种规则的调度策略。

第5章　半导体测试调度问题

半导体测试是资金高度密集、涉及产品种类与设备种类繁多的半导体生产环节。半导体测试需要同时使用测试机（Tester）、送料机台（Handler）和使能器（Enabler）等资源，使能器由测试工具包和使能器部件组成，测试工具包由6种测试元件组成，不同类型的测试元件和使能器部件可组成不同类型的使能器，资源组合及其可加工的产品类型的对应关系错综复杂。因此，本章研究的半导体测试调度问题是一类考虑多资源约束和作业换型时间的重入型变速平行机调度问题。

5.1　半导体测试调度问题描述

半导体产品具有如下主要特点：市场需求多元化，产品种类越来越多；生命周期短，产品不断推陈出新。如图5.1所示，半导体制造过程分为4个基本阶段：晶圆制造（Wafer Fabrication）、检测分类（Probe/Sort）、芯片封装（Assembly）和测试（Test），其中晶圆的制造与检测称为前道工序（Front End），而芯片的封装及测试则称为后道工序（Back End），前道和后道一般在不同的工厂加工。晶圆制造并检测分类之后被送到封装测试工厂进行后道加工。芯片封装包括回流（Reflow）、晶圆粘贴（Wafer Mount）、切割（Saw）、贴片（Chip Attach）、去助焊剂（Deflux）、环氧注塑（Epoxy）及烘烤（Cure）等工序。半导体测试是指封装好芯片之后在测试机上调节不同的温度对芯片进行性能测试，检验芯片是否符合各种性能指标。

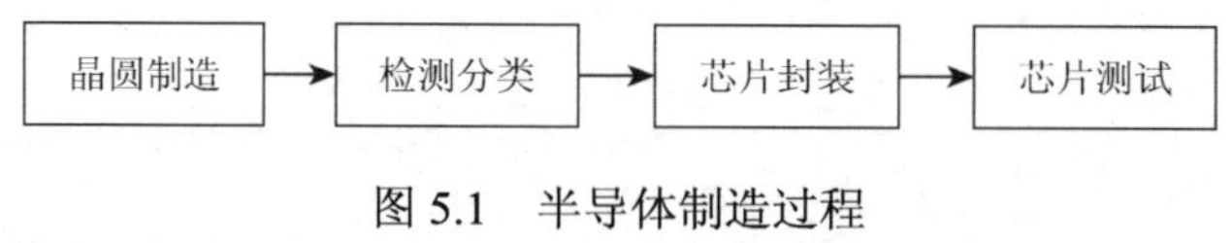

图5.1　半导体制造过程

相对于传统制造业而言，半导体制造具有以下主要特征：

（1）多品种混合生产。由于市场需求多元化，所以同时生产的产品种类繁多，半导体生产线在同一时期常常需要生产数十种产品。由于半导体生产的换型时间较长，因此如何科学地安排产品换型显得尤为重要。

（2）工序繁多。生产的整个流程一般包括数百甚至上千道工序，工序繁多是生产流程复杂性的一个重要体现。

（3）重入性。生产流程复杂性的另一方面体现在流程的重入性，即产品在制造过程中多次被相同的机器（组）加工。重复进入的机器（组）数量和重复进入机器（组）的次数越多，产品的加工路径越复杂。产品路径数量随着重复进入机器（组）的次数指数增加。生产流程的复杂性大大地增加了生产管理和控制的难度。

（4）生产设备种类繁多。由于工序繁多，而且不同产品的可加工机器集合不一定相同，所以生产设备的种类也很多。

（5）成品率（Yield）低。由于工序繁多，即使每一个工序的合格率较高，成品率也可能很低。

（6）资金高度密集。由于半导体制造的设备非常昂贵，使用大规模晶圆制造厂、封装测试工厂的投资巨大，设备折旧费惊人。

因为半导体制造过程具备以上特点，所以该行业的计划与调度具有高度的复杂性，提高产能、提高设备尤其是瓶颈设备的生产率是计划与调度的重要目标。很多半导体制造企业将主要精力集中在改善设备和加工工艺上，落后的管理水平导致设备生产率低下，难以充分利用其生产能力，这成为制约半导体制造业发展的瓶颈。因此，进行半导体制造业的调度研究具有重要的现实意义。

虽然从总体上来说，后道生产线不如前道生产线复杂，但就单个工作站而言，测试站调度的复杂性并不亚于前道的工作站。除了前面所述的产品种类繁多、生产流程复杂、生产设备种类繁多及资金高度密集等特点外，半导体测试还有如下主要特点：需要测试机、送料机台和使能器等设备配套使用才能进行测试，受多种测试资源同时使用的约束；涉及资源组合使用的问题，产品与测试资源组合的对应关系错综复杂；切换产品类型时需要较长换型时间。

为了在越来越激烈的市场竞争中取得优势，许多半导体生产企业为了降低成本，在削减劳动力等成本的同时，谨慎地进行生产设备投资，避免盲目地扩张产能，将更多注意力放在提高生产设备的使用效率上。调度方法的优劣对生产能力等指标有重大影响，虽然半导体生产的调度问题非常复杂，但把生产率提高一个很小的百分比就能获得相当可观的收益。

某半导体制造商（以下称为 Y 企业）有半导体的封装测试工厂。在该工厂的生产线上，测试环节是芯片组封装测试生产线的瓶颈。由于测试资源经常因旧产品的淘汰、新产品的推出而频繁更新，测试资源的购买费用很昂贵而且需要比较长的交付周期，再加上厂房面积的限制，所以不能过量购买各种测试资源。因为测试资源有限，所以各类产品对各类测试资源的能力竞争很激烈。生产线的产能不能满足市场需求，为了保证大客户的需求而不得不放弃一些中小订单。因此，要在资源有限的情况下充分利用现有测试资源，通过计划与调度的手段优化各种测试资源在各个测试任务的配置以提高生产能力。在 Y 企业的测试站中，使能器由测试工具包和使能器部件组成，测试工具包可以分解成 6 种元件。如果允许使能器重组，在设备不足时单独购买使能器的各种元部件而不是整个使能器，那么可以提高产能并节省大量的资金。然而由于错综复杂的[产品类型，测试机，测试工具包，使能器部件]资格约束关系，允许使能器重组会大大增加测试工具包管理和生产调度的复杂性。以前主要用管理人员凭经验提出的一些启发规则进行调度，并不考虑使能器的重组，优化程度较低。本章运用增强学习算法研究一类半导体测试调度问题，该问题是多资源约束的重入型平行机调度问题，本章部分研究成果发表在文献[84]。

所研究的半导体测试站问题是考虑产品换型时间（Conversion Time）及多种配套资源约束、产品路径约束等约束条件的重入型平行机调度问题。如图 5.2 所示，测试工作站包

括 m 台测试机，需要测试 n 类产品。产品 $j\,(1\leqslant j\leqslant n)$ 需要在测试站加工 N_j（$N_j=2$）道测试工序（Operation）。同一类产品的不同工序不要求连续加工，但有加工先后次序的约束，不同测试工序的温度曲线和运行的测试程序不同。用 $M_{j,s}$（$M_{j,s}\subseteq\{i\,|\,1\leqslant i\leqslant m\}$）表示可以加工第 j 类产品的第 s 道工序的测试机的集合。由于产品需要重复进入测试工作站，所以测试流程具备重入性。

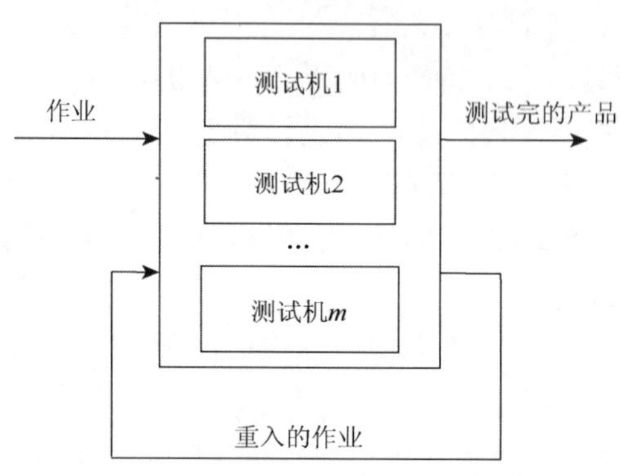

图 5.2　半导体测试工作站示意图

用作业（j, s）表示产品 j 的第 s 道工序。一台测试机不能同时加工多个作业，而且每个作业的加工过程不可中断。各作业加工时间已知，作业（j, s）在测试机 $i\,(i\in M_{j,s})$ 上的加工时间为 $p_{i,j,s}$，加工时间互相独立。用 s_{j_1,s_1,j_2,s_2} 表示作业 (j_1,s_1) 到 (j_2,s_2) 的换型时间。如果前后加工的两个作业的类型相同（$j_1=j_2$ 且 $s_1=s_2$），则不需要换型时间；否则需要换型时间。换型时间与前后加工的作业类型都有关，但与测试机无关。任意三种作业 (j_1,s_1)、(j_2,s_2) 和 (j_3,s_3) 满足不等式 $s_{j_1,s_1,j_2,s_2}+s_{j_2,s_2,j_3,s_3}\geqslant s_{j_1,s_1,j_3,s_3}$。

测试机的使用时间分为生产时间和工程时间两部分。工程时间用于试验新产品、维护机器（Preventive Maintenance，PM）等活动。一台测试机在一个调度周期（一般为一周）内有若干个工程时间窗（Time Window），在工程时间窗内不能安排生产任务。测试机 i 第 q 个工程时间区间的开始时刻 $ES_{i,q}$ 和结束时刻 $ET_{i,q}$ 已知。如果调度周期开始时测试机 i 正在测试某个作业（由于在前一个调度周期未测试完该作业），那么测试机 i 在测试其他作业之前必须先把该作业测试完。作业的加工时间和换型时间及各机器的工程时间等所有参数都是确定量，工程时间由计划部门和维修部门提前制定，不考虑计划外的机器故障等突发事件（如果发生突发事件可用重调度的方式滚动生成新的调度方案），所以本章研究的半导体测试调度问题是静态的确定性问题。

半导体测试需要如图 5.3 所示的测试机、送料机台及使能器等多种资源配套使用。使能器由若干个测试工具包和使能器部件组成。一个测试工具包由 6 个不同种类的测试元件组成。由于送料机台与测试机固定在一起，两者可以看作一个整体，所以只需考虑测试机与使能器的资源约束。由于使能器可以分解为测试工具包和使能器部件，各种测试工具包和使能器部件重新组合成不同类型的使能器，所以使能器是可分解重组的。测试时需要一台测试机和一个或多个属于同一种类型的测试工具包，以及一个或多个属于同一种类型的使能器部件配套。

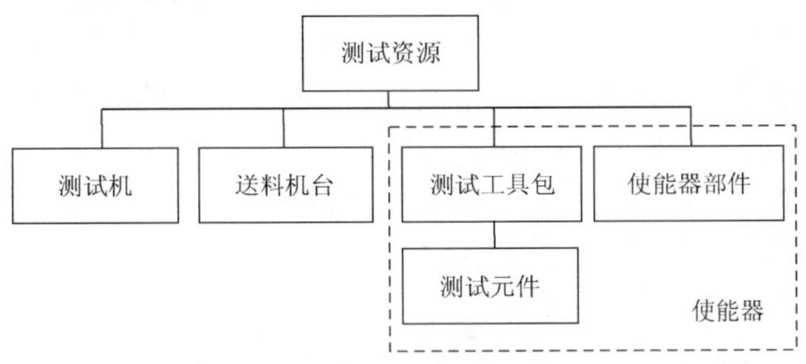

图 5.3　测试资源组成图

与传统的资源约束问题不同，与测试机配套的各种附加测试资源的需求并不是独立的，而是具有关联性，即测试作业（j,s）需要的测试工具包和使能器部件的类型和数量不仅和作业类型相关，还和配套的测试机类型有关。一类作业可以由一种或多种[测试机，测试工具包，使能器部件]组合测试，而一种[测试机，测试工具包，使能器部件]组合可以测试一类或多类作业，所以作业类型与测试资源组合之间存在多对多的映射关系，作业类型和资源组合的资格约束关系非常复杂，图 5.4 是一个简单的示例。如图 5.4 所示，可以加工作业 PA、PB 和 PC 的[测试机，测试工具包，使能器部件]组合的集合分别是{[TA，KA，UA]，[TB，KA，UB]}、{[TA，KA，UA]，[TB，KA，UB]，[TC，KB，UA]}和{[TB，KA，UB]，[TC，KB，UA]}。$R_{i,e,j,s}$ 表示和测试机 i 配套测试作业（j,s）（设 PA=（j,s））所需要测试工具包 e 的数量（$R_{i,e,j,s}\geqslant 1$），也称为 e 与 i 关于（j,s）的配对比。例如，测试机 TA 与测试工具包 KA 的组合可以测试作业（j,s），如果该组合包括两个 KA，那么 $R_{TA,KA,j,s}=2$。$R'_{i,u,j,s}$ 表示和测试机 i 配套测试作业（j,s）所需要使能器部件 u 的数量（$R'_{i,u,j,s}\geqslant 1$），也称为 u 与 i 关于（j,s）的配对比。辅助测试的使能器部件类型与配对比只与作业（j,s）和测试机有关，与测试工具包无关。由于测试工具包可以分解为不同类型的测试元件，各种测试元件可以重新组合成不同的测试工具包，所以测试工具包也是可分解重组的。

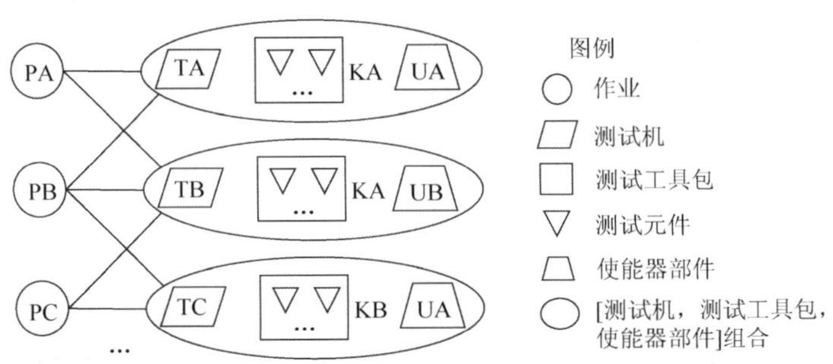

图 5.4　作业类型和[测试机，测试工具包，使能器部件]的资格约束关系简例

由于产品品种变化快，而且产品与各种测试设备的关联性很强，所以需要购买的测试工具包和使能器部件的类型变化很快。因为测试机和测试工具包等测试资源都很昂贵，所以购买的设备数量有严格限制，于是各类产品对这些测试资源的竞争很激烈。测试工具包资源比使能器部件资源更为紧缺。如果允许使能器重组，在设备不足时单独购买测试工具包的元件或使能器部件而不是整个测试工具包甚至是整个使能器，那么可以节省大量的资金。然而，由于复杂的作业类型——测试资源组合的匹配关系，允许使能器重组会大大增加测试工具包和使能器部件管理及生产调度的复杂性。本章研究的问题不仅考虑了测试机和测试工具包、使能器部件配套使用的资源约束，而且允许使能器重组，从而在最底层的测试资源对半导体测试调度进行优化。

工厂面临的主要问题是产能不足，产品在市场上供不应求，所以只能放弃一部分中小订单，因此测试调度的首要优化目标是提高产能。由于测试工序是整条生产线的瓶颈工序，封装和测试之间有大量的在制品库存，因此可认为测试环节的第一个工序不会发生缺料。计划部门制定每种产品要生产的产量目标，每种产品有两种不同优先级的需求，任何一种产品的产出不超过两种需求之和。调度目标是按优先级最小化各类产品未能满足的需求的加权总和。调度目标函数可表示为

$$\min\sum_{j=1}^{n} w_j(D_j - Y_j)^+ + \sum_{j=1}^{n}\frac{w_j}{M}[E_j - (Y_j - D_j)^+]^+ \tag{5.1}$$

其中，w_j（$1\leqslant j\leqslant n$）表示产品 j 的权重，D_j（$1\leqslant j\leqslant n$）表示产品 j 的高优先级需求，E_j 表示产品 j 的低优先级需求，Y_j 表示产品 j 测试完工的数量，M 为正整数。

调度目标是最小化目标函数（5.1）中的两项之和，第一项的目的是最小化未满足的高优先级需求的加权总和，第二项的目的是减少未满足的低优先级需求的加权总和。调度的最主要目标是尽量满足所有产品的高优先级需求，在满足该目标的基础上才分配剩余的测试能力以满足低优先级需求。为了实现上述功能，M 必须是足够大的正整数。可用如下方法确定 M 值：任何一台机器测试任何一个用于满足高优先级需求的作业对减小目标函数的贡献大于该机器用整个调度周期的时间测试用于满足任何低优先级需求的作业对减小目标函数所作的贡献，即不等式（5.2）成立，其中 T_h 为调度周期的长度。

$$w_{j_1} > \frac{T_h w_{j_2}}{p_{i,j_2,s}M}，\quad \forall j_1, j_2, s, i \in M_{j_2,s} \tag{5.2}$$

由式（5.2）得

$$M > \max_{j_1,j_2,s,i\in M_{j_2,s}}\left\{\frac{T_h w_{j_2}}{p_{i,j_2,s} w_{j_1}}\right\} \tag{5.3}$$

根据式（5.3）设置 M 保证了在最小化目标函数（5.1）的调度方案中，如果低优先级需求得到部分或全部满足，那么高优先级需求必然得到最大程度的满足。该调度问题可用如下符号表示：$Q_m\,|\,res, s_{i,j}, \text{reentrance}|\text{Throughput}$。对于很多算例，目标函数（5.1）的第

二项通常远小于第一项，因此，目标函数如果只用第一项那么其计算结果也差别很小。

5.2　关于半导体测试调度的研究

广义的半导体测试包括晶圆检测（Wafer Probe/Sort）和封装后的测试（IC Final Test）。由于晶圆检测问题和封装后的测试问题类似，也需要测试机和探测器（Prober）等附加资源的配套使用，本节综合了这两类问题的研究情况进行介绍。半导体测试调度的研究始于20 世纪 90 年代初期 R.Uzsoy 等人的工作[15-17]，使用的方法包括最优化方法、基于规则的方法、启发式方法、基于仿真的方法、进化算法、人工智能方法等。半导体测试调度问题可分为附加资源充足的问题和附加资源受限的问题两大类。

5.2.1　附加资源充足的半导体测试调度

附加资源充足的半导体测试调度不考虑附加资源约束，假设除了测试机外，其他资源都是无限量供给的。根据测试工作站的组成，把这类问题分为单机调度和多机调度两类。

1. 单机调度

Uzsoy 等[115]把测试设施分成若干个工作中心，用析取图表示不同工作中心的联系，并参考瓶颈转移方法对单个工作中心的调度问题提出启发式算法。Uzsoy 等[118]针对考虑换型时间的动态单机调度问题提出启发式算法，并对特殊的问题求出最大误差界。Gupta 和 Sivakumar[119]结合仿真和解析的方法研究单台测试机的调度问题，首先用离散事件仿真的方法分解为批次选择子问题，再用折衷规划（Compromise Programming）方法求得帕雷托最优（Pareto Optimal）的批次，同时优化流程时间（Flow Time）、误工时间（Tardiness）和机器利用率三个目标。实验表明与 SPT（Shortest Processing Time）和 EDD（Earliest Due Date）等常用调度规则相比，该方法缩短了 16.7%的流程时间和25.6%的误工时间。作业在多头测试机上的测试速度不仅与测试机的类型相关，而且和在测试机同时测试的各作业的类型相关。Freed 和 Leachman[120]针对最大化产出的多头测试机的单机调度问题提出一套基于枚举方法的解决方案，该研究并没有考虑附加资源的约束。

2. 多机调度

测试工作站通常由多台测试机组成平行机系统。Pearn 等[121]研究了最小化机器总负荷的同速机晶圆检测问题。不同作业有不同的可加工的机器集合，每个作业有各自的交货期约束，并考虑与作业加工顺序相关的换型时间。该研究建立了混合整数规划（Mixed-Integer Programming，MIP）模型，用 CPLEX 求解，并结合深度优先搜索策略缩短求解时间。Ovacik 和 Uzsoy[122]为了克服同速平行机的传统调度规则的短视的缺点和局限性，提出利用全局信息的调度规则，并针对半导体测试产品路径的结构特征进一步提出一种基于分解策略的调度方法来改善调度结果。Ovacik 和 Uzsoy[123]在考虑实时的生产车间信息并预测未来的作业到达信息的基础之上提出一种启发式算法，并用该算法解决同速平行机测试工作站的动态调度问题。

Yang 等[124]用拉格朗日松弛解决集成电路分类和测试调度问题。该问题是变速平行机调度问题，利用反馈策略获取车间的最新信息动态生成调度方案。Lee 等[125]提出 4 种启发式算法解决最大化产量和机器利用率的晶圆检测调度问题，研究表明基于线性规划的启发式算法对两个调度目标的折中优于其他方法。为了解决 CPLEX 求解大规模 MIP 模型速度慢的问题，Pearn 等[126-129]在文献[121]的基础上提出一系列启发式算法。Pearn 等[127]提出加权节约算法（Weighted-Saving Algorithm），并把晶圆检测问题转化为车辆路径规划问题（Vehicle Routing Problem with Time Windows，VRPTW）[126]，利用已有的启发式算法求解 VRPTW 问题。Pearn 等[128]在已有的求解 VRPTW 问题的启发式算法（顺序节约算法、平行节约算法、推广节约算法和基于匹配的节约算法）的基础上进一步提出三种新的算法：修正顺序节约算法、基于复合匹配的节约算法及修正的基于复合匹配的节约算法并证明其有效性。Pearn 等[129]进一步考虑了具有重入性的晶圆检测流程，把晶圆检测问题看成重入型流水线问题和同速平行机问题的结合，利用求解 VRPTW 问题的顺序节约算法（SSA）、基于匹配的节约算法（MBSA）和平行插入算法（PIA）等三种启发式网络算法求解，并通过 8 个测试问题比较它们的性能。Ellis 等[130]，Lu[131]研究考虑与作业加工顺序相关的换型时间的多头测试机调度问题，针对晶圆测试调度的最小化时间表长（Makespan）问题建立混合整数规划模型并提出 4 种启发式算法，这些算法的基本思想是先生成作业列表，然后根据列表中的顺序依次选取作业分配到各测试机头进行测试。实验表明他们提出的方法优于企业里采用的方法。Jula[132]同时考虑芯片测试与前面的封装工序，提出 IPQ-SS（Ideal Production Quantity-Schedule Score）启发式方法缩短生产周期。

Yang 等[133]把混合遗传算法用于晶圆测试调度问题，用插入节约算法（insertion and savings algorithms）产生初始调度方案，再用遗传算法进一步优化。De 等[134]， De 和 Lee[135]采用基于知识的方法，用基于框架的知识表示方法建立知识库，并用过滤束搜索启发式方式利用知识库里的知识生成调度策略。Huang 和 Lin[136]用基于知识和人机交互的方法优化计划完成率、流程时间、机器空闲时间和换型次数等多个目标。该方法的调度效果明显优于 EDD、HGP（Highest General-Priority First）、NCO（No Changeover First）、SPT、LHR（Lowest Hit-Rate First）和 LNM（Least ‘Number of Machines that are Capable of Processing the Lot’ First）等调度规则，而效果与效率都优于人工调度的方法。

5.2.2 附加资源受限的半导体测试调度

以上研究只考虑测试机的能力约束，假设在任何时候测试的附加资源都足够多。然而，这个假设对很多测试工厂并不适用，现实中常常要考虑附加资源的能力（数量）约束，这类调度问题称为附加资源受限的半导体测试调度问题。

1. 未考虑换型时间的调度

Chen 等[137]，Chen 和 Hsia[138]，Chen 等[139]及 Chen 和 Hsia[140]把集成电路分类和测试调度问题用 MIP 模型或二次规划模型描述，采用拉格朗日松弛方法求解，并求出问题的下界。Kaskavelis 和 Caramanis[141]、Yang 和 Chang[142]也采用拉格朗日松弛方法并把结果与调度规则的调度结果对比。Yang 和 Chang[142]研究的是多目标调度问题，该研究考虑了一些附加资源的约束，获得近似的 Pareto 界，调度结果优于 WCR（Weighted Critical Ratio）、WEDD（Weighted Earliest Due Date）、FCFS（First Come First Served）、WSL（Weighted Slack）、WSPT（Weighted Shortest Processing Time）等调度规则，并通过仿真测试该方法在动态、随机环境下的效果。

2. 换型时间与作业加工顺序相关的调度

实际中产品的生产类型进行切换时常常需要较长的换型时间。为了避免因为产品类型切换不科学而导致生产能力的下降，换型问题通常在测试调度中占据重要地位。Chikamura 等[143]研究紧急作业的比例对调度效果和生产成本的影响，对比了采用 FIFO、JIG+RPM（Remaining Processing Time）和 WEIGHT+RPM 等调度规则的效果。Xiong 和 Zhou[144]研究了最小化 $C_{\max}$ 的半导体测试问题，结合最优优先策略（Best-First，BF）和受控的后溯策略提出两种基于 Petri 网的启发式混合搜索策略，实验用的问题包括 30 个作业。该研究考虑了一种作业有多种加工批量的情况。Lin 等[145]把集成电路测试调度看成资源约束的平行机调度问题，基于约束理论（TOC）构造了能力约束调度（Capacity Constrained Scheduling，CCS）启发式算法。该研究考虑了送料机台和承载板（Load Board）的能力约束，以及和作业加工顺序相关的换型时间，调度目标是产出最大化。该研究按照优先级从高到低依次考虑测试机、送料机台和承载板的能力约束，仿真结果表明该算法优于 FCFS、EDD、SPT、最短换型时间优先、最短换型时间与加工时间之和优先等调度规则。

Sivakumar[146]对在线、近似实时的半导体测试问题建模仿真，缩短了生产周期和制定调度方案的时间，提高了机器利用率，改善了生产绩效。利用该系统可以进行假设性分析。Lin 等[147]用着色赋时 Petri 网（Colored Timed Petri-Net，CTPN）对晶圆检测流程进行建模，预测采用任何一种调度策略的交货期，并采用遗传算法搜索调度规则的较优组合，优化平均流程时间、误工惩罚、生产率和机器利用率等目标。Chiang 等[148]也采用 Petri 网和遗传算法相结合的方法解决晶圆检测问题，根据经验提出一些产品批次和设备相匹配的策略，然后用遗传算法筛选较优的匹配策略，并用 Petri 网来评估各策略的性能。优化目标包括最大完工时间、按时完工率、平均流程时间和误工惩罚等。

最近关于半导体测试调度问题的研究出现如下发展趋势：一是集成使用多类方法，如集成了逻辑约束和调度规则的启发式方法[149]。二是基于半导体测试调度问题的具体特点提出更有针对性的进化算法或人工智能方法，如果蝇算法[150]、分布估计算法[151, 152]、基于知识的多代理演化算法[153]、自适应并行遗传算法[154]等。表 5.1 总结了关于半导体测试调度的一部分研究工作。

表 5.1 半导体测试调度的若干研究工作

调度方法	研究者	测试系统类型	调度目标	考虑附加资源约束	考虑换型时间	考虑重入性
			最优化方法			
混合整数规划	Pearn 等[121]	同速平行机	最小化机器总负荷	否	是	否
枚举法	Freed 和 Leachman[120]	单机	产量	否	是	否
			基于规则的方法			
	Uzsoy 等[155]	同速平行机	$\sum_j T_j$	否	是	是
	Chikamura 等[143]	流水车间	产量、换型时间和成本	是	是	否
			启发式方法			
基于分解策略的方法	Ovacik 和 Uzsoy[122]	同速平行机	$L_{\max}$	否	是	否
基于 Petri 网的启发式混合搜索策略	Xiong 和 Zhou[144]	变速平行机	$C_{\max}$	是	否	否
拉格朗日松弛	Chen 等[137]，Chen 和 Hsia[138]	单件车间（Job Shop）	提前完工时间和误工时间的平方的加权总和	是	否	是
拉格朗日松弛	Chen 等[139]	变速平行机	$\sum_j w_j T_j$	是	否	否
拉格朗日松弛	Chen 和 Hsia[140]	单件车间	$\sum_j w_j T_j^{\ 2}$	是	否	是
拉格朗日松弛	Kaskavelis 和 Caramanis[141]	单件车间	误工时间的二次函数	是	否	是
拉格朗日松弛	Yang 等[124]	变速平行机	$\sum_j w_j T_j$	否	否	否
拉格朗日松弛	Yang 和 Chang[142]	变速平行机	误工时间、流程时间、产量、在制品水平等多个目标	是	否	否
启发式方法	Uzsoy 等[115]	单机	$L_{\max}$	否	是	否
启发式方法	Uzsoy 等[118]	单机	$L_{\max}$ 和 U_j	否	是	否
启发式方法	Lee 等[125]	变速平行机	产量和机器利用率	否	是	否
			启发式方法			
启发式方法	Pearn 等[126, 127]	同速平行机	最小化机器总负荷	否	是	否
启发式方法	Pearn 等[128]	同速平行机	最小化机器总负荷	否	是	否
启发式方法	Pearn 等[129]	同速平行机	最小化机器总负荷	否	是	是
启发式方法	Ellis 等[130]，Lu[131]	同速平行机	$C_{\max}$	否	是	否
启发式方法	Jula[132]	变速平行机	流程时间	否	否	否
基于约束理论的方法	Lin 等[145]	变速平行机	产量	是	是	否
			基于仿真的方法			
	Gupta 和 Sivakumar[119]	单机	流程时间、误工时间和机器利用率	否	是	否

续表

调度方法	研究者	测试系统类型	调度目标	考虑附加资源约束	考虑换型时间	考虑重入性
			进化算法/人工智能方法			
基于 Petri 网的遗传算法	Lin 等[147]	单件车间	平均流程时间、误工惩罚、生产率和机器利用率	是	是	否
混合遗传算法	Yang 等[133]	同速平行机	$C_{\max}$	否	是	否
基于知识的方法	De 等[134]，De 和 Lee[135]	单件车间	$C_{\max}$，$\sum_j C_j$，$\sum_j w_j C_j$，$L_{\max}$，$\sum_j T_j$	否	否	是
基于知识和人机交互的方法	Huang 和 Lin[136]	变速平行机	计划完成率、流程时间、机器空闲时间、换型次数	否	是	否

5.2.3　和半导体测试调度相关的调度问题

半导体测试调度主要涉及资源约束调度、考虑换型时间的平行机调度和重入型系统的调度三类调度问题。下面简单介绍这些问题的研究情况。

1. 资源约束调度

资源分为可再生和不可再生的资源，本章研究的是可再生的资源约束问题。资源约束调度问题的符号定义见文献[156]。Blazewicz 等[157]第一次对资源受限的以最小化最大完工时间为目标的平行机调度问题归纳分类并分析其复杂度。他们证明了 $P2|res...,p_j=1|C_{\max}$ 和 $Q2|res1..,p_j=1|C_{\max}$ 两个问题是多项式时间可解的，而 $P3|res.11,p_j=1|C_{\max}$、$P3|res1..,p_j=1|C_{\max}$ 和 $Q2|res.11,p_j=1|C_{\max}$ 等是强 NP 难问题。Błażewicz 等[158]证明了 $F|res111,p_{ij}=1|C_{\max}$ 是强 NP 难问题。可见，很多简单的调度问题如果加上资源约束就变成 NP 难甚至是强 NP 难问题。

许多研究者致力于寻找解决资源受限平行机调度问题的近似算法。Srivastav 和 Stangier[159]对所有作业均为单位加工时间、任何作业对每种资源的需求量为 0 或 1 的同速机调度问题提出精度很高的近似算法。Jansen 和 Porkolab[160]研究允许加工中断的调度，提出用于解决 $P|res...,pmtn|C_{\max}$ 问题的近似算法，并分析了算法的近似度与资源数量的关系。Jan[161]研究了一台机器可以同时加工多个作业的情况，各作业的权重之和不超过一定的上限。分别就最小化最大完工时间和完工时间总和问题提出近似度小于 2 和 14.85 的近似算法。Kellerer 和 Strusevich[162]研究了 $PDm|res\lambda\sigma\rho|C_{\max}$ 和 $PDm|res\lambda\sigma\rho,pmtn|C_{\max}$ 等问题（“D”表示作业 j 只能在集合 M_j 中的机器上加工），分析了问题的计算复杂度，提出若干多项式时间算法，并针对机器数量固定、一个作业需要 0 或 1 个单位资源的情况提出多项式时间的近似算法。

以上研究的都是同速机调度问题，对于变速机的调度，难以找到近似算法，所以常采用启发式算法解决。Yoo 等[163]首先产生初始调度方案，然后用基于交换的启发式算法调整调度方案。Dastidar 和 Nagi[164]研究了注模操作调度问题。该问题同时考虑了多种附加资源的约束，以及与作业加工顺序相关的换型时间和成本等因素，调度目标是在满足客户需求的前提下尽量减少库存成本、缺货成本及换型成本。他们建立了整数规划模型，提出一种两阶段的基于工作中心的分解方法，并把调度的结果与 CPLEX 生成的最优解对比。Chu 和 Xia[165]采用分解的策略，把最小化时间表长的资源约束问题分解为分配主问题和若干调度子问题，子问题用约束规划和整数规划模型来描述，然后用结合约束规划、整数规划和线性规划的三步混合方法解决。相对于直接用混合整数规划求解的方法，该方法大大减少了求解时间。

以上研究假设无论使用多少资源，任意作业在同一台机器的加工时间都是固定的。Daniels 等[166]研究了考虑资源柔性约束的最小化时间表长的同速机调度问题，作业的加工时间和分配给它的资源数量有关。他们建立了问题的整数规划模型，分析了问题的复杂度和最优解结构，并提出若干启发式算法。Daniels 等[167]采用禁忌搜索算法解决类似问题。Daniels 等[168]进一步对比了基于分解策略的方法和禁忌搜索算法，通过实验证明用禁忌搜索算法解决此类问题在时间和效果上都优于基于分解策略的方法。

2. 考虑换型时间的平行机调度

Allahverdi 等[169]，Yang 和 Liao[170]对考虑换型时间的调度做了详细的综述，涉及的问题包括单机调度、平行机调度和流水车间调度等。Webster 和 Azizoğlu[171]针对考虑换型时间的最小化流程时间问题提出两种基于动态规划的算法。Weng 等[172]针对考虑换型时间的最小化加权总完工时间问题提出一种启发式算法（Weng 算法），实验表明该算法优于其他 6 种启发式算法。Sivrikaya-Serifoglu 和 Ulusoy[173]结合遗传算法提出两种算法以减小误工时间与提前时间之和。Kim 等[102]研究了考虑换型时间的最小化误工时间加权总和的平行机批调度问题，提出 4 种搜索算法：最早加权交货期优先、最短加权加工时间优先、两层批调度启发式算法及模拟退火算法。Kim 等[174]提出一个基于交货期密度的分类式算法优化加权误工时间。Eom 等[175]针对考虑产品族换型时间的调度问题提出一个三阶段的启发式算法。Yi 和 Wang[176]针对考虑产品族换型时间的调度问题提出一种结合模糊逻辑的遗传算法以减小误工时间与提前时间之和。考虑换型时间的调度有重要的实际应用价值，所以受到越来越多研究者的重视。

3. 重入型系统的调度

由于半导体产业的蓬勃发展，重入型生产系统的调度成为生产调度研究的热点之一。重入型生产系统的调度方法主要包括运筹学方法（如文献[177]～[181]）、基于规则（策略）的方法（如文献[182]～[185]）、启发式算法（如文献[186]～[188]）及人工智能方法（如文献[70]、[71]）等。对于重入型的系统，对调度策略的绩效评估和生产系统整体性能的分析具有重要意义。文献中常借助 Petri 网（PN）模型[189]和马尔可夫模型[190]等模型采用解析或仿真的方法来分析系统的性能。

5.2.4 小结

半导体测试调度使用的方法包括最优化方法、基于规则的方法、启发式方法、基于仿真的方法和人工智能方法等。最优化方法包括数学规划（主要指混合整数规划）和枚举法。这类方法力图提供最优的调度方案，结果精确，但是通常基于过于理想化的假设，不能充分反映实际生产环境的复杂性，其计算量都非常大，耗时长，不适宜用于大规模实际问题。基于数学规划的方法如果考虑与加工顺序相关的换型时间，需要引入大量的变量和约束，这在一定程度上限制了该方法的使用范围；而且混合整数规划模型表示多资源约束时需要把时间离散化，即把调度期（Schedule Horizon）分为若干时间区间（Time Bucket），时间区间过少会降低模型精度，过多会使变量和约束的数量急剧增长。基于规则的调度方法的优点是使用简单、效率高、实时性强，因而常用于动态调度；缺点是常常具有一定的短视性，只能找到局部较优的解。启发式方法包括基于分解策略的方法、基于 Petri 网的混合搜索策略方法、基于约束理论的方法、拉格朗日松弛等。这类方法并不试图在多项式时间内求得问题的最优解，而是在计算时间和调度效果之间进行折中。基于仿真的方法可以比整数规划等方法考虑更多的实际因素，避开对调度问题进行理论分析的困难。这类方法的缺点是只能通过有限的案例进行分析，不能覆盖所有的可能性；当仿真对象变化时，需要重新建立模型并进行测试，这需要花费较多的时间、成本和人力资源。因此，仿真更多地作为一种评价其他调度方法效果的辅助工具。人工智能方法主要包括遗传算法等进化算法和基于知识的方法。与致力于寻求最优解的最优化算法相比，进化算法计算效率较高，算法的效果与邻域的构造方式和搜索的机制密切相关。这类搜索算法通常直接在解空间上搜索，当问题规模增大时，搜索较优策略的难度加大。基于知识的方法从先验知识和人类经验中提取有用信息存储到知识库中，解决实际问题时根据知识库中的知识进行推理，从而产生调度方案。它包括知识库和推理引擎等主要模块，决策具有一定的智能性，主要缺点是建立和维护知识库比较困难。

5.3 整数规划模型

在 5.1 节描述的调度问题同时考虑附加资源约束、与作业加工顺序相关的换型时间及测试流程的重入性三个重要因素。在该问题中，使能器不再看成一个不可分解的整体，而是可以分解成多个元部件，元部件可以重组成不同种类的使能器。使能器的重组可以提高测试工作站的生产能力，但由于使能器类型和元部件的类型之间存在复杂的映射关系，所以允许使能器重组会扩大调度策略的搜索空间，使调度问题更加复杂。下面对该问题进行一定的简化，然后针对简化后的问题建立整数规划模型。因为连续时间的模型难以表达多种关联的测试资源同时使用的约束，所以采用离散时间的模型。把调度周期划分为 N^h 个等长的时间区间，作如下假设：①每个作业的开始时间都是某个时间区间的开始时刻，任何一个作业的处理时间是时间区间长度的整数倍；②调度周期开始时所有测试机都空闲，所有作业都在等待测试第一个工序；③每台测试机最多只有一个工程时间窗。

5.3.1 符号定义

i 测试机
h 产品序号
e 测试工具包
c 测试元件
u 使能器部件
t 时间区间
N^h 调度周期内时间区间的数量
N_h^s 第 h 个产品总共需要加工的工序数量
$b_{h,j}$ $b_{h,j}=1$ 表示第 h 个产品属于第 j 类产品，$b_{h,j}=0$ 表示不属于
$\delta_{c,e}$ $\delta_{c,e}=1$ 表示测试工具包 e 包含测试元件 c
$p_{i,h,s}$ 测试机 i 加工第 h 个产品第 s 个工序的时间
$R_{i,e,h,s}$ 和测试机 i 配套测试第 h 个产品第 s 个工序所需要测试工具包 e 的数量（配对比）
$R'_{i,u,h,s}$ 和测试机 i 配套测试第 h 个产品第 s 个工序所需要使能器部件 u 的数量（配对比）
Inv_c^C 测试元件 c 的总量
Inv_u^U 使能器部件 u 的总量
v 虚拟作业
ES_i 测试机 i 的工程时间的开始时刻
ET_i 测试机 i 的工程时间的结束时刻

5.3.2 决策变量

1. 0-1 决策变量

$Y_{i,h,s}$ $Y_{i,h,s}=1$ 表示作业（h, s）在测试机 i 上加工
$X_{v;h,s}^i$ $X_{v;h,s}^i=1$ 表示作业（h, s）是在测试机 i 上加工的第一个作业
$X_{h_1,s_1;h_2,s_2}^i$ $X_{h_1,s_1;h_2,s_2}^i=1$ 表示作业 (h_1,s_1) 和 (h_2,s_2) 都在测试机 i 上加工，而且 (h_2,s_2) 紧随着 (h_1,s_1) 进行加工
$Z_{h,s,t}^i$ $Z_{h,s,t}^i=1$ 表示在第 t 个时间区间测试机 i 正在加工作业 (h,s)
$KIT_{e,h,s}$ $KIT_{e,h,s}=1$ 表示作业 (h,s) 用测试工具包 e 辅助加工
$TIU_{u,h,s}$ $TIU_{u,h,s}=1$ 表示作业 (h,s) 用使能器部件 u 辅助加工
$\theta_{i,h,s}$ 用于处理工程时间窗约束的 0-1 变量

$\theta'_{i,h,s}$　　用于处理工程时间窗约束的 0-1 变量

2. 整型决策变量

$s_{h,s}$　　作业 (h,s) 的开始测试时间所处的时间区间

$c_{h,s}$　　作业 (h,s) 的完工时间所处的时间区间

5.3.3 目标函数和约束

$$\min\sum_{j=1}^{n}w_j(D_j-\sum_{h,i\in M_{j,N_h^s}}Y_{i,h,N_h^s}b_{h,j})^{+}+\sum_{j=1}^{n}\frac{w_j}{M}[E_j-(\sum_{h,i\in M_{j,N_h^s}}Y_{i,h,N_h^s}b_{h,j}-D_j)^{+}]^{+} \tag{5.4}$$

约束为：

$$c_{h,s}=s_{h,s}+\sum_{j=1}^{n}\sum_{i\in M_{j,s}}b_{h,j}Y_{i,h,s}p_{i,h,s}-1,\quad \forall h,1\leqslant s\leqslant N_h^s \tag{5.5}$$

$$s_{h,s+1}>c_{h,s},\quad \forall h,1\leqslant s<N_h^s \tag{5.6}$$

$$s_{h_2,s_2}\geqslant(c_{h_1,s_1}+\sum_{j_1=1}^{n}\sum_{j_2=1}^{n}b_{h_1,j_1}b_{h_2,j_2}s_{j_1,s_1,j_2,s_2})\sum_{i=1}^{m}X^i_{h_1,s_1,h_2,s_2},\quad \forall h_1,h_2,1\leqslant s_1\leqslant N^s_{h_1},1\leqslant s_2\leqslant N^s_{h_2} \tag{5.7}$$

$$1\leqslant s_{h,s}\leqslant N^h,\quad \forall h,1\leqslant s\leqslant N_h^s \tag{5.8}$$

$$1\leqslant c_{h,s}\leqslant N^h,\quad \forall h,1\leqslant s\leqslant N_h^s \tag{5.9}$$

$$\sum_{i\notin M_{h,s}}Y_{i,h,s}=0,\quad \forall h,1\leqslant s\leqslant N_h^s \tag{5.10}$$

$$\sum_{h,s}X^i_{v;h,s}\leqslant 1,\quad \forall i \tag{5.11}$$

$$\sum_{i}Y_{i,h,s}\leqslant 1,\quad \forall h,1\leqslant s\leqslant N_h^s \tag{5.12}$$

$$X^i_{v;h,s}+\sum_{h,s_1}X^i_{h_1,s_1,h,s}=Y_{i,h,s},\quad \forall i,h,1\leqslant s\leqslant N_h^s \tag{5.13}$$

$$s_{h,s}-t\leqslant M'(1-\sum_{i}Z^i_{h,s,t}),\quad \forall h,1\leqslant s\leqslant N_h^s,t \tag{5.14}$$

$$t-c_{h,s}\leqslant M'(1-\sum_{i}Z^i_{h,s,t}),\quad \forall h,1\leqslant s\leqslant N_h^s,t \tag{5.15}$$

$$\sum_{t}Z^i_{h,s,t}\leqslant M'Y_{i,h,s},\quad \forall i,h,1\leqslant s\leqslant N_h^s \tag{5.16}$$

$$\sum_{i}\sum_{t}Z^i_{h,s,t}=c_{h,s}-s_{h,s}+1,\quad \forall h,1\leqslant s\leqslant N_h^s \tag{5.17}$$

$$\sum_{i,h,1\leqslant s\leqslant N_h^s}\sum_{e|\delta_{c,e}=1}R_{i,e,h,s}KIT_{e,h,s}Z^i_{h,s,t}\leqslant Inv_c^C,\quad \forall t,c \tag{5.18}$$

$$\sum_{i,h,1\leqslant s\leqslant N_h^s} R'_{i,u,h,s} TIU_{u,h,s} Z^i_{h,s,t} \leqslant Inv_u^U, \quad \forall t,u \tag{5.19}$$

$$|s_{h,s} - \frac{ES_i + ET_i}{2}| \geqslant \frac{ET_i - ES_i}{2} Y_{i,h,s}, \quad \forall i,h,1\leqslant s\leqslant N_h^s \tag{5.20}$$

$$|c_{h,s} - \frac{ES_i + ET_i}{2}| \geqslant \frac{ET_i - ES_i}{2} Y_{i,h,s}, \quad \forall i,h,1\leqslant s\leqslant N_h^s \tag{5.21}$$

目标函数（5.4）与式（5.1）是等价的，其中式（5.22）表示第 j 类产品的产量。

$$\sum_{h,i\in M_{j,N_h^s}} Y_{i,h,N_h^s} b_{h,j} \tag{5.22}$$

约束（5.5）描述了各个作业的开始和结束加工的时间。约束（5.6）是关于同一产品各工序的加工顺序的约束，保证了上游工序在下游工序之前进行。约束（5.7）为换型时间约束，保证了在任意一台测试机上，后面一个作业的开工时间与前面一个作业的完工时间的间隔不小于换型时间。约束（5.7）为非线性约束，等价于线性约束（5.23），其中 M' 是足够大的正数。

$$s_{h_2,s_2} - (c_{h_1,s_1} + \sum_{j_1=1}^{n}\sum_{j_2=1}^{n} b_{h_1,j_1} b_{h_2,j_2} s_{j_1,s_1,j_2,s_2}) + M'(1-\sum_{i=1}^{m} X^i_{h_1,s_1,h_2,s_2}) \geqslant 0, \quad \forall h_1,h_2,1\leqslant s_1,s_2\leqslant N_h^s \tag{5.23}$$

约束（5.10）为机器资格约束，保证了各作业不会被分配到不能测试该作业的测试机上加工。约束（5.11）表示对任意测试机 i，最多只有一个作业成为在 i 上加工的第一个作业。约束（5.12）保证了任意一个作业最多分配到一台测试机上加工。约束（5.13）描述了 $X^i_{v;h,s}$ 、 $X^i_{h_1,s_1,h_2,s_2}$ 和 $Y_{i,h,s}$ 之间的关系。

约束（5.14）～（5.19）是关于多种辅助测试资源同时使用的约束。约束（5.14）保证了如果 $Z^i_{h,s,t}=1$，那么 $t\geqslant s_{h,s}$；约束（5.15）保证了如果 $Z^i_{h,s,t}=1$，那么 $t\leqslant c_{h,s}$。所以，如果 $Z^i_{h,s,t}=1$，那么 $s_{h,s}\leqslant t\leqslant c_{h,s}$。约束（5.16）保证了 $Y_{i,h,s}=0$［作业（h, s）不在测试机 i 上加工］时，$\sum_t Z^i_{h,s,t}$ 必须等于零。约束（5.17）保证了作业（h, s）的总加工时间等于其结束加工时间与开始加工时间之差。因此，约束（5.14）～（5.17）共同保证了 $Z^i_{h,s,t}=1$ 与 $Y_{i,h,s}=1$ 且 $s_{h,s}\leqslant t\leqslant c_{h,s}$ 的等价性，还保证了任何一个作业加工的不可中断性。约束（5.18）的左边表示在第 t 个时间区间测试元件的使用量，该约束保证在任意时刻，任何测试元件的使用量不超过其可用量。约束（5.19）保证了在任意时刻，任何使能器部件的使用量不超过其可用量。

约束（5.20）和约束（5.21）是关于工程时间的约束，约束（5.20）保证了 $s_{h,s}$ 到工程时间起始时刻的距离及其到工程时间结束时刻的距离之和大于工程时间窗的长度，即保证了 $s_{h,s}$ 落在工程时间窗之外。同理，约束（5.21）保证了 $c_{h,s}$ 落在工程时间窗之外。约束（5.20）和（5.21）分别等价于线性约束（5.24）和（5.25），以及约束（5.26）和（5.27），其中 $\theta_{i,h,s}$ 、$\theta'_{i,h,s}$ 为 0-1 变量。

$$s_{h,s}-\frac{ES_i+ET_i}{2}\leqslant\frac{ES_i-ET_i}{2}Y_{i,h,s}+M'\theta_{i,h,s}\ ,\quad \forall i,h,1\leqslant s\leqslant N_h^s \tag{5.24}$$

$$\frac{ES_i+ET_i}{2}-s_{h,s}\leqslant\frac{ES_i-ET_i}{2}Y_{i,h,s}+M'(1-\theta_{i,h,s})\ ,\quad \forall i,h,1\leqslant s\leqslant N_h^s \tag{5.25}$$

$$c_{h,s}-\frac{ES_i+ET_i}{2}\leqslant\frac{ES_i-ET_i}{2}Y_{i,h,s}+M'\theta'_{i,h,s}\ ,\quad \forall i,h,1\leqslant s\leqslant N_h^s \tag{5.26}$$

$$\frac{ES_i+ET_i}{2}-c_{h,s}\leqslant\frac{ES_i-ET_i}{2}Y_{i,h,s}+M'(1-\theta'_{i,h,s})\ ,\quad \forall i,h,1\leqslant s\leqslant N_h^s \tag{5.27}$$

当测试机的数量等于 5，产品的个数等于 200，时间区间的数量等于 100 时，上述整数规划模型的 0-1 变量和整数决策变量的数量就已经达到数十万；而实际问题的规模通常更大，因此难以直接求解该整数规划模型。后面采用的增强学习算法并不需要直接利用上面的整数规划模型。

5.3.4　问题性质分析

文献[156]证明了 $P3|res1..,p_j=1|C_{\max}$ 是强 NP 难问题。如果需求不分高低优先级，那么调度目标变成最小化加权误工数量 $\sum w_jU_j$（所有作业的交货期相同，均为调度周期的结束时刻）。先考察所有作业都有单位加工时间，交货期相同，而且只考虑一种附加资源约束的三台同速平行机调度问题 $P3|res1..,p_j=1,d_j=d|\sum U_j$，可以证明该问题是强 NP 难的。

证明　构造问题 $P3|res1..,p_j=1,d_j=d|\sum U_j$ 的一个实例，在该实例中，d 为正整数，作业总数为 $3d$，附加资源的数量为 b（b 为整数），所有作业对附加资源的需求量之和为 d 的 b 倍，机器和附加资源在时间区间$[0, d]$都是满负荷的。

因为各作业在任何机器的加工时间均为单位加工时间，而且机器是满负荷的，所以每台机器按时完工的作业数量均为 d，按时完工的总工件数 k=3d（机器数量的 d 倍）。因为附加资源是满负荷的，所以附加资源的需求总和（bd）在时间 d 内被平均分配，即任一时刻在各台机器上加工的作业的附加资源需求量之和恰好等于 b。

可见该实例等价于三划分问题，由于三划分问题是强 NP 难的，所以问题 $P3|res1..,p_j=1,d_j=d|\sum U_j$ 也是强 NP 难的。

最小化加权误工数量的调度问题可归约为约束条件一样的最小化误工总数的调度问题，所以 $P3|res1..,p_j=1,d_j=d|\sum w_jU_j$ 也是强 NP 难问题。本书的测试站调度问题比上述问题复杂得多，具体表现为测试流程有重入性，考虑了换型时间及复杂的多资源约束。因此，本章的问题是一类很难的问题，不仅找不到多项式时间的最优算法，而且难以进行理论分析。

5.4　半导体测试调度问题的增强学习模型

5.3 节针对简化后的半导体测试调度问题建立整数规划模型。该问题是具有流程重入特性的平行机调度问题，不仅考虑与作业加工顺序相关的换型时间，还允许使能器分解重组，考虑类型和数量具有关联性的复杂多资源约束。由于半导体测试调度问题的复杂性，各种调度方法都存在不同程度的局限性，本节尝试采用 Sarsa（λ，k）算法解决此调度问题。应用增强学习算法解决调度问题的首要工作是建立调度问题的增强学习模型，把调度问题转化为增强学习决策问题，这包括定义状态变量，建立状态转移机制，定义行为和报酬函数，并构造值函数泛化器。图 5.5 是应用增强学习算法解决调度问题的流程简图。

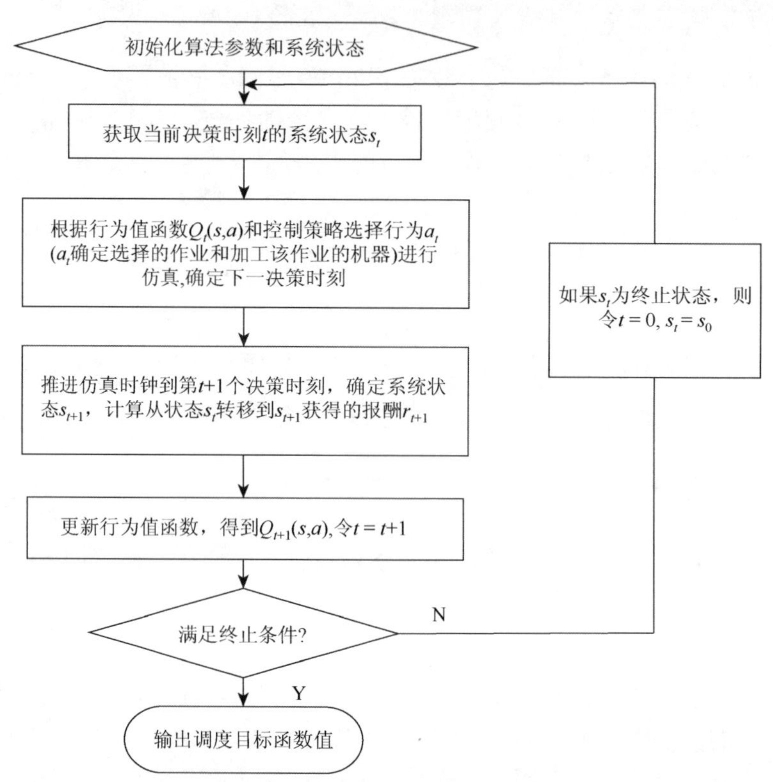

图 5.5　增强学习算法解决调度问题的流程简图

为了便于读者对照阅读，把本节用到的主要符号统一列举如下：

a	行为
s	状态
r	报酬
α	学习率
γ	折扣率
λ	衰减因子
ε	探索因子
$Q(s,a)$	状态-行为对的 Q 值
$R_t^{\lambda,k}$	Sarsa(λ, k)算法的学习目标
m	测试机数量

n　产品类型数量
i　测试机
c　测试元件
e　测试工具包
u　使能器部件
j　产品类型
w_j　产品 j 的权重
$M_{j,s}$　可以加工作业(j, s)的测试机的集合
D_j　产品 j 的高优先级需求
N_C　测试元件类型的数量
N_K　测试工具包类型的数量
N_U　使能器部件类型的数量
Inv_c^C　测试元件 c 的总量
Inv_v^U　使能器部件 u 的总量
T_h　调度期长度
N_e　需要运行的试验次数
$p_{i,j,s}$　作业(j, s)在测试机 i 上的加工时间
s_{j_1,s_1,j_2,s_2}　作业 (j_1,s_1) 到 (j_2,s_2) 的换型时间
$R_{i,e,j,s}$　和测试机 i 配套测试作业(j,s)所需要测试工具包 e 的数量
$R'_{i,u,j,s}$　和测试机 i 配套测试工序(j,s)所需要使能器部件 u 的数量

5.4.1　状态变量及状态转移机制

系统状态用状态向量来描述，状态向量的分量是状态变量，反映测试机、辅助测试资源及作业的主要信息。通过定义具备马尔可夫属性的系统状态，把半导体测试调度问题转化为增强学习问题。用 s 表示状态的向量，针对所研究问题的特征可如式（5.28）定义 s。

$$s=\begin{bmatrix} T_i^0(1\leqslant i\leqslant m);T_i(1\leqslant i\leqslant m);X_i(1\leqslant i\leqslant m);t_i^p(1\leqslant i\leqslant m); \\ H_i(1\leqslant i\leqslant m);U_i(1\leqslant i\leqslant m);z_{j,s}(1\leqslant j\leqslant n,1<s\leqslant N_j); \\ d_j^D(1\leqslant j\leqslant n);I_c^C(1\leqslant c\leqslant N_C);I_u^U(1\leqslant u\leqslant N_U);\tau \end{bmatrix} \tag{5.28}$$

其中，T_i^0 $(1\leqslant i\leqslant m)$表示测试机 i 最近一次测试完的作业类型；T_i $(1\leqslant i\leqslant m)$表示测试机 i 正在加工的作业类型（如果测试机处于空闲状态，则用 0 表示）；X_i $(1\leqslant i\leqslant m)$表示测试机 i 是否处于工程时间窗，1 表示是，0 表示否；t_i^p $(1\leqslant i\leqslant m)$表示测试机 i 正在加工作业的剩余加工时间（如果 $T_i=0$，则 $t_i^p=0$）；H_i $(1\leqslant i\leqslant m)$表示正在和测试机 i 配套使用的测试工具包的类型（如果 $T_i=0$，则 $H_i=0$）；U_i $(1\leqslant i\leqslant m)$表示正在和测试机 i 配套使用的使能器部件的类型（如果 $T_i=0$，则 $U_i=0$）；$z_{j,s}$ 表示第 j 类产品等待测试第 s 个工序

的数量； $d_j^D(1\leqslant j\leqslant n)$ 表示产品 j 未满足的高优先级需求； $I_c^C(1\leqslant c\leqslant N_C)$ 表示当前时刻未被占用的测试元件 c 的数量； $I_u^U(1\leqslant u\leqslant N_U)$ 表示当前时刻未被占用的使能器部件 u 的数量； τ 表示当前时间。

向量 s 由 N_v 个状态变量组成， N_v 如式（5.29）所示，其中， N_j 表示产品类型 j 需要加工的工序数， N_C 表示测试元件类型的数量， N_U 表示使能器部件类型的数量。

$$N_v = 6m + \sum\nolimits_j N_j + N_C + N_U + 1 \tag{5.29}$$

系统状态分为决策状态和临时状态两种。决策状态是指要选择行为的状态，临时状态是指选择并执行某行为之后立刻转移到的状态。图 5.6 为系统状态转移的示意图。

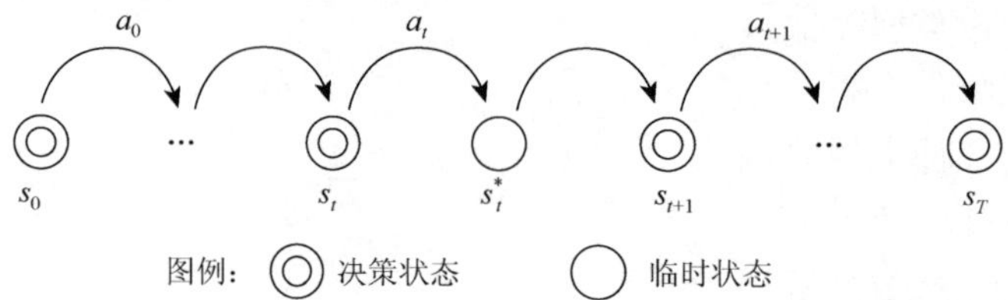

图 5.6　状态转移示意图

假设调度周期开始时系统处于初始决策状态 s_0 ，调度系统面对 s_0 选择行为 a_0 ，在执行 a_0 之后系统状态转移到临时状态 s_0^* 。当有触发状态转移的事件发生时状态转移到下一个决策状态 s_1 。状态转移的触发事件是指触发系统状态从临时状态转移到下一个决策状态的事件，包括：任何一个作业加工完毕；任何一台测试机工程时间开始；任何一台测试机工程时间结束；调度周期结束或所有产品的需求都完全满足。设 s_t 表示系统在第 t（ $0\leqslant t\leqslant T$ ）个决策时刻所处的状态， s_t 表示为

$$s_t = \begin{bmatrix} T_{i,t}^0(1\leqslant i\leqslant m); T_{i,t}(1\leqslant i\leqslant m); X_{i,t}(1\leqslant i\leqslant m); t_{i,t}^p(1\leqslant i\leqslant m); \\ H_{i,t}(1\leqslant i\leqslant m); U_{i,t}(1\leqslant i\leqslant m); z_{j,s,t}(1\leqslant j\leqslant n, 1 < s\leqslant N_j); \\ d_{j,t}^D(1\leqslant j\leqslant n); I_{c,t}^C(1\leqslant c\leqslant N_C); I_{u,t}^U(1\leqslant u\leqslant N_U); \tau_t \end{bmatrix} \tag{5.30}$$

如果触发状态从 s_{t-1}^* 转移到 s_t 的触发事件为某一个作业某个工序的完工，那么 $\{i\,|\,T_{i,t}=0, 1\leqslant i\leqslant m\}\neq\phi$ 、 $\{i\,|\,H_{i,t}=0, 1\leqslant i\leqslant m\}\neq\phi$ 和 $\{i\,|\,U_{i,t}=0, 1\leqslant i\leqslant m\}\neq\phi$ 成立。如果 $T_{i,t}=0$（测试机 i 处于空闲状态），那么设置 $t_{i,t}^p=0$ 。如果触发事件为测试机 i 的工程时间开始，则 $X_{i,t}$=1。如果触发事件为测试机 i 的工程时间结束，则 $X_{i,t}$=0。如果触发事件为调度周期结束，则 s_t 为终止状态 s_T ，此时 $\tau_t = T_h$（ T_h 为调度期长度）。

如果 s_t 不是终止状态，那么采取行为 a_t（各行为的定义及选择行为的方法将在 5.4.3 节介绍）后系统状态立刻从 s_t 转移到临时状态 s_t^* 。假设 s_t^* 如式（5.31）所示：

$$s_t^* = \begin{bmatrix} T_{i,t}^{0*}(1\leqslant i\leqslant m); T_{i,t}^*(1\leqslant i\leqslant m); X_{i,t}(1\leqslant i\leqslant m); t_{i,t}^{p*}(1\leqslant i\leqslant m); \\ H_{i,t}^*(1\leqslant i\leqslant m); U_{i,t}^*(1\leqslant i\leqslant m); z_{j,s,t}^*(1\leqslant j\leqslant n, 1 < s\leqslant N_j); \\ d_{j,t}^D(1\leqslant j\leqslant n); I_{c,t}^{C*}(1\leqslant c\leqslant N_C); I_{u,t}^{U*}(1\leqslant u\leqslant N_U); \tau_t \end{bmatrix} \tag{5.31}$$

设 Δt 表示在临时状态 s_t^* 逗留的时间，则有

$$\Delta t = \min\left\{\min_{1\leqslant i\leqslant m}\{t_{i,t}^{p*} \mid t_{i,t}^{p*} > 0\}, \min_{1\leqslant i\leqslant m}\{TS_i\}, \min_{1\leqslant i\leqslant m}\{TE_i\}, T_h - \tau_t\right\} \tag{5.32}$$

其中，TS_i 表示当前时刻离测试机 i 下一个工程时间窗开始时刻的时间，TE_i 表示当前时刻离测试机 i 下一个工程时间窗结束时刻的时间（如果测试机 i 在调度期剩余时间没有工程时间，则令 $TS_i = T_h$，$TE_i = T_h$）。

如果触发状态从 s_t^* 转移到 s_{t+1} 的事件是某作业的完工，设 Λ 表示完工的测试机集合，则 $\Lambda = \{i \mid t_{i,t}^{p*} = \Delta t\}$，那么下一决策状态 s_{t+1} 的表达式如式（5.33）。如果触发事件为测试机 i 的工程时间开始，则 $X_{i,t+1}=1$，$t_{i,t+1}^{p} = t_{i,t}^{p*} - \Delta t$ （$i \in \{i' \mid T_{i',t}^* > 0\}$），$\tau_{t+1} = \tau_t + \Delta t$，其他状态变量同 s_t^*；如果触发事件为测试机 i 的工程时间结束，则 $X_{i,t+1}=0$，$t_{i,t+1}^{p} = t_{i,t}^{p*} - \Delta t$ （$i \in \{i' \mid T_{i',t}^* > 0\}$），$\tau_{t+1} = \tau_t + \Delta t$，其他状态变量同 s_t^*；如果触发事件为调度周期结束，则 s_{t+1} 为终止状态 s_T，其中 $t_{i,t+1}^{p} = t_{i,t}^{p*} - \Delta t$ （$i \in \{i' \mid T_{i',t}^* > 0\}$），$\tau_{t+1} = T_h$，其他状态变量同 s_t^*。如果状态转移的触发事件有多种同时发生，那么 s_{t+1} 的表示形式要综合考虑多种触发事件引起的状态变化。

$$s_{t+1} = \begin{bmatrix} T_{i,t+1}^0 = T_{i,t}^*(i \in \Lambda), T_{i,t+1}^0 = T_{i,t}^{0*}(i \notin \Lambda); T_{i,t+1} = 0(i \in \Lambda), T_{i,t+1} = T_{i,t}^*(i \notin \Lambda); \\ X_{i,t+1} = X_{i,t}(1 \leqslant i \leqslant m); t_{i,t+1}^p = 0(i \in \Lambda \cup \{i' \mid T_{i',t}^* = 0\}), \\ t_{i,t+1}^p = t_{i,t}^{p*} - \Delta t(i \notin \Lambda, i \in \{i' \mid T_{i',t}^* > 0\}); H_{i,t+1} = 0(i \in \Lambda \cup \{i' \mid T_{i',t}^* = 0\}), \\ H_{i,t+1} = H_{i,t}^*(i \notin \Lambda, i \in \{i' \mid T_{i',t}^* > 0\}); U_{i,t+1} = 0(i \in \Lambda \cup \{i' \mid T_{i',t}^* = 0\}), \\ U_{i,t+1} = U_{i,t}^*(i \notin \Lambda, i \in \{i' \mid T_{i',t}^* > 0\}); \\ z_{j,s,t+1} = z_{j,s,t}^* + \sum_{i \in \Lambda} \delta_Y(i,j,s-1)(1 \leqslant j \leqslant n, 1 < s \leqslant N_j); \\ d_{j,t+1}^D = \max\{0, d_{j,t}^D - \sum_{i=1}^{m} \dfrac{\Delta t \delta_Y(i,j,N_j)}{s_{T_{i,t}^{0*},j,N_j} + p_{i,j,N_j}}\}(1 \leqslant j \leqslant n); \\ I_{c,t+1}^C = I_{c,t}^{C*} + \sum_{i \in \Lambda} \delta_{c,H_{i,t}^*} R_{i,H_{i,t}^*,T_{i,t}^*}(1 \leqslant c \leqslant N_C); \\ I_{u,t+1}^U = I_{u,t}^{U*} + \sum_{i \in \Lambda, U_{i,t}^* = u} R'_{i,U_{i,t}^*,T_{i,t}^*}(1 \leqslant u \leqslant N_U); \tau_{t+1} = \tau_t + \Delta t \end{bmatrix} \tag{5.33}$$

其中，$\delta_{c,e}$ 的定义见 5.2 节，$\delta_Y(i,j,s)$ 定义如式（5.34）：

$$\delta_Y(i,j,s) = \begin{cases} 1 & \text{if } T_{i,t}^* = (j,s) \\ 0 & \text{if } T_{i,t}^* \neq (j,s) \end{cases} \tag{5.34}$$

在调度周期开始（每次试验开始）时系统处于初始状态 s_0，选择并执行一个行为。之后每当有状态转移触发事件发生时（假设为时刻 τ_t），系统转移到新的决策状态 s_t，在该决策时刻选择并执行行为 a_t。当下一个状态转移触发事件发生时，状态转移到决策状态 s_{t+1}，同时获得报酬 r_{t+1}，r_{t+1} 可由 s_t、s_{t+1} 及 s_t 与 s_{t+1} 之间的时间间隔计算得到（见 5.3.3 节）。以上步骤重复进行，直至达到终止状态（一次试验结束）。一次“试验”是指经历一次从初始状态到终止状态的整个调度过程。

在增强学习模型中，设 $Y_{j,t}^i$ 表示到第 t 个决策时刻为止由测试机 i 加工的产品 j 的产量，则

$$Y_{j,t+1}^{i}-Y_{j,t}^{i}=\frac{\Delta t\delta_{Y}(i,j,N_{j})}{s_{T_{i,t}^{0*},j,N_{j}}+p_{i,j,N_{j}}} \tag{5.35}$$

令 $Y_{j,t}$ 表示到第 t 个决策时刻为止产品 j 的产量，则有

$$Y_{j,t+1}-Y_{j,t}=\sum_{i=1}^{m}Y_{j,t+1}^{i}-Y_{j,t}^{i}=\sum_{i=1}^{m}\frac{\Delta t\delta_{Y}(i,j,N_{j})}{s_{T_{i,t}^{0*},j,N_{j}}+p_{i,j,N_{j}}} \tag{5.36}$$

下面粗略分析状态空间的规模：$T_i^0(1\leqslant i\leqslant m)$、$T_i(1\leqslant i\leqslant m)$、$H_i(1\leqslant i\leqslant m)$ 和 $U_i(1\leqslant i\leqslant m)$ 4 种状态变量的取值就可以组成 $(n^m)(n^m)(N_K)^m(N_U)^m$ 个组合，其中，N_K 为测试工具包类型的数量。表 5.2 列出 m、n、N_K 和 N_U 取不同值时以上 4 种状态变量可产生的组合数量。

表 5.2　不同问题规模的状态数量

m（机器数量）	n（产品类型的数量）	N_K（测试工具包类型的数量）	N_U（使能器部件类型的数量）	状态数量
2	2	2	2	$>10^2$
3	3	3	3	$>10^5$
4	4	4	4	$>10^9$

表 5.2 表明，当 m、n、N_K 和 N_U 都等于 4 时，组合数量已经超过 10 亿，由于其他状态变量的存在，状态数量会更大。可见，状态空间随问题规模的增大而急剧膨胀，以指数函数增长。由于实际问题中 m 和 n 比表 5.2 所列的数量都大，所以实际问题的状态空间异常庞大，各状态–行为对的 Q 值不能用列表的方式一一表示，将使用函数泛化器表示行为值函数。

5.4.2　行为

系统转移到一个决策状态时，需要选择一个行为。对于复杂的序贯决策问题，行为的构造方式对算法效果的影响很大。充分利用已有的调度理论和经验知识（如调度规则或启发式算法）可构造更为有效的行为。本书并未采用基于调度方案调整（Repair-based）的调度方法，而是根据环境的变化逐步地选择作业加工，直至调度周期结束或所有作业都加工完，生成整体调度方案。在同一决策时刻可能有多台测试机空闲，所以一个行为的内容包括选择各种测试资源（空闲的测试机及配套的测试工具包、使能器部件）和利用选中的测试资源测试的作业。用调度规则和启发式算法定义行为，无论选择哪个行为，都要保证任何一种产品的测试量不超过其两级需求之和。设 S_M 表示当前决策时刻的空闲测试机的集合，S_J 表示名义高优先级需求大于零的作业类型的集合。作业（j,s）的名义高优先级需求 $d_{j,s}^V$ 的计算方法如下：如果 s 属于第二个工序，那么（j,s）的名义高优先级需求等于产品 j 的高优先级需求减去当前决策时刻正在被各测试机加工的作业（j,s）的总量；如果 s 属于第一个工序，那么（j,s）的名义高优先级需求等于产品 j 的高优先级需求减去当前决策时刻正在被各测试机加工的产品 j 的总量，再减去下一道工序的产品 j 的在制品数量。

在调度过程中，如果（j,s）的名义高优先级需求不大于零，而且有其他类型的作业的名义高优先级需求大于零，那么不再分配测试资源进行测试（j,s）。

如果测试机 i 空闲，当前决策时刻不在测试机 i 的工程时间窗内，而且有足够数量的空闲的测试工具包与使能器部件与之配套测试至少一种作业，那么称该测试机是可用的。用 $c \in e$ 表示 c 是测试工具包 e 的一种测试元件。如果至少有 $R_{i,e,j,s}$ 个元件 c（$\forall c \in e$）空闲，那么称测试工具包 e 对测试机 i 和作业（j,s）是可用的。如果至少有 $R'_{i,u,j,s}$ 个使能器部件 u 空闲，那么称 u 对测试机 i 和作业（j,s）是可用的。定义：

$$\Psi=\{(i,e,j,s)|\text{测试机}\,i\,\text{和测试工具包}\,e\,\text{的组合可测试作业}(j,s)\}$$

$$\Psi'=\{(i,u,j,s)|\text{测试机}\,i\,\text{和使能器部件}\,u\,\text{的组合可以测试作业}(j,s)\}$$

集合 Ψ 表示作业类型和测试机-测试工具包组合的资格约束关系，Ψ' 表示作业类型和测试机-使能器部件组合的资格约束关系。如果至少有 $R_{i,e,j,s}$ 个空闲的测试工具包 e 和 $R'_{i,u,j,s}$ 个空闲的使能器部件 u，而且 $(i,e,j,s) \in \Psi$，$(i,u,j,s) \in \Psi'$，那么称作业（j,s）对测试机 i 是可选的。

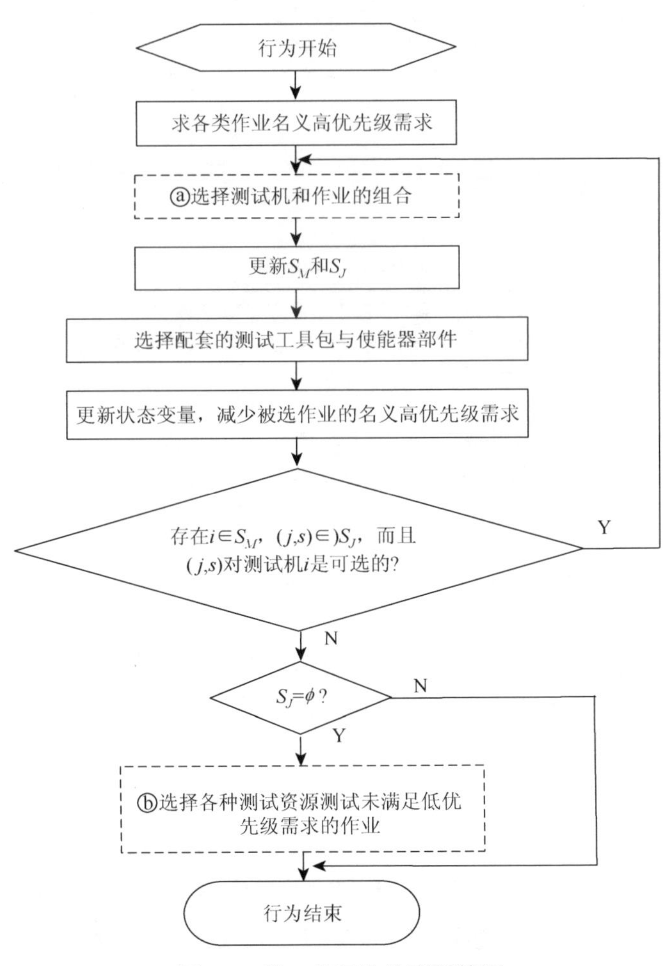

图 5.7　第一类行为的流程简图

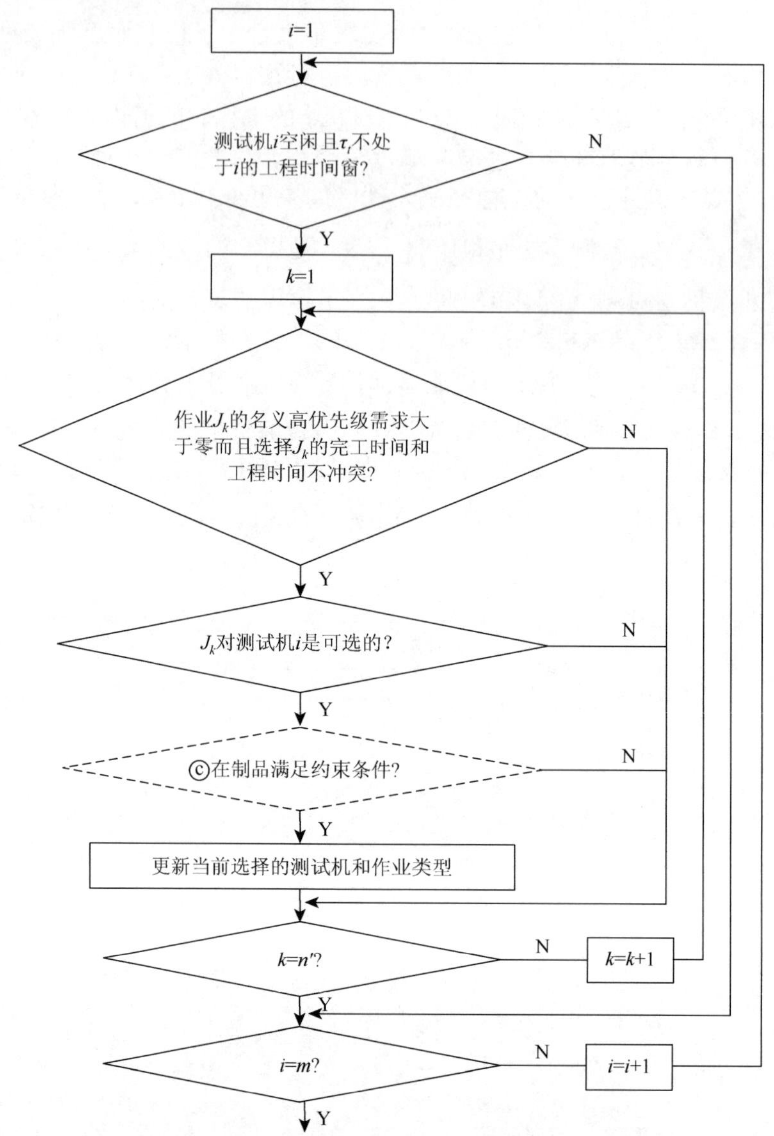

图 5.8　选择测试机和作业的流程

定义两类行为，第一类先选择测试机和作业，再选择配套的测试工具包和使能器部件；第二类同时选择作业及测试机、测试工具包、使能器部件等测试资源。

1. 第一类行为

设系统当前处于第 t 个决策时刻 τ_t，此时的状态 s_t 如式（5.30）。为方便起见，把作业 (j, s) $(1 \leqslant j \leqslant n, 1 \leqslant s \leqslant N_j)$ 依次编号为 1，2，…，n'（n' 为作业总数），用 $J_k(1 \leqslant k \leqslant n')$ 表示第 k 个作业。第一类行为的流程图如图 5.7 所示。图 5.7 中虚线框ⓐ内的流程见图 5.8，点划线框ⓑ内的流程见图 5.10；图 5.8 中虚线框ⓒ内的流程见图 5.9。

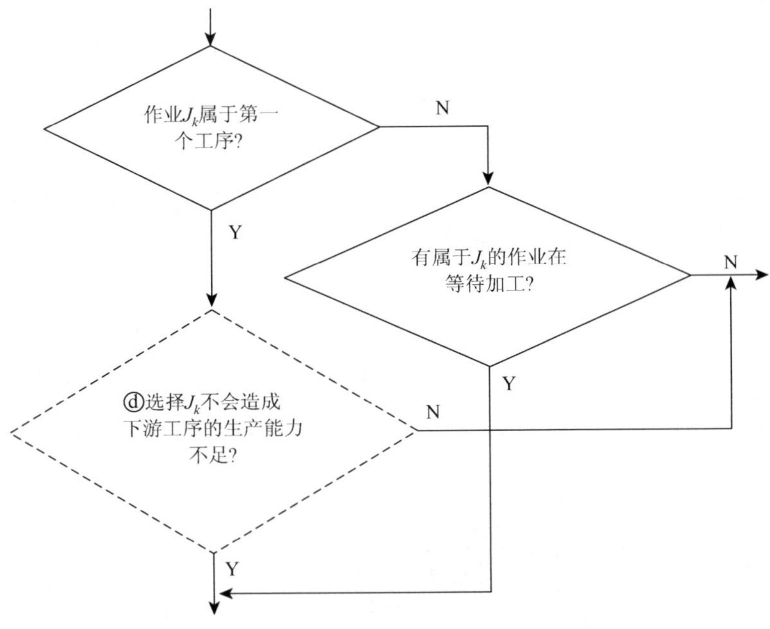

图 5.9　判断在制品是否满足约束条件的流程

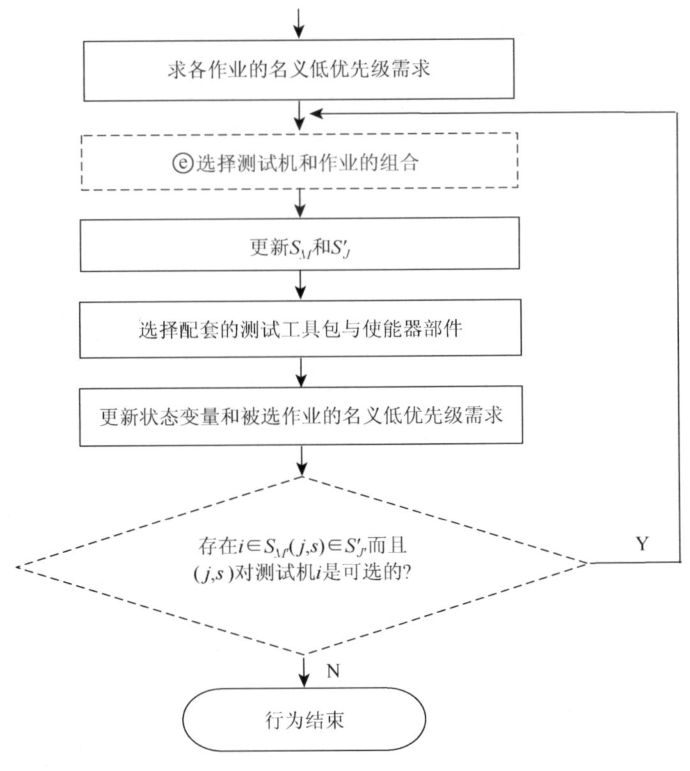

图 5.10　满足低优先级需求的流程简图

图 5.9 中虚线框ⓓ内的流程见流程 5.1。由于所有的工序都在同一组测试机上加工，

所以如何分配生产能力是个重要的问题，加工太多第一道工序的作业可能导致第二道工序的作业不能在当前调度周期内加工完。流程 5.1 的目的是保证在有足够能力加工下游工序的前提下才能选择上游工序的作业加工。

流程 5.1 估算选择 J_k 是否会造成下游工序的生产能力不足

步骤 1：求每台测试机在调度期剩余时间内的工程时间，把作业按权重（作业的权重与所属产品的权重相同）降序排列。令 Θ 表示等待加工第二个工序的数量大于 0 的作业类型的集合，即 $\Theta=\{(j,N_s)\mid z_{j,N_s,t}>0,(j,N_s)\in S_J\}$。令 $\Theta'=\Theta$，$z^*_{j,s}=z_{j,N_s,t}$。

步骤 2：选择 Θ' 中权重最大的作业（j, s）。令 $M'_{j,s}=M_{j,s}$。

步骤 3：选择 $M'_{j,s}$ 中加工作业（j, s）时间最短的测试机 i，如果 i 空闲，则 i 的剩余可用时间等于剩余总时间减去 i 在调度期剩余时间内的工程时间；否则，i 的剩余可用时间等于剩余总时间减去 i 在调度期剩余时间内的工程时间，再减去 i 正在加工的作业的剩余加工时间。

步骤 4：如果 i 的剩余可用时间大于转换到作业（j, s）的时间，跳转到步骤 5；否则跳转到步骤 6。

步骤 5：如果 i 的剩余可用时间减去转换到作业（j, s）的时间不大于 $z^*_{j,s}$ 与作业（j, s）的加工时间的乘积，那么用式（5.37）更新 $z^*_{j,s}$，令 i 的剩余可利用时间等于 0，并跳转到步骤 6；否则，用式（5.37）更新 i 的剩余可用时间，从 Θ 中删除 j 并跳转到步骤 7。

$$z^*_{j,s}=z^*_{j,s}-\frac{i\text{的剩余可用时间}-\text{转换到作业（}j,s\text{）的时间}}{\text{作业（}j,s\text{）的加工时间}} \tag{5.37}$$

$$\begin{aligned} i\text{的剩余可用时间}=\;&i\text{的剩余可用时间}-\text{转换到作业（}j,s\text{）的时间}\\ &-z^*_{j,s}\times\text{作业（}j,s\text{）的加工时间}\end{aligned} \tag{5.38}$$

步骤 6：从 $M'_{j,s}$ 中删除 i。如果 $M'_{j,s}=\varphi$，跳转到步骤 7；否则跳转到步骤 3。

步骤 7：从 Θ' 中删除（j, s）。如果 $\Theta'=\varphi$，跳转到步骤 8；否则跳转到步骤 2。

步骤 8：如果 $\Theta=\varphi$ 或式（5.39）成立，返回“Y”；否则，返回“N”。

$$\bigcup_{(j,s)\in\theta}(M_{j,s}\cap S_M)=\varphi \tag{5.39}$$

高优先级需求的优先级高于低优先级需求，所以本章采取的策略是在调度过程中，所有产品的高优先级需求都得到满足之后才选择低优先级需求未满足的产品进行加工。图 5.10 是图 5.7 点划线框ⓑ内的流程简图，该流程选择已经满足高优先级需求但尚未满足低优先级需求的作业进行测试。其中，S'_J 表示名义低优先级需求大于零的作业集合（名义低优先级需求的定义与名义高优先级需求类似）。图 5.10 中虚线框ⓔ内选择测试资源和作业的详细流程同图 5.8（把其中的“高优先级需求”改为“低优先级需求”）。

第一类行为先选择测试机和作业，再选择配套的测试工具包和使能器部件，所以每个属于第一类行为的行为都由两个子行为构成：选择测试机和作业的子行为、选择配套的测试工具包和使能器部件的子行为。结合图 5.7 和图 5.8 两个流程简图写出第一类行为的算法步骤（算法 5.1），其中步骤 2.2.3 和步骤 4 分别为选择测试机和作业的子行为、选择配套的测试工具包和使能器部件的子行为对应的步骤，步骤 2.2.3 执行子行为 1.1～1.5 中的一个，步骤 4 执行子行为 2.1～2.3 中的一个。

算法 5.1　第一类行为的算法

步骤 1：求各作业的名义高优先级需求。

步骤 2：令 $i^*=0$。对所有空闲测试机 i（$i \in S_M$）依次执行步骤 2.1。

步骤 2.1：如果 τ_t 不处于测试机 i 的工程时间窗内，则执行步骤 2.2；否则返回步骤 2。

步骤 2.2：对所有的作业类型（j, s）依次执行步骤 2.2.1。

步骤 2.2.1：判断作业 (j, s) 的名义高优先级需求是否大于零。如果是，则执行步骤 2.2.2；否则，返回步骤 2.2。

步骤 2.2.2：判断以下几个条件是否都成立，如果都成立，则执行步骤 2.2.3；否则，返回步骤 2.2。

条件（1）：作业（j, s）对测试机 i 是可选的；条件（2）：选择作业类型（j, s）和工程时间没冲突，即选择作业（j, s）的完工时间不会落在测试机 i 的工程时间窗里面；条件（3）：如果作业（j, s）属于第二道工序，那么该作业有在制品等待加工；条件（4）：如果作业（j, s）属于第一道工序，那么用流程 4.1 估算选择（j, s）不会造成下游工序的生产能力不足。

步骤 2.2.3：根据选择测试机和作业的子行为更新当前选择的测试机 i^* 和作业类型 (j^*,s^*)。

步骤 3：如果 $i^*=0$（步骤 2 并未选择作业进行加工），跳转到步骤 6；否则，从 S_M 中删除 i^*，作业 (j^*,s^*) 的名义高优先级需求减少 1。如果 (j^*,s^*) 的名义高优先级需求小于等于零，则从 S_J 中删除 (j^*,s^*)。

步骤 4：根据选择配套的测试工具包和使能器部件的子行选择配套的测试工具包 e^* 和使能器部件 u^*。

步骤 5：更新系统的状态变量。如果存在 $i \in S_M$，$(j,s) \in S_J$，而且 (j,s) 对测试机 i 是可选的，那么跳转到步骤 2。

步骤 6：如果 $S_J=\varphi$，$S_J^{'} \neq \varphi$ 且式 4.13 成立，那么类似以上步骤选择各种测试资源加工尚未完全满足低优先级需求的作业；否则，行为终止。

$$\bigcup_{(j,s)\in S_J^{'}} \{S_M \cap M_{j,s}\} \neq \varphi \tag{5.40}$$

1）选择测试机和作业的子行为

定义以下几个选择测试机和作业的子行为：

子行为 1.1，根据加权最短换型与加工时间之和优先（Weighted Shortest Setup Plus Processing Time，WSSPT）规则选择测试机和作业。

根据式（5.41）选择作业 (j^*,s^*) 在测试机 i^* 上测试：

$$(i^*,j^*,s^*) = \underset{(i,j,s)}{\operatorname{argmin}}\{\frac{s_{T_{i,t}^0,j,s}+p_{i,j,s}}{w_j} \mid i \in M_{j,s} \cap S_M,(j,s) \in S_J\} \tag{5.41}$$

子行为 1.2，根据最小加权剩余时间优先规则选择测试机与作业。

根据式（5.42）选择作业(j^*,s^*)在测试机i^*上测试：

$$(i^*,j^*,s^*)=\underset{(i,j,s)}{\operatorname{argmin}}\{\frac{1}{w_j}(s_{T_i^0,j,s}+p_{i,j,s}+\sum_{s'=s+1}^{N_j}\overline{s_{j,s'}}+\sum_{s'=s+1}^{N_j}\overline{p_{j,s'}})\\ |\, i\in M_{j,s}\cap S_M,(j,s)\in S_J\} \tag{5.42}$$

其中，$\overline{s_{j,s'}}$表示从各作业切换到作业(j,s')（其中s'为s的下游工序）的平均换型时间，$\overline{p_{j,s'}}$表示作业(j,s')在各测试机的平均加工时间。

子行为 1.3，根据最小加权负荷测试机优先（Minimal Weighted Tester Workload，MWTW）规则选择测试机与作业。

根据式（5.43）选择作业(j^*,s^*)在测试机i^*上测试，对于同一产品，下游的工序比上游的工序优先选择。

$$(i^*,j^*,s^*)=\underset{(i,j,s)}{\operatorname{argmin}}\{\frac{WT_i}{w_j}\,|\, i\in M_{j,s}\cap S_M,(j,s)\in S_J\} \tag{5.43}$$

式中，WT_i为测试机i的负荷，定义为

$$WT_i=\sum_{(j,s)|i\in M_{j,s}}\frac{d_{j,s}^V t_i^r}{p_{i,j,s}\sum_{i'|i'\in M_{j,s}}\frac{t_{i'}^r}{p_{i',j,s}}} \tag{5.44}$$

其中，$d_{j,s}^V$为作业（j，s）的未满足的名义高优先级需求，t_i^r表示测试机i的剩余可用时间。

测试机负荷的定义式(5.44)假设所有有资格测试某作业类型的测试机按加工速率（加工时间的倒数）与剩余可用时间的乘积成比例承担该作业的加工任务。

子行为 1.4，利用排名算法，根据机器排名与作业权重之比最小优先的原则选择测试机和作业。

算法 5.2　排名算法

步骤 1：对每类作业$(j,s)\in S_J$，把各测试机$i(i\in M_{j,s})$按$s_{V_i,j,s}+p_{i,j,s}$从小到大排序，其中V_i定义如下：

$$V_i=\begin{cases}T_i, & 如果机器 i 繁忙\\ T_i^0, & 如果机器 i 空闲\end{cases}$$

令$g_{i,j,s}$ $(i\in M_{j,s},(j,s)\in S_J,1\leqslant g_{i,j,s}\leqslant |M_{j,s}|)$表示机器$i$关于作业$(j,s)$的排名。

步骤 2：按照式（5.45）选择测试机i^*加工作业(j^*,s^*)。

$$(i^*,j^*,s^*)=\underset{(i,j,s)}{\operatorname{argmin}}\{\frac{g_{i,j,s}}{w_j}\,|\, i\in M_{j,s}\cap S_M,(j,s)\in S_J\} \tag{5.45}$$

不同作业的可加工机器集合大小不尽相同，不同作业的最大名次不同，柔性小的作业在一定程度上优先选择，因此排名算法可看成是最弱柔性作业优先（Least Flexible Job，LFJ）规则的变形。

子行为 1.5，根据相对效率算法选择测试机与作业。

算法 5.3　相对效率算法

步骤 1：对每个作业$(j,s)\in S_J$，根据式（5.46）计算每台测试机 i（$i\in M_{j,s}$）的效率因子$\eta_{i,j,s}$。

$$\eta_{i,j,s}=\frac{w_j}{s_{T_i^0,j,s}+p_{i,j,s}} \tag{5.46}$$

步骤 2：根据式（5.47）计算每台可用的测试机 i 关于每类作业（j,s）（$i\in M_{j,s}$）的相对效率$\sigma(i,j,s)$，根据式（5.48）选择作业(j^*,s^*)在测试机i^*上测试。

$$\sigma(i,j,s)=\begin{cases}\eta_{j,s}^* & ,|M_{j,s}|=1\\ \eta_{j,s}^*-\dfrac{1}{|M_{j,s}|-1}\sum\limits_{i\neq i'}\eta_{i,j,s} & ,|M_{j,s}|>1\end{cases} \tag{5.47}$$

$$(i^*,j^*,s^*)=\underset{(i,j,s)}{\operatorname{argmax}}\{\sigma(i,j,s)\,|\,i\in M_{j,s}\cap S_M,(j,s)\in S_J\} \tag{5.48}$$

其中，$\eta_{j,s}^*$的定义如式（5.49），表示各测试机关于作业（j, s）的效率因子的最大值。

$$\eta_{j,s}^*=\max_{i\in M_{j,s}}\{\eta_{i,j,s}\} \tag{5.49}$$

相对效率算法是参考平行插入算法[129]构造出来的。要充分利用测试机的能力，就要尽量把各作业分配到加工时间最短的机器上加工。例如，假设在决策时刻τ_t机器M_1空闲，此时有两个作业（J_1和J_2）等待加工，虽然J_1在M_1上的换型时间与加工时间之和比J_2短，但由于J_1在其他机器上的加工时间远小于在M_1上的加工时间，在该决策时刻选择作业J_2在M_1上加工而等到加工J_1时间更短的机器（设为M^*）空闲时才用M^*加工J_1，调度结果有可能比在时刻τ_t就用机器M_1加工作业J_1要好。因此排名算法比 WSSPT 规则考虑了更多的全局信息。相对效率算法也体现了这种思想，而且用相对效率因子定量地体现了不同测试机对同一作业的加工效率的差别。

2）选择配套的测试工具包和使能器部件的子行为

定义以下几个选择配套的测试工具包和使能器部件的子行为：

子行为 2.1，根据最弱柔性资源组合优先规则选择配套测试的测试工具包与使能器部件。

资源组合[测试机，测试工具包]或[测试机，使能器部件]的柔性定义为该组合可以加工的作业种类的数量。

子行为 2.2，根据加权总资源占用量最小优先规则选择配套测试的测试工具包与使能器部件。

如果和测试机 i 配套测试作业（j, s），那么资源组合[测试工具包 e，使能器部件 u]的加权总资源占用量$RU_{e,u}$定义为：

$$RU_{e,u}=p_{i,j,s}\Big(\sum_{c\in e}w_cR_{i,e,j,s}+w_uR'_{i,u,j,s}\Big) \tag{5.50}$$

其中，测试元件 c 的权重w_c和使能器部件 u 的权重w_u的定义如式（5.51）。辅助测试资源的权重等于该资源可以加工的作业的对该资源总需求除以该资源的生产能力。

$$w_c=\frac{1}{Inv_c^CT_h}\sum_{c\in e}\sum_{(i,e,j,s)\in\Psi}p_{i,j,s}R_{i,e,j,s},\quad w_u=\frac{1}{Inv_u^UT_h}\sum_{(i,u,j,s)\in\Psi'}p_{i,j,s}R'_{i,u,j,s} \tag{5.51}$$

子行为 2.3，根据相对总资源占用量最小优先规则选择配套测试的测试工具包与使能器部件。

如果和测试机 i 配套测试作业（j, s），那么资源组合[测试工具包 e，使能器部件 u]的相对总资源占用量 $RC_{e,u}$ 定义为：

$$RC_{e,u} = p_{i,j,s}\left(\sum_{c\in e} w_c \frac{R_{i,e,j,s}}{Inv_c^C} + w_u \frac{R'_{i,u,j,s}}{Inv_u^U}\right) \tag{5.52}$$

相对总资源占用量和加权总资源占用量的区别在于相对总资源占用量考虑了测试元件和使能器部件的总量。

本节定义了 5 个选择测试机与作业的子行为和 3 个选择测试工具包与使能器部件的子行为，这些子行为一共可以组成 15 个行为。后面将通过实验从这些行为中筛选几个效果好的作为增强学习系统的行为。

2. 第二类行为

第二类行为同时选择作业以及测试机、测试工具包、使能器部件等测试资源，该类行

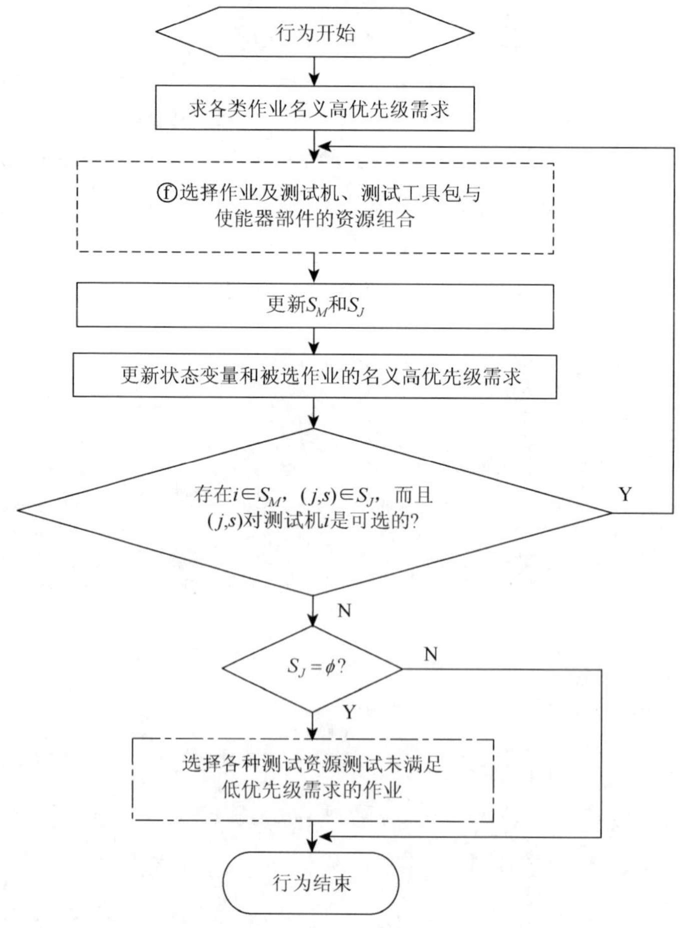

图 5.11　第二类行为的流程简图

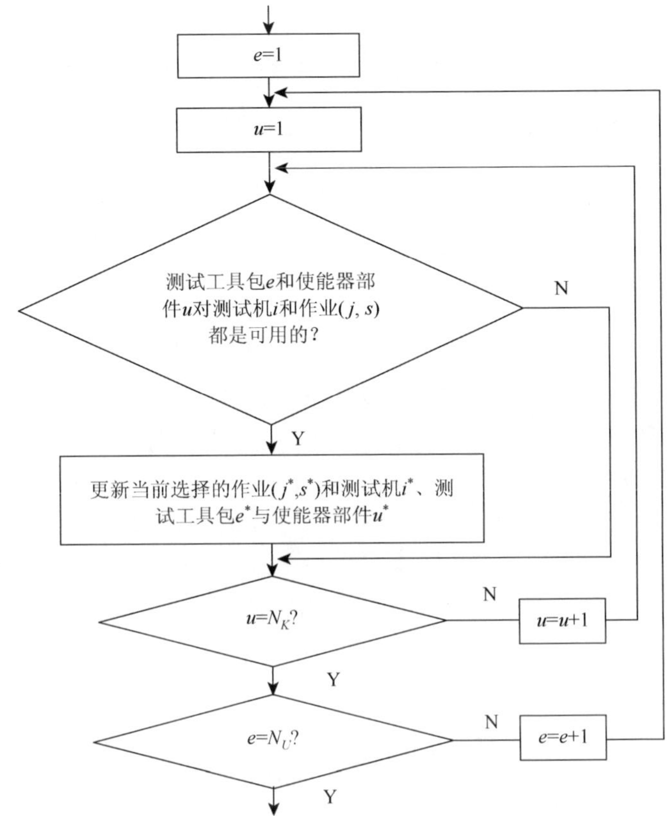

图 5.12　更新当前选择的作业和测试资源的组合

为的流程图如图 5.11 所示。该流程图与图 5.7 的不同之处在于把图 5.7 的“选择测试机和作业的组合”和“选择配套的测试工具包与使能器部件”两个环节合并成“选择作业及测试机、测试工具包与使能器部件的资源组合”一个环节。图 5.11 中虚线框ⓕ内的流程类似图 5.8,不同之处在于图 5.8 中“更新当前选择的测试机和作业类型”的流程用图 5.12 所示“更新当前选择的作业和测试资源的组合”流程代替。在图 5.12 中，N_K 和 N_U 分别表示测试工具包和使能器部件的类型的数量。

算法 5.4　第二类行为的算法

步骤 1～步骤 2.2.2 与算法 5.1 相同。

步骤 2.2.3：根据第二类行为更新当前选择的作业 (j^*,s^*) 和测试机 i^*、测试工具包 e^* 与使能器部件 u^*。

步骤 3：如果 $i^*=0$（步骤 2 并未选择作业进行加工），跳转到步骤 5；否则，从 S_M 中删除 i^*，作业 (j^*,s^*) 的名义高优先级需求减少 1。如果 (j^*,s^*) 的名义高优先级需求小于等于零，则从 S_J 中删除 (j^*,s^*)。

步骤 4 与步骤 5 分别与算法 5.1 的步骤 5、步骤 6 相同。

定义以下两个属于第二类的行为：

（1）根据同步资源选择规则（Simultaneous Resources Selection，SRS）选择作业和测

试资源组合。

该规则根据式（5.53）选择作业(j^*,s^*)和测试机i^*、测试工具包e^*与使能器部件u^*：

$$(i^*,e^*,u^*,j^*,s^*)=\underset{(i,e,j,s)\in\Psi,(i,u,j,s)\in\Psi'}{\operatorname{argmax}}\{\rho_{i,j,s}\rho_e\rho'_u\mid i\in M_{j,s}\cap S_M,\\ (j,s)\in S_J, I_{c,t}^C\geqslant R_{i,e,j,s}(\forall c\in e), I_{u,t}^U\geqslant R'_{i,u,j,s}\} \tag{5.53}$$

其中，$\rho_{i,j,s}$、ρ_e和ρ'_u分别为测试机i与作业(j,s)的倾向因子、测试工具包e的倾向因子和使能器部件u的倾向因子，它们的定义分别如式（5.54）～式（5.56）。式（5.54）中$\overline{s_{j,s'}}$和$\overline{p_{j,s'}}$的定义见子行为 1.2，式（5.54）的分母是用测试机i加工作业(j,s)的前提下，产品j的总剩余加工时间之和的估计值。作业或测试资源的倾向因子越大，表明选择该作业或测试资源的优先程度越高。

$$\rho_{i,j,s}=\frac{w_j}{s_{T_i^0,j,s}+p_{i,j,s}+\sum_{s'=s+1}^{N_j}\overline{s_{j,s'}}+\sum_{s'=s+1}^{N_j}\overline{p_{j,s'}}} \tag{5.54}$$

$$\rho_e=\frac{\min_{c\in e}\{Inv_c\}}{\sum_{(i',e,j',s')\in\Psi}w_{j'}R_{i',e,j',s'}} \tag{5.55}$$

$$\rho'_u=\frac{Inv_u}{\sum_{(i',u,j',s')\in\Psi'}w_{j'}R'_{i',u,j',s'}} \tag{5.56}$$

（2）根据投入产出比最小规则选择作业和测试资源组合。

该规则根据式（5.57）选择作业(j^*,s^*)和测试机i^*、测试工具包e^*与使能器部件u^*，式中分子$I_{i,e,u,j,s}$表示“资源的投入量”总和，定义如式（5.58），分母表示“产出”。

$$(i^*,e^*,u^*,j^*,s^*)=\underset{(i,e,j,s)\in\Psi,(i,u,j,s)\in\Psi'}{\operatorname{argmin}}\{\frac{I_{i,e,u,j,s}}{w_j}\mid i\in M_{j,s}\cap S_M,\\ (j,s)\in S_J,\ \mathrm{I}_{c,t}^C\geqslant R_{i,e,j,s}(\forall c\in e), I_{u,t}^U\geqslant R'_{i,u,j,s}\} \tag{5.57}$$

$$I_{i,j,s,e,u}=(s_{T_i^0,j,s}+p_{i,j,s})K_{i,j,s}^T+(s_{T_i^0,j,s}+p_{i,j,s})\sum_{c\in e}R_{i,e,j,s}K_{i,c,j,s}^C\\ +(s_{T_i^0,j,s}+p_{i,j,s})R'_{i,u,j,s}K_{i,u,j,s}^U \tag{5.58}$$

式（5.58）右边三项分别为用于测试作业(j,s)的测试机i、测试元件c和使能器部件u等三种资源的“投入量”。投入量为资源占用时间、占用数量和“投入系数”的乘积。$K_{i,j,s}^T$、$K_{i,c,j,s}^C$和$K_{i,u,j,s}^U$分别为使用i、c、u三种资源的“投入系数”，计算公式如式(5.59)，其中的求和符号对该资源可加工的作业求和。资源的投入系数在一定程度上表征了使用该资源的“成本”。使用资源 res 加工作业(j,s)时，“使用成本”既受产品j的权重、加工作业(j,s)所需加工时间及配对比的影响，又受该资源可以加工的其他作业的相关参数的影响，因为作业(j,s)使用资源 res 会使其他作业在(j,s)的占用期内不能使用资源 res。

$$K_{i,j,s}^{T}=\frac{\sum_{i\in M_{j',s'}}\dfrac{w_{j'}}{p_{i,j',s'}}}{\dfrac{w_j}{p_{i,j,s}}},\quad K_{i,c,j,s}^{C}=\frac{\sum_{c\in e}\sum_{(i,e,j',s')\in\Psi}\dfrac{w_{j'}}{R_{i,e,j',s'}p_{i,j',s'}}}{\dfrac{w_j}{R_{i,e,j,s}p_{i,j,s}}}$$
$$K_{i,u,j,s}^{U}=\frac{\sum_{(i,u,j',s')\in\Psi}\dfrac{w_{j'}}{R'_{i,u,j',s'}\,p_{i,j',s'}}}{\dfrac{w_j}{R'_{i,u,j,s}\,p_{i,j,s}}}\tag{5.59}$$

5.4.3　报酬函数

在一次试验内的累积报酬需反映执行行为的长期效果，对于理想的报酬函数定义方式，目标函数值越小的调度方案获得的累积报酬越大。如式（5.60）所示，把第 t–1 个到第 t 个决策时刻之间获得的报酬率函数 $r(\tau)$（$\tau_{t-1}<\tau\leqslant\tau_t$）定义为常数函数：

$$\begin{aligned}r(\tau)=&\frac{1}{\tau_t-\tau_{t-1}}\sum_{j=1}^{n}w_j\min\{Y_{j,t}-Y_{j,t-1},(D_j-Y_{j,t-1})^+\}\\&+\frac{1}{\tau_t-\tau_{t-1}}\sum_{j=1}^{n}\frac{w_j}{M}\min\{\max\{Y_{j,t}-Y_{j,t-1}-(D_j-Y_{j,t-1})^+,0\},[E_j-(Y_{j,t-1}-D_j)^+]^+\}\end{aligned}\tag{5.60}$$

因此，在第 t–1 个到第 t 个决策时刻之间获得的无折扣报酬 r'_t 为

$$\begin{aligned}r'_t=&\sum_{j=1}^{n}w_j\min\{Y_{j,t}-Y_{j,t-1},(D_j-Y_{j,t-1})^+\}\\&+\sum_{j=1}^{n}\frac{w_j}{M}\min\{\max\{Y_{j,t}-Y_{j,t-1}-(D_j-Y_{j,t-1})^+,0\},[E_j-(Y_{j,t-1}-D_j)^+]^+\}\end{aligned}\tag{5.61}$$

报酬函数有如下性质：

最小化目标函数（式（5.1））等价于最大化运行一次试验获得的无折扣报酬总和 R。

证明　在一次试验中获得的总报酬为

$$\begin{aligned}R=&\sum_{t=1}^{T}r'_t\\=&\sum_{t=1}^{T}\sum_{j=1}^{n}w_j\min\{Y_{j,t}-Y_{j,t-1},(D_j-Y_{j,t-1})^+\}\\&+\sum_{t=1}^{T}\sum_{j=1}^{n}\frac{w_j}{M}\min\{\max\{Y_{j,t}-Y_{j,t-1}-(D_j-Y_{j,t-1})^+,0\},[E_j-(Y_{j,t-1}-D_j)^+]^+\}\\=&\sum_{j=1}^{n}\sum_{t=1}^{T}w_j\min\{Y_{j,t}-Y_{j,t-1},(D_j-Y_{j,t-1})^+\}\\&+\sum_{j=1}^{n}\sum_{t=1}^{T}\frac{w_j}{M}\min\{\max\{Y_{j,t}-Y_{j,t-1}-(D_j-Y_{j,t-1})^+,0\},[E_j-(Y_{j,t-1}-D_j)^+]^+\}\end{aligned}\tag{5.62}$$

产品 j 在整个调度周期的测试量为

$$Y_j = Y_{j,T} = \sum_{t=1}^{T} Y_{j,t} - Y_{j,t-1} \tag{5.63}$$

令 $\Omega_1 = \{j \mid Y_j > D_j\}$，$\Omega_2 = \{j \mid Y_j \leqslant D_j\}$，因为 $D_j - Y_{j,t-1} \geqslant 0$ 且 $Y_{j,t} - Y_{j,t-1} \leqslant D_j - Y_{j,t-1}$ 对任意的 $0 < t \leqslant T$ 和 $j \in \Omega_2$ 成立，所以：

$$\sum_{j\in\Omega_2}\sum_{t=1}^{T}\frac{w_j}{M}\min\{\max\{Y_{j,t} - Y_{j,t-1} - (D_j - Y_{j,t-1})^+, 0\}, [E_j - (Y_{j,t-1} - D_j)^+]^+\} = 0 \tag{5.64}$$

由式（5.61）与式（5.64）可得

$$\begin{aligned} R = &\sum_{j\in\Omega_2}\sum_{t=1}^{T} w_j \min\{Y_{j,t} - Y_{j,t-1}, (D_j - Y_{j,t-1})^+\} + \sum_{j\in\Omega_1}\sum_{t=1}^{T} w_j \min\{Y_{j,t} - Y_{j,t-1}, (D_j - Y_{j,t-1})^+\} \\ &+ \sum_{j\in\Omega_1}\sum_{t=1}^{T}\frac{w_j}{M}\min\{\max\{Y_{j,t} - Y_{j,t-1} - (D_j - Y_{j,t-1})^+, 0\}, [E_j - (Y_{j,t-1} - D_j)^+]^+\} \end{aligned}$$

令

$$R^{(2)} = \sum_{j\in\Omega_2}\sum_{t=1}^{T} w_j \min\{Y_{j,t} - Y_{j,t-1}, (D_j - Y_{j,t-1})^+\} \tag{5.65}$$

因为对任意的 $0 < t \leqslant T$ 和 $j \in \Omega_2$ 有 $Y_{j,t} - Y_{j,t-1} \leqslant D_j - Y_{j,t-1}$，所以：

$$R^{(2)} = \sum_{j\in\Omega_2}\sum_{t=1}^{T} w_j (Y_{j,t} - Y_{j,t-1}) = \sum_{j\in\Omega_2} w_j Y_j$$

对于 $j \in \Omega_1$，存在决策点 t_j 使 $Y_{j,t_j} < D_j$ 且 $Y_{j,t_j+1} \geqslant D_j$。令

$$\begin{aligned} R^{(1)} = &\sum_{j\in\Omega_1}\sum_{t=1}^{T} w_j \min\{Y_{j,t} - Y_{j,t-1}, (D_j - Y_{j,t-1})^+\} \\ &+ \sum_{j\in\Omega_1}\sum_{t=1}^{T}\frac{w_j}{M}\min\{\max\{Y_{j,t} - Y_{j,t-1} - (D_j - Y_{j,t-1})^+, 0\}, [E_j - (Y_{j,t-1} - D_j)^+]^+\} \end{aligned} \tag{5.66}$$

则有

$$\begin{aligned} R^{(1)} = &\sum_{j\in\Omega_1}\sum_{t=1}^{t_j} w_j \min\{Y_{j,t} - Y_{j,t-1}, (D_j - Y_{j,t-1})^+\} + \sum_{j\in\Omega_1} w_j \min\{Y_{j,t_j+1} - Y_{j,t_j}, (D_j - Y_{j,t_j})^+\} \\ &+ \sum_{j\in\Omega_1}\sum_{t=t_j+2}^{T} w_j \min\{Y_{j,t} - Y_{j,t-1}, (D_j - Y_{j,t-1})^+\} \\ &+ \sum_{j\in\Omega_1}\sum_{t=1}^{t_j}\frac{w_j}{M}\min\{\max\{Y_{j,t} - Y_{j,t-1} - (D_j - Y_{j,t-1})^+, 0\}, [E_j - (Y_{j,t-1} - D_j)^+]^+\} \\ &+ \sum_{j\in\Omega_1}\frac{w_j}{M}\min\{\max\{Y_{j,t_j+1} - Y_{j,t_j} - (D_j - Y_{j,t_j})^+, 0\}, [E_j - (Y_{j,t_j} - D_j)^+]^+\} \\ &+ \sum_{j\in\Omega_1}\sum_{t=t_j+2}^{T}\frac{w_j}{M}\min\{\max\{Y_{j,t} - Y_{j,t-1} - (D_j - Y_{j,t-1})^+, 0\}, [E_j - (Y_{j,t-1} - D_j)^+]^+\} \\ = &\sum_{j\in\Omega_1}\sum_{t=1}^{t_j} w_j \min\{Y_{j,t} - Y_{j,t-1}, (D_j - Y_{j,t-1})^+\} + \sum_{j\in\Omega_1} w_j \min\{Y_{j,t_j+1} - Y_{j,t_j}, (D_j - Y_{j,t_j})^+\} \\ &+ \sum_{j\in\Omega_1}\sum_{t=t_j+2}^{T} w_j \min\{Y_{j,t} - Y_{j,t-1}, (D_j - Y_{j,t-1})^+\} \end{aligned}$$

$$
\begin{aligned}
&=\sum_{j\in\Omega_1}\sum_{t=1}^{t_j} w_j(Y_{j,t}-Y_{j,t-1})+\sum_{j\in\Omega_1} w_j(D_j-Y_{j,t_j})\\
&\quad+\sum_{j\in\Omega_1}\sum_{t=1}^{t_j}\frac{w_j}{M}\min\{0,[E_j-(Y_{j,t-1}-D_j)^+]^+\}\\
&\quad+\sum_{j\in\Omega_1}\frac{w_j}{M}\min\{Y_{j,t_j+1}-Y_{j,t_j}-(D_j-Y_{j,t_j})^+,[E_j-(Y_{j,t_j}-D_j)^+]^+\}\\
&\quad+\sum_{j\in\Omega_1}\sum_{t=t_j+2}^{T}\frac{w_j}{M}\min\{Y_{j,t}-Y_{j,t-1},[E_j-(Y_{j,t-1}-D_j)^+]^+\}\\
&=\sum_{j\in\Omega_1} w_jD_j+\sum_{j\in\Omega_1}\frac{w_j}{M}\min\{Y_{j,t_j+1}-D_j,E_j\}p\\
&\quad+\sum_{j\in\Omega_1}\sum_{t=t_j+2}^{T}\frac{w_j}{M}\min\{Y_{j,t}-Y_{j,t-1},[E_j-(Y_{j,t-1}-D_j)]^+\}
\end{aligned}
\tag{5.67}
$$

如果 $E_j \leqslant Y_{j,t_j+1}-D_j$，那么对任意的 $t \geqslant t_j+1$ 有 $[E_j-(Y_{j,t}-D_j)^+]^+=0$。因此由式（5.67）可知：

$$
R^{(1)}=\sum_{j\in\Omega_1} w_jD_j+\sum_{j\in\Omega_1} E_j\frac{w_j}{M}+0=\sum_{j\in\Omega_1} w_jD_j+\sum_{j\in\Omega_1}\frac{w_j}{M}E_j \tag{5.68}
$$

如果 $E_j > Y_{j,t_j+1}-D_j$，那么由式（5.67）可得

$$
\begin{aligned}
R^{(1)}&=\sum_{j\in\Omega_1} w_jD_j+\sum_{j\in\Omega_1}\frac{w_j}{M}(Y_{j,t_j+1}-D_j)+\sum_{j\in\Omega_1}\sum_{t=t_j+2}^{T}\frac{w_j}{M}\min\{Y_{j,t}-Y_{j,t-1},[E_j-(Y_{j,t-1}-D_j)]^+\\
&=\sum_{j\in\Omega_1} w_jD_j+\sum_{j\in\Omega_1}\frac{w_j}{M}(Y_{j,t_j+1}-D_j)+\sum_{j\in\Omega_1}\min\{Y_j-Y_{j,t_j+1},E_j-(Y_{j,t_j+1}-D_j)\}\frac{w_j}{M}\\
&=\sum_{j\in\Omega_1} w_jD_j+\sum_{j\in\Omega_1}\frac{w_j}{M}\{(Y_{j,t_j+1}-D_j)+\min\{Y_j-Y_{j,t_j+1},E_j-(Y_{j,t_j+1}-D_j)\}\}\\
&=\sum_{j\in\Omega_1}\{w_jD_j+\frac{w_j}{M}\min\{(Y_j-D_j)^+,E_j\}\}
\end{aligned}
\tag{5.69}
$$

当 $E_j \leqslant Y_{j,t_j+1}-D_j$ 时式（5.68）也可表达成式（5.69）的形式。所以

$$
\begin{aligned}
R&=R^{(1)}+R^{(2)}\\
&=\sum_{j\in\Omega_1}\{w_jD_j+\frac{w_j}{M}\min\{(Y_j-D_j)^+,E_j\}\}+\sum_{j\in\Omega_2} w_jY_j\\
&=\sum_{j=1}^{n} w_jD_j-\{\sum_{j\in\Omega_1}-\frac{w_j}{M}\min\{(Y_j-D_j)^+,E_j\}+\sum_{j\in\Omega_2} w_j(D_j-Y_j)\}\\
&=\sum_{j=1}^{n}(w_jD_j+\frac{E_jw_j}{M})-\{\sum_{j=1}^{n} w_j(D_j-Y_j)^+ +\sum_{j=1}^{n}\frac{E_jw_j}{M}-\frac{w_j}{M}\min\{(Y_j-D_j)^+,E_j\}\}\\
&=\sum_{j=1}^{n}(w_jD_j+\frac{E_jw_j}{M})-\{\sum_{j=1}^{n} w_j(D_j-Y_j)^+ +\sum_{j=1}^{n}\frac{w_j}{M}[E_j-(Y_j-D_j)^+]^+\}
\end{aligned}
\tag{5.70}
$$

由于式（5.71）是常数，

$$\sum_{j=1}^{n}(w_j D_j + \frac{E_j w_j}{M}) \tag{5.71}$$

所以：

$$\max R \Leftrightarrow \min \sum_{j=1}^{n} w_j (D_j - Y_j)^+ + \frac{w_j}{M}[E_j - (Y_j - D_j)^+]^+ \tag{5.72}$$

增强学习算法的目标是最大化在一次试验中获得的总报酬，所以如式（5.60）定义报酬率函数的优点是累积报酬函数的大小能在一定程度上反映调度目标函数的大小、反映各个行为对目标函数的影响。

前面定义了状态变量、行为和报酬函数。由于引入时间参量作为状态变量，所以在状态 s_t 逗留的时间（等于 $\tau_{t+1} - \tau_t$）、决策状态 s_{t+1} 及转移到状态 s_{t+1} 获得的报酬 r_{t+1} 都只取决于决策状态 s_t 和在该状态采取的行为 a_t。由于本章研究的是确定性的调度问题，所以如果 s_t 和 a_t 确定，在状态 s_t 逗留的时间、 s_{t+1} 及 r_{t+1} 是唯一确定的。可见，通过前面定义状态、行为和报酬函数，本章研究的调度问题可视为一类确定性半马尔可夫决策过程。

5.5 结合函数泛化器的 Sarsa（λ，k）算法

5.5.1 径向基神经网络函数泛化器

多层前馈神经网络（Multi-layer Perceptron）和径向基（Radial Basis Function，RBF）神经网络等类型的神经网络在理论上是通用的函数泛化器。早期的神经网络函数泛化器多数采用前馈神经网络[23, 61]。由于一般认为径向基神经网络的训练速度和泛化能力强于多层前馈神经网络[191]，所以 Menache 等[50]把瞬时差分算法和径向基神经网络函数泛化器结合起来。本章把径向基神经网络函数泛化器和 Sarsa（λ，k）算法结合起来，函数泛化器的形式和文献[50]类似，但构造过程和文献[50]不同。

径向基神经网络函数泛化器用径向基神经网络表示 Q 值，每个行为对应着一个网络，网络由输入层、中间层（隐层）、输出层三层组成，输入是 N_v 维的状态特征向量 $\boldsymbol{f}$，输出为 Q 值。图 5.13 表示了从状态向量到行为值的转化过程。

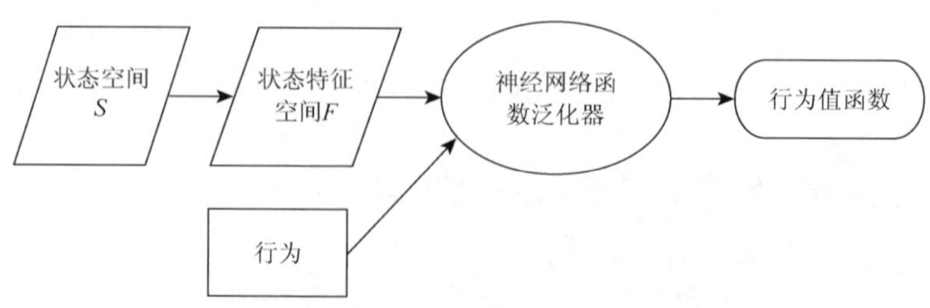

图 5.13　状态向量到行为值的转化示意图

如式（5.73）所示，函数泛化器把 Q 值表示为一组径向基函数（每个基函数对应着隐

层的一个神经元）的线性组合，其中 K 为基函数的数量（隐层神经元的数量），$\boldsymbol{\Phi}_k(\boldsymbol{f})$ $(1 \leqslant k \leqslant K)$ 是形如式（5.74）的高斯函数，$\boldsymbol{C}_k$ $(1 \leqslant k \leqslant K)$ 是表示神经元中心位置的向量（$\boldsymbol{C}_k$ 的维数与 $\boldsymbol{f}$ 的维数相同），σ_k $(1 \leqslant k \leqslant K)$ 是带宽参数，w_k^a $(a \in A, 1 \leqslant k \leqslant K)$ 是基函数的权重系数。

$$Q(s,a) = \sum_{k=1}^{K} w_k^a \Phi_k(\boldsymbol{f}) \tag{5.73}$$

$$\Phi_k(\boldsymbol{f}) = \exp\left(-\frac{\| \boldsymbol{f} - \boldsymbol{C}_k \|^2}{2\sigma_k^2}\right) \tag{5.74}$$

设 $\boldsymbol{W}^a$ 是如式（5.75）的 K 维向量，$\boldsymbol{\Phi}(\boldsymbol{f})$ 是如式（5.76）的 K 维基函数向量，那么确定了 $\boldsymbol{\Phi}(\boldsymbol{f})$ 之后，只需要确定 $\boldsymbol{W}^a$ 就可以确定 $Q(s,a)$。由于 K 一般远小于 $|S|$，所以使用函数泛化器的实质是把状态空间降维表示。

$$\boldsymbol{W}^a = (w_1^a, w_2^a, \cdots, w_K^a)^{\mathrm{T}} \tag{5.75}$$

$$\boldsymbol{\Phi}(\boldsymbol{f}) = (\Phi_1(\boldsymbol{f}), \Phi_2(\boldsymbol{f}), \cdots, \Phi_K(\boldsymbol{f}))^{\mathrm{T}} \tag{5.76}$$

由于状态变量的取值范围比较大，所以不能直接把状态向量作为神经网络的输入，而是把状态向量 s 转换成状态特征向量 $\boldsymbol{f}$ 作为网络的输入，从而把网络的输入量都限制在较小的范围内。$\boldsymbol{f}$ 与 s 的关系如式（5.77），其中 $f(s)$ 表示从状态空间到状态特征向量空间的映射。

$$\boldsymbol{f} = f(s) \tag{5.77}$$

如式（5.78）定义 $f(s)$，该映射本质上是使状态变量正规化的函数，把绝对量转化为相对量，$f(s)$ 的各分量的取值范围都为区间[0, 1]。

$$f(s) = \begin{bmatrix} \dfrac{T_i^0}{n}(1 \leqslant i \leqslant m); \dfrac{T_i}{n}(1 \leqslant i \leqslant m); X_i(1 \leqslant i \leqslant m); \\ \dfrac{t_i^p}{\max\limits_{i',j1,s1,j2,s2}\{s_{j1,s1,j2,s2} + p_{i',j2,s2}\}}(1 \leqslant i \leqslant m); \\ \dfrac{H_i}{N_K}(1 \leqslant i \leqslant m); \dfrac{U_i}{N_U}(1 \leqslant i \leqslant m); \\ \dfrac{z_{j,s}}{D_j}(1 \leqslant j \leqslant n, 1 < s \leqslant N_j); \dfrac{d_j^D}{D_j}(1 \leqslant j \leqslant n); \\ \dfrac{I_c^C}{Inv_c^C}(1 \leqslant c \leqslant N_C); \dfrac{I_u^U}{Inv_u^U}(1 \leqslant u \leqslant N_U); \dfrac{\tau}{T_h} \end{bmatrix}^{\mathrm{T}} \tag{5.78}$$

综合（5.73）和（5.77）两式可得式（5.79），其中 $\Phi_k(f(s))$ $(1 \leqslant k \leqslant K)$ 是定义在状态空间的函数。

$$Q(s,a) = \sum_{k=1}^{K} w_k^a \Phi_k(f(s)) \tag{5.79}$$

5.5.2 神经网络的构造

构造径向基神经网络函数泛化器的基本内容包括设定隐层神经元数目 K、构造神经元和调整基函数的权重系数 $\boldsymbol{W}^a$。隐层神经元的数量将通过实验设定。构造神经元的任务是确定神经元中心位置 $\boldsymbol{C}_k$ 和带宽 σ_k。

一般的函数泛化器针对静态的输入样本和学习目标的真实值已知的情况构造，在这些条件下用聚类算法确定神经元的中心位置。但对于增强学习问题，学习样本随着学习过程不断引入，而且学习目标的真实值未知，这些因素都增加了构造神经网络函数泛化器的难度[192, 193]。本章采用算法 5.5 构造径向基神经网络函数泛化器。

算法 5.5 构造径向基神经网络函数泛化器的算法

步骤 1：用均匀随机策略选择行为，运行 k_e 次试验，记录状态转移的轨迹，得到一系列状态特征向量 $\boldsymbol{f}_{(i)}(1 \leqslant i \leqslant N_s)$ 作为训练数据，其中，k_e 是使经历的状态总数不少于 2000 的最小试验次数，N_s 为训练数据的数量。

步骤 2：用 HCM 派生算法（算法 5.6）把步骤 1 得到的训练数据分组并确定隐层神经元中心位置 $\boldsymbol{C}_k$ $(1 \leqslant k \leqslant K)$。

步骤 3：根据式（4.54）[194]确定各基函数的带宽 σ_k $(1 \leqslant k \leqslant K)$，其中 $\boldsymbol{C}_i$ $(1 \leqslant i \leqslant N_\sigma)$ 是离神经元中心 $\boldsymbol{C}_k$ 最近的 N_σ 个神经元中心，N_σ 取值为 2。

$$\sigma_k = \frac{1}{N_\sigma}\left(\sum_{i=1}^{N_\sigma} \| \boldsymbol{C}_k - \boldsymbol{C}_i \|^2\right)^{\frac{1}{2}} \tag{5.80}$$

步骤 4：用均匀分布 U（0, 1）随机初始化权重 $\boldsymbol{W}^a$，然后在学习过程中根据梯度下降方法利用状态转移获得的报酬来调整权重 $\boldsymbol{W}^a$。

步骤 2 的 HCM 派生算法是基于 HCM（Hard c-Means）算法[195]构造的，HCM 算法是人工智能领域常用的数据聚类算法。HCM 派生算法与 HCM 算法的区别在于步骤 2 中消除空聚类的步骤。

算法 5.6 HCM 派生算法

步骤 1：用均匀分布 $U(0, 1)$随机初始化各个聚类(Cluster)的中心位置 $\boldsymbol{C}_k$ $(1 \leqslant k \leqslant K)$。每个聚类对应着隐层的一个神经元。

步骤 2：定义隶属函数 5.81，并利用该函数把训练数据 $\boldsymbol{f}_{(i)}(1 \leqslant i \leqslant N_s)$ 分类。

$$\mu_k(\boldsymbol{f}_{(i)}) = \begin{cases} 1, & \text{if } \| \boldsymbol{f}_{(i)} - \boldsymbol{C}_k \|^2 \leqslant \| \boldsymbol{f}_{(i)} - \boldsymbol{C}_j \|^2, \forall j \neq k \\ 0, & \text{其他} \end{cases} \tag{5.81}$$

如果存在空聚类（设为第 j 个聚类），包含训练数据最多的聚类为 SC，那么从 SC 中选择满足式（5.82）的训练数据 $\boldsymbol{f}^*$ 转移到第 j 个聚类里面，并从 SC 中删除 $\boldsymbol{f}^*$。重复此过程，直至所有聚类非空。

$$\| \boldsymbol{f}^* - \boldsymbol{C}_j \| = \min_{\boldsymbol{f}_{(i)} \in SC} \| \boldsymbol{f}_{(i)} - \boldsymbol{C}_j \| \tag{5.82}$$

步骤 3：用式（5.83）计算各聚类的新的中心位置 $\boldsymbol{C}'_k$：

$$\boldsymbol{C}_k' = \frac{\sum_{i=1}^{N_s} \mu_k(\boldsymbol{f}_{(i)})\boldsymbol{f}_{(i)}}{\sum_{i=1}^{N_s} \mu_k(\boldsymbol{f}_{(i)})} \tag{5.83}$$

步骤 4：重复步骤 2 和 3，直至所有聚类均非空，而且满足下面两个算法终止条件之一：

（1）式（5.84）连续三次循环的变化量小于 ε（可取 $\varepsilon = 10^{-5}$），其中，d_k 定义如式（5.85）。

$$\sum_{k=1}^{K} d_k \tag{5.84}$$

$$d_k = \sum_{i=1}^{N_s} \mu_k(\boldsymbol{f}_{(i)}) \| \boldsymbol{f}_{(i)} - \boldsymbol{C}_k \|^2 \tag{5.85}$$

（2）重复步骤 2 和 3 的次数等于 N_h。

5.5.3　函数泛化器的权重更新法则

在增强学习中，函数泛化可看作是一种学习目标动态变化的监督学习。监督学习的常用目标是最小化均方误差（Mean Squared Error，MSE）。均方误差是估计值与学习目标的误差的平方之和的均值。假设函数泛化器在第 t 个决策阶段的权重系数向量为 $\boldsymbol{W}_t^a$，Γ 为用于计算均方误差的状态-行为对的样本空间，$Q^*(s,a)$ 为状态-行为对 (s,a) 的真实值，$Q_t(s,a)$ 表示在第 t 个决策阶段函数泛化器表示的 (s,a) 的 Q 值，那么均方误差定义为

$$\text{MSE}(\boldsymbol{W}_t^a) = \frac{1}{|\varGamma|} \sum_{(s,a)\in\Gamma} [Q^*(s,a) - Q_t(s,a)]^2 \tag{5.86}$$

函数泛化的目标是寻找使均方误差最小的权重系数向量 $\boldsymbol{W}^a$。一般采用 LMS（Least Mean Squared）法则来更新权重系数，如式（5.87）所示，每次选择行为 a（$a_t = a$），就把权重往均方误差 $\text{MSE}(\boldsymbol{W}_t^a)$ 的负梯度方向（(s_t,a_t) 的泛化误差下降最快的方向）调整。这种调整权重的方法称为梯度下降方法[16]。

$$\boldsymbol{W}_{t+1}^a = \boldsymbol{W}_t^a - \frac{1}{2}\alpha \nabla_{\boldsymbol{W}_t^a} [Q^*(s_t,a_t) - Q_t(s_t,a_t)]^2 \tag{5.87}$$

把式（5.87）的右边整理得

$$\boldsymbol{W}_{t+1}^a = \boldsymbol{W}_t^a + \alpha [Q^*(\boldsymbol{s}_t,a_t) - Q_t(\boldsymbol{s}_t,a_t)] \nabla_{\boldsymbol{W}_t^a} Q_t(s_t,a_t) \tag{5.88}$$

其中，α（$\alpha > 0$）是学习率（α 一般远小于 1），$\nabla_{\boldsymbol{W}_t^a} Q_t(s_t,a_t)$ 是偏导数向量（即 $Q_t(s_t,a_t)$ 关于 $\boldsymbol{W}_t^a$ 的梯度）。设 $Q_t(s_t,a_t) = f(\boldsymbol{W}_t^a)$，则

$$\nabla_{\boldsymbol{W}_t^a} f(\boldsymbol{W}_t^a) = \left(\frac{\partial f(\boldsymbol{W}_t^a)}{\partial w_1^a}, \frac{\partial f(\boldsymbol{W}_t^a)}{\partial w_2^a}, \cdots, \frac{\partial f(\boldsymbol{W}_t^a)}{\partial w_K^a}\right)^{\mathrm{T}} \tag{5.89}$$

由于一般情况下 $Q^*(s,a)$ 是未知的，所以对 Sarsa（λ，k）算法，可用学习目标 $R_t^{\lambda,k}$ 近似的代替 $Q^*(s,a)$，如式（5.90）。

$$\boldsymbol{W}_{t+1}^{a}=\boldsymbol{W}_{t}^{a}+\alpha[R_{t}^{\lambda,k}-Q_{t}(\boldsymbol{s}_{t},a_{t})]\nabla_{\boldsymbol{W}_{t}^{a}}Q_{t}(\boldsymbol{s}_{t},a_{t}) \tag{5.90}$$

设 $\boldsymbol{W}_{t}^{a}=(w_{1,t}^{a},w_{2,t}^{a},\cdots,w_{K,t}^{a})^{\mathrm{T}}$，则由式（5.89）可得

$$Q_{t}(s_{t},a_{t})=\sum_{k=1}^{K}w_{k,t}^{a}\varPhi_{k}(f(s_{t})) \tag{5.91}$$

把式（5.91）两边对 $\boldsymbol{W}_{t}^{a}$ 求偏导得

$$\begin{aligned}\nabla_{\boldsymbol{W}_{t}^{a}}Q_{t}(s_{t},a_{t})&=(\varPhi_{1}(f(s_{t})),\varPhi_{2}(f(s_{t})),\cdots,\varPhi_{K}(f(s_{t})))^{\mathrm{T}}\\&=\boldsymbol{\varPhi}(f(s_{t}))\end{aligned} \tag{5.92}$$

综合式（5.90）和式（5.92）得

$$\boldsymbol{W}_{t+1}^{a}=\boldsymbol{W}_{t}^{a}+\alpha[R_{t}^{\lambda,k}-Q_{t}(s_{t},a_{t})]\boldsymbol{\varPhi}(f(s_{t})) \tag{5.93}$$

函数泛化器在学习的过程中不断调整基函数的权重，从而不断改变行为值函数 $Q(s,a)$，通过这样的方式使函数泛化器表示的 Q 值接近真实值。因此，式（5.93）的作用相当于列表型 Sarsa（λ，k）算法的式（2.11）。函数泛化器每次更新权重时使当前经历的状态-行为对的 Q 值更接近于真实值。

行为值函数的训练包括基函数的构造和基函数权重的训练两部分。基函数构造方法是基于目前文献中常用的经验公式、算法提出的启发式方法，基函数权重的训练方法为梯度下降法。

5.5.4 结合径向基神经网络函数泛化器的 Sarsa（λ，k）算法

本节综合列表型的后视 Sarsa（λ，k）算法、径向基神经网络和梯度下降方法，提出应用于 SMDP 型增强学习问题的结合径向基神经网络函数泛化器的后视 Sarsa（λ，k）算法（算法 5.7）。

算法 5.7 结合径向基神经网络函数泛化器的 SMDP 型后视 Sarsa（λ，k）算法

步骤 1：设置参数 α、γ、λ、k 和需要运行的试验数量 N_e。对任意的行为 $a\in A$，初始化 $\boldsymbol{Tr}_{0}(a)=\mathbf{0}$，$\boldsymbol{Tr}'_{0}(a)=\mathbf{0}$。令 n_e=0，并对任意的 $a\in A$，用均匀分布 U（0, 1）随机初始化 $\boldsymbol{W}_{0}^{a}$。

步骤 2：设置当前状态 s_t 为初始状态 s_0，当前时刻 τ_t 为 0。

步骤 3：根据 s_t、函数泛化器表示的行为值函数 $Q_t(s,a)$ 和控制策略选择行为 a_t。

步骤 4：执行行为 a_t 进行仿真，根据状态转移机制确定下一个决策时刻 τ_{t+1}。推进仿真时钟到 τ_{t+1}，确定下一个决策状态 s_{t+1} 和该状态下选择的行为 a_{t+1}，并根据式（5.60）计算报酬 r_{t+1}。根据式（5.94）和式（5.95）两式计算 e'_t、e_t：

$$e_{t}^{'}=r_{t+1}+\frac{1}{1-\lambda^{k}}[\mathrm{e}^{-\beta(\tau_{t+1}-\tau_{t})}Q_{t+1}(s_{t+1},a_{t+1})-\lambda^{k}\mathrm{e}^{-\beta(\tau_{t+k}-\tau_{t})}Q_{t+k}(s_{t+k},a_{t+k})]-Q_{t}(s_{t},a_{t}) \tag{5.94}$$

$$e_{t}=r_{t+1}+\mathrm{e}^{-\beta(\tau_{t+1}-\tau_{t})}Q_{t+1}(\boldsymbol{s}_{t+1},a_{t+1})-Q_{t}(\boldsymbol{s}_{t},a_{t}) \tag{5.95}$$

步骤 5：当 t>0 时，对任意的 a，如果 a 在序列 $a_p,a_{p+1},\cdots,a_{t-1}$ 中（$p=\max\{0,t-k+1\}$），那么分别根据式（5.96）～式（5.98）计算 $\boldsymbol{Tr}_{t}(a)$、$\boldsymbol{Tr}'_{t}(a)$ 和 $\boldsymbol{W}_{t}^{a}$；否则，令 $\boldsymbol{Tr}_{t}(a)=\mathbf{0}$，

$\boldsymbol{Tr}'_t(a)=\boldsymbol{0}$。

$$\boldsymbol{Tr}_t(a)=\lambda \mathrm{e}^{-\beta(\tau_t-\tau_{t-1})}\boldsymbol{Tr}_t(a) \tag{5.96}$$

$$\boldsymbol{Tr}'_t(a)=\mathrm{e}^{-\beta(\tau_t-\tau_{t-1})}\boldsymbol{Tr}'_t(a) \tag{5.97}$$

$$\boldsymbol{W}_t^a=\boldsymbol{W}_t^a+\frac{\alpha}{1-\lambda^k}\boldsymbol{Tr}_t(a)e_t-\frac{\lambda^k\alpha}{1-\lambda^k}\boldsymbol{Tr}'_t(a)r_{t+1} \tag{5.98}$$

步骤 6：根据式（5.99）计算$\boldsymbol{W}_{t+1}^{a_t}$，相当于更新$Q_{t+1}(s_t,a_t)$。

$$\boldsymbol{W}_{t+1}^{a_t}=\boldsymbol{W}_t^{a_t}+\alpha e'_t\nabla_{\boldsymbol{W}_t^{a_t}}Q_t(s_t,a_t) \tag{5.99}$$

步骤 7：根据式（5.100）和（5.101）更新$\boldsymbol{Tr}_t(a_t)$和$\boldsymbol{Tr}'_t(a_t)$。

$$\boldsymbol{Tr}_{t+1}(a_t)=\boldsymbol{Tr}_t(a_t)+\nabla_{\boldsymbol{W}_t^{a_t}}Q_t(s_t,a_t) \tag{5.100}$$

$$\boldsymbol{Tr}'_{t+1}(a_t)=\boldsymbol{Tr}'_t(a_t)+\nabla_{\boldsymbol{W}_t^{a_t}}Q_t(s_t,a_t) \tag{5.101}$$

步骤 8：如果s_{t+1}为终止状态，则令$n_e=n_e+1$；否则令 $t=t+1$，跳转到步骤 3。如果$n_e=N_e$，则算法终止；否则跳转到步骤 2。

算法 5.7 是一种在线学习的算法，采用梯度下降法，根据式（5.99）和式（5.92）来调整基函数的权重。令$\boldsymbol{Tr}=[\boldsymbol{Tr}(a_{(1)}),\boldsymbol{Tr}(a_{(2)}),\cdots,\boldsymbol{Tr}(a_{(|A|)})]$，$\boldsymbol{Tr}'=[\boldsymbol{Tr}'(a_{(1)}),\boldsymbol{Tr}'(a_{(2)}),\cdots,\boldsymbol{Tr}'(a_{(|A|)})]$，则$\boldsymbol{Tr}$和$\boldsymbol{Tr}'$是 K 行、$|A|$列的矩阵（$|A|$表示行为的数量），$\boldsymbol{Tr}(a_{(i)})(1\leqslant i\leqslant|A|)$和$\boldsymbol{Tr}'(a_{(i)})(1\leqslant i\leqslant|A|)$为 K 维向量。执行算法时在第 t 个决策阶段不知道式（5.94）中$\lambda^k\mathrm{e}^{-\beta(\tau_{t+k}-\tau_t)}Q_{t+k}(s_{t+k},a_{t+k})$的值，所以实际应用时用式（5.102）代替。当$\lambda$较小或$\beta$较大时，式（5.102）远小于 1，该项可忽略。

$$\lambda^k(\mathrm{e}^{-\beta})^{\frac{\tau_{t+1}}{t+1}}Q_t(s_{t+1},a_{t+1}) \tag{5.102}$$

在离线学习方式下，结合函数泛化器的 SMDP 型 Sarsa（λ，k）算法的前视形式和后视形式是等价的。证明如下：

证明　（1）先考察前视形式：

由（5.94）式可得

$$\begin{aligned}R_t^{\lambda,k}-Q_t(s_t,a_t)=&e'_t+\frac{1}{1-\lambda^k}\sum_{i=1}^{\min\{T-t-1,k-1\}}\lambda^i[(1-\lambda^{k-i})\gamma(i)r_{t+i+1}]\\&+\frac{1}{1-\lambda^k}\sum_{i=1}^{\min\{T-t-1,k-1\}}\lambda^i[\gamma(i+1)Q_{t+i+1}(s_{t+i+1},a_{t+i+1})-\gamma(i)Q_{t+i}(s_{t+i},a_{t+i})]\end{aligned}$$

假设对于前视 Sarsa（λ，k）算法，行为对应的函数泛化器的权重在第 t+1 个决策时刻相对于第 t 个决策时刻的增量为$\Delta\boldsymbol{W}_t^a$，在一次试验内的增量总和为$\Delta\boldsymbol{W}_{(f)}^a$，则由式(5.90)可得

$$\boldsymbol{W}_{t+1}^a=\boldsymbol{W}_t^a+\alpha\omega(a,a_t)[R_t^{\lambda,k}-Q_t(s_t,a_t)]\nabla_{\boldsymbol{W}_t^a}Q_t(s_t,a_t) \tag{5.103}$$

其中，$\omega(a,a_t)$为形如式（5.104）的示性函数：

$$\omega(a,a_t)=\begin{cases}1, & \text{if } a=a_t\\ 0, & \text{if } a\neq a_t\end{cases} \tag{5.104}$$

根据式（5.103）得

$$\begin{aligned}\Delta \boldsymbol{W}_{(f)}^{a}&=\sum_{t=0}^{T-1}\Delta \boldsymbol{W}_{t}^{a}\\&=\sum_{t=0}^{T-1}\alpha\omega(a,a_t)[R_t^{\lambda,k}-Q_t(s_t,a_t)]\nabla_{\boldsymbol{W}_t^a}Q_t(s_t,a_t)\\&=\alpha\sum_{t=0}^{T-1}\omega(a,a_t)[e'_t+\frac{1}{1-\lambda^k}(S_1+S_2)]\nabla_{\boldsymbol{W}_t^a}Q_t(s_t,a_t)\\&=\alpha\sum_{t=0}^{T-1}\omega(a,a_t)e'_t\nabla_{\boldsymbol{W}_t^a}Q_t(s_t,a_t)+\frac{\alpha}{1-\lambda^k}(S_1+S_2)\end{aligned} \tag{5.105}$$

其中，

$$S_1=\sum_{t=0}^{T-1}\omega(a,a_t)\sum_{i=1}^{\min\{T-t-1,k-1\}}(\lambda^i-\lambda^k)\gamma(i)r_{t+i+1}\nabla_{\boldsymbol{W}_t^a}Q_t(s_t,a_t)$$

$$S_2=\sum_{t=0}^{T-1}\omega(a,a_t)\sum_{i=1}^{\min\{T-t-1,k-1\}}\lambda^i[\gamma(i+1)Q_{t+i+1}(s_{t+i+1},a_{t+i+1})-\gamma(i)Q_{t+i}(s_{t+i},a_{t+i})]\nabla_{\boldsymbol{W}_t^a}Q_t(s_t,a_t)$$

把 S_1、S_2 先展开再把各项重新整理归类得：

$$S_1=\sum_{t=0}^{T-1}\sum_{i=\max\{t-k+1,0\}}^{t-1}\omega(a,a_i)(\lambda^{t-i}-\lambda^k)\mathrm{e}^{-\beta(\tau_t-\tau_i)}r_{t+1}\nabla_{\boldsymbol{W}_i^a}Q_i(s_i,a_i) \tag{5.106}$$

$$S_2=\sum_{t=0}^{T-1}\sum_{i=\max\{t-k+1,0\}}^{t-1}\omega(a,a_i)\lambda^{t-i}[\mathrm{e}^{-\beta(\tau_{t+1}-\tau_i)}Q_{t+1}(s_{t+1},a_{t+1})-\mathrm{e}^{-\beta(\tau_t-\tau_i)}Q_t(s_t,a_t)]\nabla_{\boldsymbol{W}_i^a}Q_i(s_i,a_i) \tag{5.107}$$

（2）再考察后视形式：

假设对于后视 Sarsa（λ，k）算法，行为 a 对应的函数泛化器的权重在第 t+1 个决策时刻相对于第 t 个决策时刻的增量为 $\Delta\boldsymbol{W}'^{a}_{t}$，在一次试验内的增量总和为 $\Delta\boldsymbol{W}^{a}_{(b)}$，则从算法 5.7 的步骤 5 和步骤 6 可得式（5.108），从算法 5.7 的步骤 5 和步骤 7 可知式（5.109）和式（5.110）成立。

$$\Delta\boldsymbol{W}'^{a}_{t}=\frac{\alpha}{1-\lambda^k}\boldsymbol{Tr}_t(a)e_t-\frac{\lambda^k\alpha}{1-\lambda^k}\boldsymbol{Tr}'_t(a)r_{t+1}+\alpha\omega(a,a_t)e'_t\nabla_{\boldsymbol{W}_t^a}Q_t(s_t,a_t) \tag{5.108}$$

$$\boldsymbol{Tr}_t(a)=\sum_{i=\max\{t-k+1,0\}}^{t-1}\omega(a,a_i)\lambda^{t-i}\mathrm{e}^{-\beta(\tau_t-\tau_i)}\nabla_{\boldsymbol{W}_i^a}Q_i(s_i,a_i) \tag{5.109}$$

$$\boldsymbol{Tr}'_t(a)=\sum_{i=\max\{t-k+1,0\}}^{t-1}\omega(a,a_i)\mathrm{e}^{-\beta(\tau_t-\tau_i)}\nabla_{\boldsymbol{W}_i^a}Q_i(s_i,a_i) \tag{5.110}$$

从式（5.108）～式（5.110）可知

$$\Delta\boldsymbol{W}^{a}_{(b)}=\sum_{t=0}^{T-1}\Delta\boldsymbol{W}'^{a}_{t}=\frac{\alpha S}{1-\lambda^k}+\alpha\sum_{t=0}^{T-1}\omega(a,a_t)e'_t\nabla_{\boldsymbol{W}_t^a}Q_t(s_t,a_t) \tag{5.111}$$

其中，

$$
\begin{aligned}
S=&\sum_{t=0}^{T-1}e_t\sum_{i=\max\{t-k+1,0\}}^{t-1}\omega(a,a_i)\lambda^{t-i}\mathrm{e}^{-\beta(\tau_t-\tau_i)}\nabla_{W_i^a}Q_i(s_i,a_i)\\
&-\sum_{t=0}^{T-1}\lambda^k r_{t+1}\sum_{i=\max\{t-k+1,0\}}^{t-1}\omega(a,a_i)\mathrm{e}^{-\beta(\tau_t-\tau_i)}\nabla_{W_i^a}Q_i(s_i,a_i)
\end{aligned}
\tag{5.112}
$$

把式（5.95）代入式（5.112）并整理得

$$
\begin{aligned}
S=&\sum_{t=0}^{T-1}\sum_{i=\max\{t-k+1,0\}}^{t-1}\omega(a,a_i)\lambda^{t-i}\mathrm{e}^{-\beta(\tau_t-\tau_i)}[r_{t+1}+\mathrm{e}^{-\beta(\tau_{t+1}-\tau_t)}\mathrm{Q}_{t+1}(s_{t+1},a_{t+1})-\mathrm{Q}_t(s_t,a_t)]\nabla_{W_i^a}Q_i(s_i,a_i)\\
&-\sum_{t=0}^{T-1}\sum_{i=\max\{t-k+1,0\}}^{t-1}\omega(a,a_i)\lambda^k\mathrm{e}^{-\beta(\tau_t-\tau_i)}r_{t+1}\nabla_{W_i^a}Q_i(s_i,a_i)
\end{aligned}
\tag{5.113}
$$

根据式（5.106）和式（5.107）可得

$$S=S_1+S_2$$

于是由式（5.105）和式（5.111）可得

$$\Delta\boldsymbol{W}_{(f)}^a=\Delta\boldsymbol{W}_{(b)}^a$$

因此，对于与梯度下降函数泛化器结合的离线形式的 SMDP 型前视和后视 Sarsa（λ，k）算法，每个行为的函数泛化器的权重在每次试验内的增量是相同的。因为离线方式的算法每运行一次试验才更新一次状态-行为对的 Q 值，即更新一次函数泛化器的权重，所以离线方式的前视和后视算法是等价的。

类似算法 5.7 可以构造结合径向基神经网络函数泛化器的 MDP 型 Sarsa（λ，k）算法，并证明在离线学习方式下，MDP 型 Sarsa（λ，k）的前视和后视两种形式的等价性。

5.6　演 示 算 例

本节用一个简单的例子说明 Sarsa（λ，k）算法的运行过程。算例中有 6 类产品（P1～P6），所有产品均需要经历两个测试工序，产品 P^*包括（P^*, 1）和（P^*, 2）两类作业。有 4 台测试机（T1～T4），5 类测试工具包（K1～K5）和 3 类使能器部件（U1～U3）。每类测试工具包由 6 种元件（每种元件一个）组成，共有 17 种元件（C1～C17），假设所有类型的测试元件和使能器部件的总数量均为 3。产品 P1～P6 的权重分别为 1～6。调度期的长度为 84 小时。产品 P1～P6 的高优先级需求分别为 6、6、6、2、2、2，低优先级需求分别为 3、3、3、2、2、2。表 5.3 列出了作业类型和可以加工该作业的[测试机，测试工具包]组合、配对比及加工时间。表 5.4 列出了作业类型和可以加工该作业的[测试机，使能器部件]组合和配对比。表 5.5 列出了作业的换型时间，其中第一列表示换型前的作业类型，第一行表示换型后的作业类型。各种测试工具包包含的测试元件种类如表 5.6 所示，各测试机的工程时间如表 5.7 所示。参数设置为 $a=0.002$，$\beta=-\ln 0.5$，λ=0.5，k=3。由于商业保密的原因，本算例的数据并非实际生产中用到的数据。

表 5.3　［测试机，测试工具包，作业］的匹配关系、配对比及加工时间

测试机	测试工具包	作业	测试工具包与测试机的配对比	加工时间/h
T1	K1	（P1，1）	1	4.01
T2	K1	（P1，1）	2	7.22
T2	K1	（P2，1）	2	17.24
T1	K2	（P2，1）	1	7.03
T3	K3	（P1，1）	1	17.51
T2	K2	（P2，1）	2	17.24
T1	K4	（P1，1）	1	4.01
T4	K5	（P3，1）	2	2.85
T4	K3	（P4，1）	1	17.87
T3	K3	（P5，1）	1	17.61
T4	K5	（P6，1）	1	10.93
T3	K3	（P3，1）	1	12.55
T2	K4	（P5，1）	2	7.29
T1	K1	（P1，2）	1	10.12
T2	K1	（P1，2）	2	12.35
T2	K1	（P2，2）	2	10.38
T1	K2	（P2，2）	1	4.14
T3	K3	（P1，2）	1	10.67
T2	K2	（P2，2）	2	10.38
T1	K4	（P1，2）	1	10.12
T4	K5	（P3，2）	2	12.97
T4	K3	（P4，2）	1	8.98
T3	K5	（P5，2）	1	12.77
T4	K5	（P6，2）	1	4.21
T3	K3	（P3，2）	1	12.72
T2	K4	（P5，2）	2	12.47

表 5.4　［测试机，使能器部件，作业］的匹配关系和配对比

测试机	使能器部件	作业	使能器部件与测试机的配对比
T1	U1	（P1，1）	1
T2	U1	（P1，1）	2
T2	U1	（P2，1）	2
T1	U1	（P2，1）	1
T3	U1	（P1，1）	1

续表

测试机	使能器部件	作业	使能器部件与测试机的配对比
T2	U1	（P2，1）	2
T1	U1	（P1，1）	1
T4	U2	（P3，1）	2
T4	U2	（P4，1）	1
T3	U2	（P5，1）	1
T4	U2	（P6，1）	1
T3	U2	（P3，1）	1
T2	U2	（P5，1）	2
T1	U3	（P1，2）	1
T2	U3	（P1，2）	2
T2	U3	（P2，2）	2
T1	U3	（P2，2）	1
T3	U3	（P1，2）	1
T2	U3	（P2，2）	2
T1	U3	（P1，2）	1
T4	U2	（P3，2）	2
T4	U2	（P4，2）	1
T3	U2	（P5，2）	1
T4	U2	（P6，2）	1
T3	U2	（P3，2）	1
T2	U2	（P5，2）	2

表 5.5　作业换型时间　（单位：h）

从＼到	(P1, 1)	(P1, 2)	(P2, 1)	(P2, 2)	(P3, 1)	(P3, 2)	(P4, 1)	(P4, 2)	(P5, 1)	(P5, 2)	(P6, 1)	(P6, 2)
（P1，1）	0	6	6	6	3	6	6	3	6	8	8	6
（P1，2）	6	0	6	3	6	3	6	6	6	8	8	3
（P2，1）	6	6	0	6	6	6	6	6	6	8	8	6
（P2，2）	6	3	6	0	6	3	6	6	6	8	8	3
（P3，1）	3	6	6	6	0	6	6	3	6	8	6	6
（P3，2）	6	3	6	3	6	0	6	6	6	8	8	3
（P4，1）	6	6	3	6	6	6	0	6	6	8	8	6
（P4，2）	3	6	6	6	3	6	6	0	6	8	8	6
（P5，1）	6	6	6	6	6	6	6	6	0	8	8	6

续表

从 \ 到	(P1, 1)	(P1, 2)	(P2, 1)	(P2, 2)	(P3, 1)	(P3, 2)	(P4, 1)	(P4, 2)	(P5, 1)	(P5, 2)	(P6, 1)	(P6, 2)
（P5，2）	8	8	8	8	8	8	8	8	8	0	6	8
（P6，1）	8	8	8	8	8	8	8	8	8	6	0	8
（P6，2）	6	3	6	3	6	3	6	6	6	8	8	0

表 5.6　测试工具包包含的测试元件种类

	C1	C2	C3	C4	C5	C6	C7	C8	C9	C10	C11	C12	C13	C14	C15	C16	C17
K1	√			√			√			√			√			√	
K2		√			√			√			√			√			√
K3			√			√			√			√			√		√
K4	√			√			√			√			√				√
K5		√				√			√	√				√		√	

注：第 K*行第 C*列打“√”表示测试工具包 K*包含测试元件 C*

表 5.7　工程时间区间

	T1	T2	T3	T4
工程时间的开始时刻/h	15	30	60	49
工程时间的结束时刻/h	18	32	62	50

作业（P1, 1）～（P6, 1）分别编号为 1～6，作业（P1, 2）～（P6, 2）分别编号为 7～12。假设由于 T3 测试完作业（P3, 1），系统在第 t（$t=3$）个决策时刻（12.55 h）转移到第 t 个决策状态 s_t，如式（5.114）。此时 T1 在测试作业（P2, 1），剩余加工时间为 1.51 h；T2 在测试作业（P2, 1），剩余加工时间为 7.53 h；T3 空闲；T4 在测试作业（P6, 1），剩余加工时间为 7.23 h。图 5.14 是截至时刻 12.55 h 的甘特图。

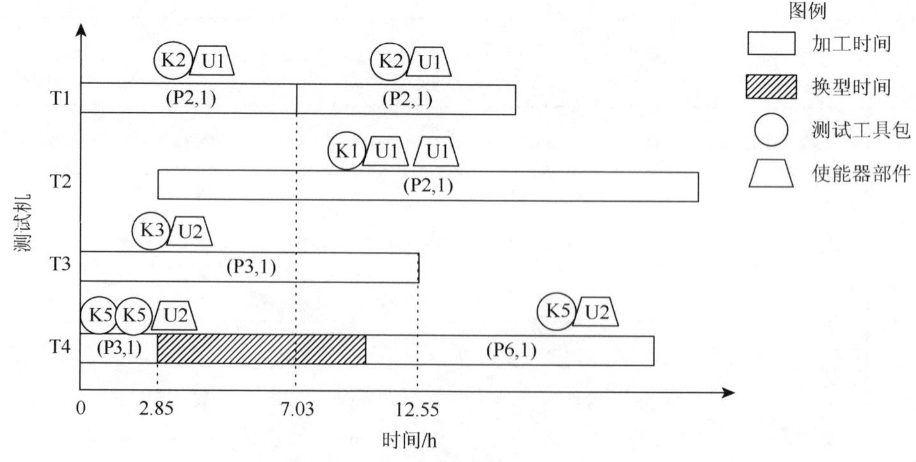

图 5.14　截至决策状态 s_t 的示意甘特图

$$s_t=\left[\begin{array}{l}T_{1,t}^0=2,T_{2,t}^0=0,T_{3,t}^0=3,T_{4,t}^0=3;T_{1,t}=2,T_{2,t}=2,T_{3,t}=0,T_{4,t}=6;\\X_{i,t}=0(1\leqslant i\leqslant m);t_{1,t}^p=1.51,\ t_{2,t}^p=7.53,t_{3,t}^p=18.72,t_{4,t}^p=7.23;\\H_{1,t}=2,H_{2,t}=1,H_{3,t}=0,H_{4,t}=5;U_{1,t}=1,U_{2,t}=1,U_{3,t}=0,U_{4,t}=2;\\z_{1,2,t}=0,z_{2,2,t}=1,z_{3,2,t}=2,z_{4,2,t}=0,z_{5,2,t}=0,z_{6,2,t}=0;\\d_{1,t}^D=6,d_{2,t}^D=6,d_{3,t}^D=6,d_{4,t}^D=2,d_{5,t}^D=2,d_{6,t}^D=2;\\I_{1,t}^C=1,I_{2,t}^C=1,I_{3,t}^C=3,I_{4,t}^C=1,I_{5,t}^C=2,I_{6,t}^C=2,I_{7,t}^C=1,I_{8,t}^C=2,I_{9,t}^C=2,\\I_{10,t}^C=0,I_{11,t}^C=2,I_{12,t}^C=3,I_{13,t}^C=1,I_{14,t}^C=1,I_{15,t}^C=3,I_{16,t}^C=0,I_{17,t}^C=2;\\I_{1,t}^U=0,I_{2,t}^U=2,I_{3,t}^U=3;\tau_t=12.55\end{array}\right]\tag{5.114}$$

s_t 对应的状态特征向量为

$$\boldsymbol{f}_t=\left[\begin{array}{l}0.1667,0,0.2500,0.2500;0.1667,0.1667,0,0.5000;\\0,0,0,0;0.0583,0.2910,0.7236,0.2794;0.4000,0.2000,0,1.0000;\\0.3333,0.3333,0,\ 0.6667;0,0.1667,0.3333,0,0,0;\\1.0000,1.0000,1.0000,1.0000,1.0000,1.0000;\\0.3333,0.3333,1.0000,0.3333,0.6667,0.6667,0.3333,0.6667,0.6667,0,\\0.6667,1.0000,0.3333,0.3333,1.0000,0,0.6667;0,0.6667,1.0000;0.0747\end{array}\right]$$

函数泛化器用 5 个神经元，所以有 5 个基函数。根据式（5.76）和式（5.74）得到在状态 s_t 的基函数向量为：

$$\boldsymbol{\Phi}(f(s_t))=(0.4121,0.5322,\ 0.4498,0.9533,0.5731)^{\mathrm{T}}\tag{5.115}$$

本算例定义 5 个行为，则函数泛化器权重矩阵为 5×5 的矩阵。假设在状态 s_t 的权重矩阵如式（5.116），矩阵 $\boldsymbol{Tr}_t$ 和 $\boldsymbol{Tr}_t'$ 分别如式（5.117）和式（5.118）。

$$\boldsymbol{W}_t=\begin{bmatrix}0.299692&0.845999&0.091338&0.172399&0.002522\\0.866178&0.815372&0.138711&0.559566&0.974603\\0.241725&0.720435&0.066885&0.395849&0.821100\\0.719420&0.726129&0.798736&0.832649&0.505623\\0.220759&0.174588&0.942925&0.523169&0.872960\end{bmatrix}\tag{5.116}$$

$$\boldsymbol{Tr}_t=\begin{bmatrix}0&0&0&0&0.492396\\0&0&0&0&0.747435\\0&0&0&0&0.458753\\0&0&0&0&0.735090\\0&0&0&0&0.654719\end{bmatrix}\tag{5.117}$$

$$\boldsymbol{Tr}_t'=\begin{bmatrix}0&0&0&0&0.504733\\0&0&0&0&0.760608\\0&0&0&0&0.472836\\0&0&0&0&0.750634\\0&0&0&0&0.681450\end{bmatrix}\tag{5.118}$$

根据式（5.91）、式（5.115）和式（5.116）三式计算得到状态-行为对(s_t,a)的Q值：$Q_t(s_t,a_{(1)})=1.5056$，$Q_t(s_t,a_{(2)})=1.8990$，$Q_t(s_t,a_{(3)})=1.4435$，$Q_t(s_t,a_{(4)})=1.6406$，$Q_t(s_t,a_{(5)})=1.8715$。

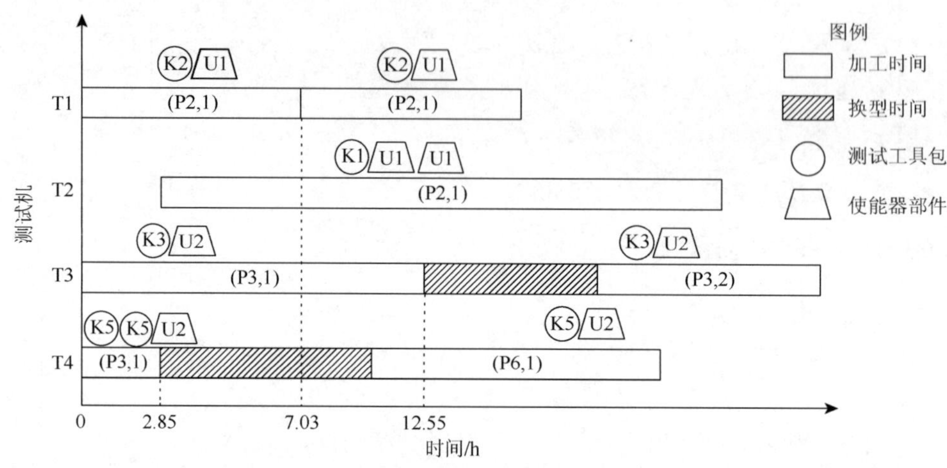

图 5.15　截至临时状态 s_t^* 的示意甘特图

可见，$a_{(2)}$（$a_{(i)}$ 表示第 i 个行为）是决策状态 s_t 的贪婪行为。根据控制策略 π 选择的行为 a_t 也是 $a_{(2)}$。行为 $a_{(2)}$ 选择作业（P3, 2）在测试机 T3 上加工，同时选择 1 个测试工具包 K3 和 1 个使能器部件 U2 作为配套资源。系统状态转移到临时状态 s_t^*，如式（5.119）所示，图 5.15 所示为截至临时状态 s_t^* 的甘特图。

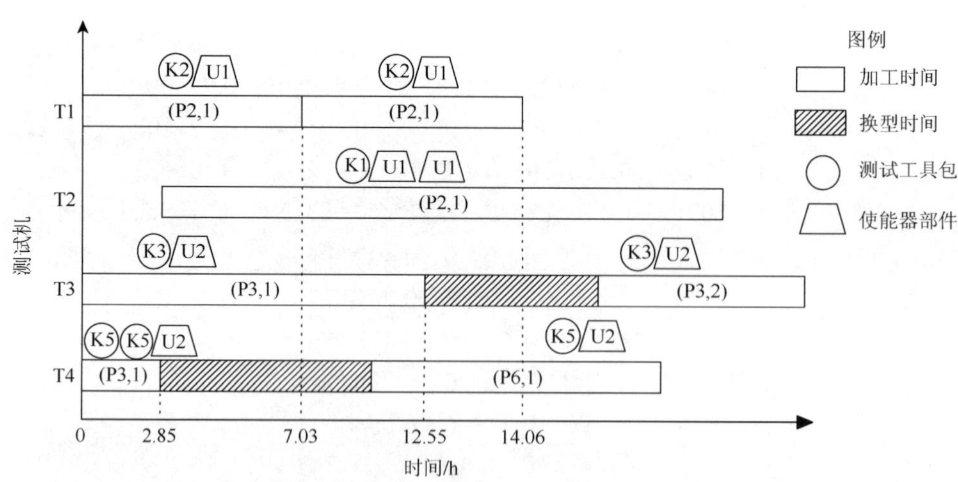

图 5.16　截至决策状态 s_{t+1} 的示意甘特图

$$s_t^* = \begin{bmatrix} 2,0,3,3;2,2,9,6;0,0,0,0;1.51,\ 7.53,18.72,7.23;2,1,3,5;1,1,2,2; \\ 0,1,2,0,0,0;6,6,6,2,2,2;1,1,2,1,2,1,1,2,1,0,2,2,1,1,2,0,1;0,1,3;12.55 \end{bmatrix} \tag{5.119}$$

从作业（P3, 1）转换到作业（P3, 2）的时间为 6 h，T3 加工作业（P3, 2）的时间为 12.72 h。在临时状态 s_t^*，所有测试机均繁忙，转移到下一个决策状态（s_{t+1}）的触发事件为作业的完工。由于 min{1.51，7.53，18.72，7.23}=1.51(h)，所以转移到下一个决策状态的触发事件为测试机 T1 加工完作业（P2，1）。在时刻 14.06 h，T1 加工完作业（P2, 1）并释放占用的测试工具包和使能器部件。系统状态转移到 s_{t+1}，如式（5.120）所示，同时获得报酬 $r_{t+1}=0.1500$。图 5.16 为截至决策状态 s_{t+1} 的甘特图。

$$s_{t+1}=\begin{bmatrix}2,0,3,3;0,2,9,6;0,0,0,0;0,6.02,17.21,5.72;0,1,3,5;0,1,2,2;\\0,2,2,0,0,0;6,6,6,2,2,2;1,2,2,1,3,1,1,3,1,0,3,2,1,2,2,0,2;1,1,3;14.06\end{bmatrix}\quad(5.120)$$

根据式（5.91）、式（5.115）和式（5.116）三式计算得到状态–行为对 (s_{t+1},a) 的 Q 值：$Q_t(s_{t+1},a_{(1)})=1.5203$，$Q_t(s_{t+1},a_{(2)})=1.9260$，$Q_t(s_{t+1},a_{(3)})=1.3023$，$Q_t(s_{t+1},a_{(4)})=1.5637$，$Q_t(s_{t+1},a_{(5)})=1.9642$。

可见，$a_{(5)}$ 是决策状态 s_{t+1} 的贪婪行为。根据控制策略 π 选择的行为 a_{t+1} 也是 $a_{(5)}$。根据式（5.94）和式（5.95）可算得 $e_t'=-0.9730$，$e_t=-1.0593$。前 k–1 个选择的行为都是 $a_{(5)}$，所以根据式（5.96）和式（5.97）更新 $\boldsymbol{Tr}_t(a_{(5)})$，并令 $\boldsymbol{Tr}_t(a_{(1)})=0$，$\boldsymbol{Tr}_t(a_{(2)})=0$，$\boldsymbol{Tr}_t(a_{(3)})=0$，$\boldsymbol{Tr}_t(a_{(4)})=0$，更新后的 $\boldsymbol{Tr}_t$ 如式（5.94）；根据式（5.97）更新 $\boldsymbol{Tr}_t'(a_{(5)})$，并令 $\boldsymbol{Tr}_t'(a_{(1)})=0$，$\boldsymbol{Tr}_t'(a_{(2)})=0$，$\boldsymbol{Tr}_t'(a_{(3)})=0$，$\boldsymbol{Tr}_t'(a_{(4)})=0$，更新后的 $\boldsymbol{Tr}_t'$ 如式（5.122）；根据式（5.98）更新 $\boldsymbol{W}_t^{a_{(5)}}$，更新后 $\boldsymbol{W}_t$ 如式（5.123）。

$$\boldsymbol{Tr}_t=\begin{bmatrix}0&0&0&0&0.005365\\0&0&0&0&0.008144\\0&0&0&0&0.004999\\0&0&0&0&0.008010\\0&0&0&0&0.007134\end{bmatrix}\quad(5.121)$$

$$\boldsymbol{Tr}_t'=\begin{bmatrix}0&0&0&0&0.011000\\0&0&0&0&0.016576\\0&0&0&0&0.010304\\0&0&0&0&0.016358\\0&0&0&0&0.014851\end{bmatrix}\quad(5.122)$$

$$\boldsymbol{W}_t=\begin{bmatrix}0.299692&0.845999&0.091338&0.172399&0.002509\\0.866178&0.815372&0.138711&0.559566&0.974582\\0.241725&0.720435&0.066885&0.395849&0.821087\\0.719420&0.726129&0.798736&0.832649&0.505603\\0.220759&0.174588&0.942925&0.523169&0.872942\end{bmatrix}\quad(5.123)$$

根据式（5.99）计算 $\boldsymbol{W}_{t+1}^{a_t}$（即 $\boldsymbol{W}_{t+1}^{a_{(2)}}$），得到 $\boldsymbol{W}_{t+1}$ 如式（5.124）：

$$W_{t+1} = \begin{bmatrix} 0.299692 & 0.845197 & 0.091338 & 0.172399 & 0.002509 \\ 0.866178 & 0.814336 & 0.138711 & 0.559566 & 0.974582 \\ 0.241725 & 0.719559 & 0.066885 & 0.395849 & 0.821087 \\ 0.719420 & 0.724274 & 0.798736 & 0.832649 & 0.505603 \\ 0.220759 & 0.173473 & 0.942925 & 0.523169 & 0.872942 \end{bmatrix} \tag{5.124}$$

根据式（5.100）和式（5.101）计算 $\boldsymbol{Tr}_{t+1}(a_t)$ 和 $\boldsymbol{Tr}'_{t+1}(a_t)$ [即 $\boldsymbol{Tr}_{t+1}(a_{(2)})$ 和 $\boldsymbol{Tr}'_{t+1}(a_{(2)})$]，得到 $\boldsymbol{Tr}_{t+1}$ 和 $\boldsymbol{Tr}'_{t+1}$ 如式（5.125）和式（5.126）：

$$\boldsymbol{Tr}_{t+1} = \begin{bmatrix} 0 & 0.412144 & 0 & 0 & 0.005365 \\ 0 & 0.532236 & 0 & 0 & 0.008144 \\ 0 & 0.449868 & 0 & 0 & 0.004999 \\ 0 & 0.953383 & 0 & 0 & 0.008010 \\ 0 & 0.573174 & 0 & 0 & 0.007134 \end{bmatrix} \tag{5.125}$$

$$\boldsymbol{Tr}'_{t+1} = \begin{bmatrix} 0 & 0.412144 & 0 & 0 & 0.011000 \\ 0 & 0.532236 & 0 & 0 & 0.016576 \\ 0 & 0.449868 & 0 & 0 & 0.010304 \\ 0 & 0.953383 & 0 & 0 & 0.016358 \\ 0 & 0.573174 & 0 & 0 & 0.014851 \end{bmatrix} \tag{5.126}$$

依此类推，Sarsa（λ，k）算法每转移到一个新的决策状态都选择、执行行为并更新函数泛化器的权重，直至调度期结束或所有产品的需求都得到满足。

5.7 参数设置与函数泛化器性能分析

本节通过实验分析 Sarsa（λ，k）算法（算法 5.7）的性能。首先确定增强学习系统的行为，设置算法中各参数的取值范围，研究函数泛化器的性能，然后验证 Sarsa（λ，k）算法的效果。

采用ε-贪婪策略作为选择行为的控制策略。探索因子 ε 和学习率 α 均随着学习过程变小。ε-贪婪策略是指以概率 $1-\varepsilon$（$0<\varepsilon<1$）选择贪婪行为，以概率 ε 随机选择任何可选行为，其中 ε 为探索因子。设 $P(s,a)$ 表示在决策状态 s 选择行为 a 的概率，如式（3.15）所示，其中 $a^*(s)$ 表示状态 s 的贪婪行为。

$$a^*(s) = \arg\max_{a\in A(s)}\{Q(s,a)\} \tag{5.127}$$

设 ε_0 为 ε 的初值，ε_p 表示 ε 在第 p 次试验的取值，ε_p 根据式（5.128）计算。可见，ε_p 随着 p 增大而递减，而且该策略是 GLIE 控制策略。

$$\varepsilon_p = \varepsilon_0 - \frac{p\varepsilon_0}{N_e + 10} \tag{5.128}$$

令 α 表示学习率的初值，α_p 表示第 p 次试验的学习率，α_p 根据式（5.129）计算。易

知 α_p 的设置符合随机逼近条件，即当 $N_e \to \infty$ 时，式（5.130）成立。

$$\alpha_p = \alpha - \frac{p\alpha}{N_e + 10} \tag{5.129}$$

$$\sum_{p=1}^{\infty} \alpha_p = \infty \text{ 且 } \sum_{p=1}^{\infty} \alpha_p{}^2 < \infty \tag{5.130}$$

5.7.1　行为选择

前面定义了很多个行为，行为太多会影响学习速度和学习效果，所以行为的数量并非越多越好，要通过实验筛选效果好的行为。第一类行为定义了 5 个选择测试机与作业的子行为（WSSPT、最小加权剩余时间优先规则、最小加权负荷测试机优先规则、排名算法和相对效率算法）和 3 个选择配套的测试工具包和使能器部件的子行为（最弱柔性资源组合优先规则、加权总资源占用量最小优先规则及相对总资源占用量最小优先规则）。选择作业和测试资源的子行为可以任意搭配，所以以上子行为可组成 15 个组合（选择作业与各种测试资源组合的行为）。表 5.8 列出了 15 个第一类行为对 30 组实际生产数据（每组实际数据对应一个实际算例）的调度结果的平均值（实验采用此 30 组实际生产数据的调度结果的平均值）。用同步资源选择规则和投入产出比最小规则两个第二类行为的调度结果分别为 83.28 和 89.06。从以上 17 个行为中选择使如式（5.1）的调度目标最小的 5 个行为作为增强学习系统的可选行为，包括同步资源选择规则和投入产出比最小规则两个第二类行为及以下三个第一类行为：相对效率算法+加权总资源占用量最小优先规则；相对效率算法+相对总资源占用量最小优先规则；最小加权负荷测试机优先规则+加权总资源占用量最小优先规则。

表 5.8　第一类行为各子行为组合的调度结果

	WSSPT	最小加权剩余时间优先规则	最小加权负荷测试机优先规则	排名算法	相对效率算法
最弱柔性资源组合优先规则	101.77	101.31	102.64	101.06	90.35
加权总资源占用量最小优先规则	95.32	90.11	89.75	90.21	80.09
相对总资源占用量最小优先规则	97.88	97.54	90.44	96.88	82.15

5.7.2　参数设置

结合径向基神经网络函数泛化器的 Sarsa（λ，k）算法的参数包括 α、β、λ、ε、k 及神经元数量 K，下面通过实验设置各参数的取值。α 较大时函数泛化器的权重在更新过程中波动较大，影响函数泛化的精度，所以 α 取较小值。经验表明当 $\alpha \leqslant 0.01$ 时算法的效果较好，因此 α 取值的考察区间为（0, 0.01]。由于 β 和 λ 的关联性较强，所以先同时设置 β 和 λ，再依次逐个设置其他参数。令 $\beta=-\ln\gamma$，则 γ 的取值范围为（0, 1]。流程 5.2 为设置参数的经验式流程。设置参数的实验采用 5.1 节的 30 个实际算例，每个算例用每组参数值的组合重复运行 50 次试验，取 50 次试验中的最小调度目标函数值作为算例的调度结果。下面为具体的设置过程。

流程 5.2　Sarsa（λ，k）算法参数的设置流程

步骤 1：设 $k=5$，$K=30$，$\varepsilon=0.15$。γ 和 λ 分别取 0.1，0.2，…，1.0，对每个（γ，λ）参数组合，观察 α 分别取 0.001，0.002，…，0.010 时的目标函数的平均值随着 γ 和 λ 的变化情况，得到使目标函数平均值较小的 γ 的建议取值范围[γ_min，γ_max]和 λ 的建议取值范围[λ_min，λ_max]。

步骤 2：k、K 和 ε 的取值同步骤 1。γ 分别取 γ_min、0.5（γ_min+γ_max）和 γ_max，λ 分别取 λ_min、0.5（λ_min+λ_max）和 λ_max，共有 9 个（γ，λ）组合。对每个（γ，λ）参数组合，α 分别取 0.0005，0.0010，…，0.0100，观察 9 个（γ，λ）参数组合的目标函数的平均值随着 α 的变化情况，得到使目标函数平均值较小的 α 的建议取值范围[α_min，α_max]。

步骤 3：K 和 ε 的取值同步骤 1。设 α 分别取 α_min、0.5（α_min+α_max）和 α_max，γ 分别取 γ_min、0.5（γ_min+γ_max）和 γ_max，λ 分别取 λ_min、0.5（λ_min+λ_max）和 λ_max，共有 27 个（α，γ，λ）组合。观察 27 个（α，γ，λ）参数组合的目标函数的平均值随着 k 的变化情况，得到使目标函数平均值较小的 k 的建议取值范围[k_min，k_max]。

步骤 4：设 $\alpha=0.5$（α_min+α_max），$\gamma=0.5$（γ_min+γ_max），$\lambda=0.5$（λ_min+λ_max），$k=0.5$（k_min+k_max），K 的取值同步骤 1。观察目标函数值随着 ε 的变化情况，得到使目标函数值较小的 ε 的建议取值范围[ε_min，ε_max]。

步骤 5：设 $\varepsilon=0.5$（ε_min+ε_max），α、γ、λ 和 k 的取值同步骤 4。观察目标函数值随着 K 的变化情况，得到使目标函数平均值较小的 K 的取值 K^*。

步骤 6：把 $\alpha=0.5$(α_min+α_max)，$\beta=-\ln$[0.5(γ_min+γ_max)]，$\lambda=0.5$(λ_min+λ_max)，$k=0.5$（k_min+k_max），$\varepsilon=0.5$（ε_min+ε_max）及 $K=K^*$ 固定下来作为以后实验中算法参数的取值。

（1）γ（β）与 λ 的设置

令 $k=5$，$K=30$，$\varepsilon=0.15$。γ 和 λ 分别取 0.1，0.2，…，1.0，对每个（γ，λ）参数组合，α 分别取 0.001，0.002，…，0.010，每个算例用每个（α，γ，λ）参数组合运行 50 次试验。表 5.9 中列出 γ 和 λ 取不同值时 30 个算例的调度目标函数值（α 分别取 0.001，0.002，…，0.010 所得的目标函数的均值）。γ 和 λ 取不同值时目标函数值的等高线图如图 5.17 所示。可见，当 γ 与 λ 变化时目标函数值在 53 到 63 之间波动，都小于单独使用任意一个行为策略的调度结果；γ 与 λ 较小时效果较好，当 $0.2 \leqslant \gamma \leqslant 0.4$，$0.1 \leqslant \lambda \leqslant 0.3$ 时效果最好。因此，γ 与 λ 的建议取值范围分别为[0.2, 0.4]和[0.1, 0.3]，由 γ 的取值范围可算得 β 的建议取值范围为[0.91, 1.61]。定理表明，在一定条件下，当 γ 与 λ 都取较小值（即 λ 取较小值而 β 取较大值）时，SMDP 型列表式 Sarsa（λ，k）算法的行为值的学习误差界较小，这与实验结果一致。

表 5.9　γ 和 λ 取不同值时的调度目标函数值

λ \ γ	0.1	0.2	0.3	0.4	0.5	0.6	0.7	0.8	0.9	1.0
0.1	55.27	55.85	54.23	54.19	55.85	57.86	58.18	57.45	57.86	59.15
0.2	55.21	55.02	54.01	54.06	58.18	57.31	57.82	58.55	58.23	58.82
0.3	56.74	55.75	54.47	54.49	56.68	57.91	59.45	58.71	59.70	57.82
0.4	56.22	55.81	56.88	58.15	59.23	57.20	60.21	58.04	60.60	59.06
0.5	56.93	57.91	56.78	56.13	56.51	61.62	58.50	60.99	60.53	58.05
0.6	57.67	57.60	57.20	57.71	59.31	58.83	59.16	61.34	59.08	57.70
0.7	57.09	55.67	56.59	59.10	57.99	55.07	57.64	57.14	57.74	58.38
0.8	57.15	57.53	59.04	59.07	58.24	56.48	56.27	58.54	59.31	57.16
0.9	57.33	57.60	58.24	60.29	59.59	60.60	58.62	58.46	59.13	58.42
1.0	57.91	57.60	57.20	59.05	60.07	58.68	60.62	56.86	57.71	59.30

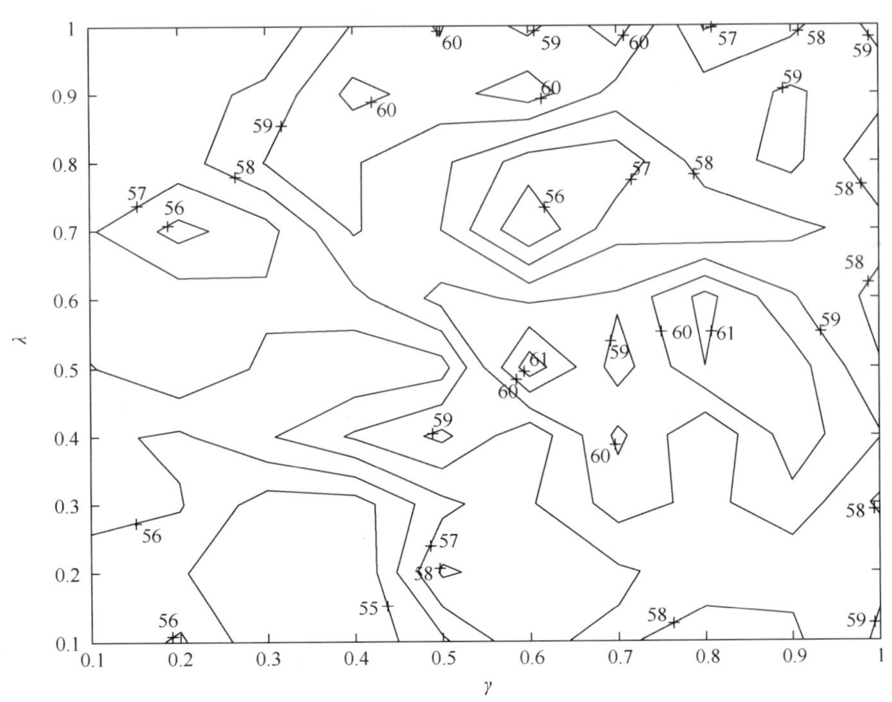

图 5.17　调度目标函数值随 γ 和 λ 变化的等高线图

（2）α 的设置

在确定 γ 与 λ 的取值范围后研究 α 取值的变化对调度效果的影响。令 $k=5, K=30$，$\varepsilon=0.15$。γ 分别取 0.2、0.3 和 0.4，λ 分别取 0.1、0.2 和 0.3，共有 9 个（γ，λ）组合。对每个（γ，λ）组合，α 分别取 0.0005，0.0010，…，0.0100 所得的调度目标函数值如

表 5.10 所示。九个参数组合所得的调度目标函数值的均值随 α 变化的情况如图 5.18 所示。图 5.18 表明，α 在 0 到 0.01 之间变化时，所得结果都优于单独使用任意一个行为策略的调度结果；当 α 取 0.004～0.006 时调度目标函数值较小，因此，α 的建议取值范围为[0.004, 0.006]。

（3）k 的设置

令 $K=30$，$\varepsilon=0.15$。α 分别取 0.004、0.005 和 0.006，γ 分别取 0.2、0.3 和 0.4，λ 分别取 0.1、0.2 和 0.3，共有 27 个（α，γ，λ）组合。27 个参数组合的目标函数的平均值随着 k 的变化情况如图 5.19 所示。从图 5.19 可知，k 等于 1 时目标函数值最大，k 在 1 到 16 之间目标函数值波动较大，当 k 大于 16 时目标函数值没有变化，当 k 取 4～7 时目标函数值较小。因此，k 的建议取值范围为 4 到 7 之间的整数。

表 5.10　在各个（γ，λ）组合下 α 取不同值的调度目标函数值

调度目标函数值 / α	$\gamma=0.2$			$\gamma=0.3$			$\gamma=0.4$			平均值
	$\lambda=0.1$	$\lambda=0.2$	$\lambda=0.3$	$\lambda=0.1$	$\lambda=0.2$	$\lambda=0.3$	$\lambda=0.1$	$\lambda=0.2$	$\lambda=0.3$	
0.000 5	54.70	54.82	55.12	54.15	54.32	54.43	54.34	54.81	53.90	54.51
0.001 0	55.09	54.48	54.26	54.56	55.41	54.58	54.34	53.75	53.87	54.48
0.001 5	54.37	54.08	54.84	53.88	53.72	53.63	53.66	53.27	53.98	53.93
0.002 0	54.60	54.34	54.43	54.07	52.88	53.72	53.72	54.22	54.05	54.00
0.002 5	53.60	53.67	54.15	52.93	53.56	53.19	53.45	53.07	53.71	53.48
0.003 0	53.40	53.00	53.92	53.56	53.68	53.27	53.37	52.56	53.86	53.40
0.003 5	53.66	53.39	55.07	52.33	52.50	52.59	53.56	52.93	55.26	53.47
0.004 0	53.09	52.95	54.31	52.74	53.06	52.90	53.43	52.92	54.33	53.30
0.004 5	53.53	53.27	52.77	52.4	51.96	52.57	52.59	53.35	53.48	52.88
0.005 0	53.80	53.29	53.49	52.34	51.46	52.29	53.24	53.06	55.19	53.12
0.005 5	53.08	52.52	53.74	52.71	52.39	52.53	53.25	52.50	54.86	53.06
0.006 0	53.78	53.55	54.31	52.10	53.03	52.43	53.35	52.17	54.85	53.28
0.006 5	54.38	53.88	54.89	53.76	53.12	53.48	53.94	53.56	55.13	54.01
0.007 0	54.01	53.77	55.05	52.84	53.63	53.04	53.74	52.66	54.93	53.74
0.007 5	54.41	54.52	54.67	53.70	54.41	54.04	54.40	54.01	54.78	54.32
0.008 0	55.21	55.37	53.97	54.31	53.66	54.30	54.10	54.92	53.72	54.39
0.008 5	54.73	55.25	53.54	54.22	53.89	54.44	54.00	55.21	52.91	54.24
0.009 0	53.74	55.51	54.76	53.96	54.08	54.31	54.30	54.90	53.91	54.38
0.009 5	54.08	55.32	53.91	54.60	54.06	54.87	54.39	55.94	53.17	54.48
0.010 0	54.49	54.94	55.02	54.67	54.04	54.80	54.48	55.71	53.70	54.65

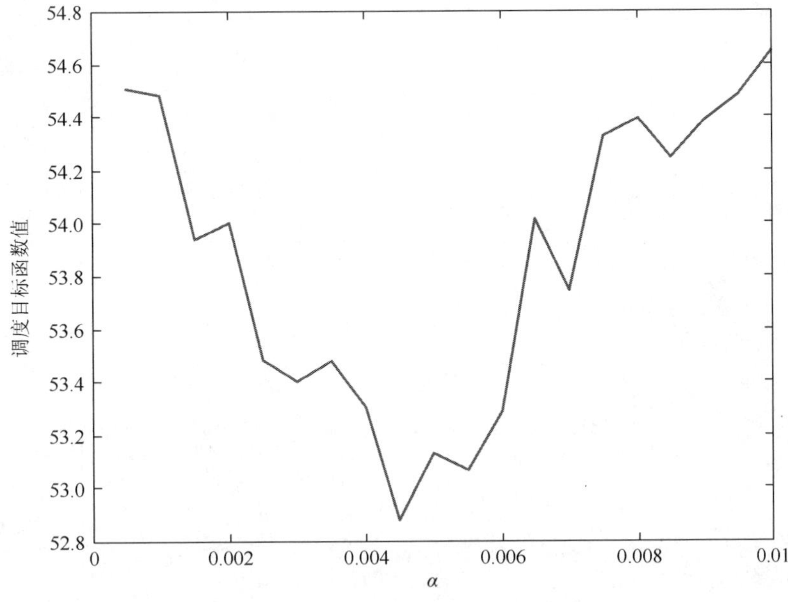

图 5.18　调度目标函数值随 α 取值的变化

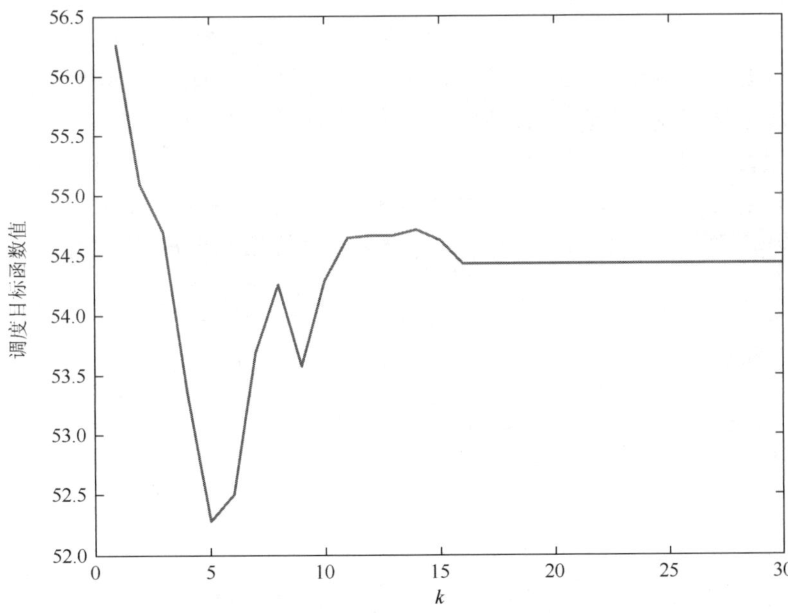

图 5.19　调度目标函数值随着 k 的变化

（4）ε的设置

令 $\alpha=0.005$，$\gamma=0.3$，$\lambda=0.2$，$k=5$，$K=30$。调度目标函数值随着探索因子 ε 的变化情况如图 5.20 所示。图 5.20 表明，当 ε 小于 0.5 时，目标函数值随着 ε 的变化而波动较大；当 ε 大于 0.5 时，目标函数值随着 ε 的增大而渐进增大；当 ε 取 0.08～0.12 时目标函数值较小。因此，ε 的建议取值范围为[0.08, 0.12]。

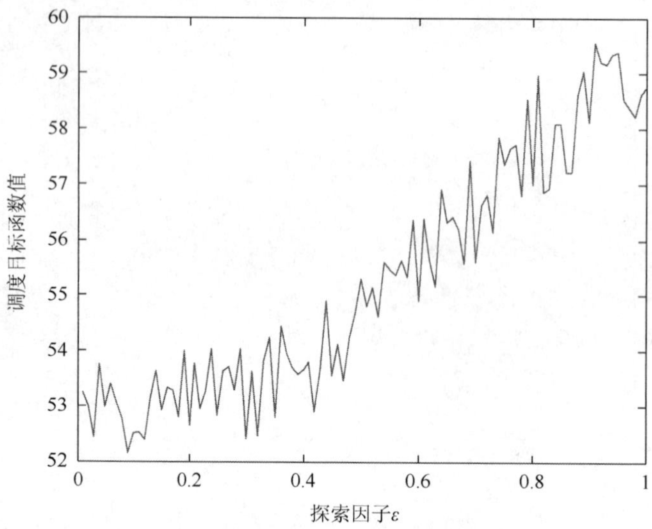

图 5.20 调度目标函数值随探索因子 ε 的变化

（5）神经元数量的设置

前面确定了 α、β、λ、k、ε 的取值范围，在以下的实验中设定 $\alpha = 0.005$，$\gamma = 0.3$，$\lambda = 0.2$，$\varepsilon = 0.1$，$k = 5$。神经元数量 K 对调度目标函数值和算法运行时间的影响分别如图 5.21 和图 5.22 所示。图 5.21 表明，当 K 小于 30 时，调度目标函数值基本上随着 K 的增加而减小；当 K 大于 30 时，调度目标函数值随着 K 的增加而波动；当 K 在 25 到 55 之间时，调度目标函数值较小（$K = 50$ 时目标函数值最小）；当 K 大于 55 时调度效果并没有改善。图 5.22 表明，算法运行时间随神经元数量的增加而增加，但增长速度越来越慢。综合图 5.21 和图 5.22，权衡调度效果与运行时间，设定神经元数量的取值 K^* 为 30。

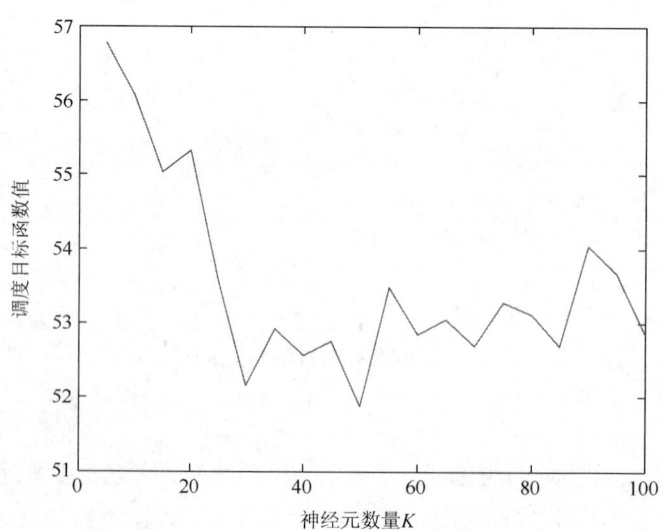

图 5.21 调度目标函数值随神经元数量 K 的变化

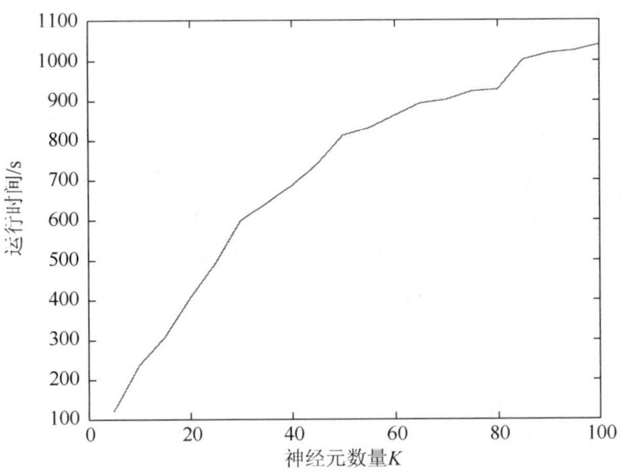

图 5.22　算法运行时间随神经元数量 K 的变化

在后面所有的实验中都设定 $\alpha=0.005$，$\gamma=0.3$，$\lambda=0.2$，$\varepsilon=0.1$，$k=5$，$K=30$。

（6）学习曲线

算法的学习效果可以通过一条关于调度目标函数值的“学习曲线”来观察，学习曲线表示截至目前所有试验中找到的最小的目标函数值（对应着当前最优的调度方案）随着试验次数增加的变化趋势。图 5.23 为 $\alpha=0.005$、$\gamma=0.3$、$\lambda=0.2$、$\varepsilon=0.1$、$k=5$、$K=30$ 时的学习曲线。学习曲线的横坐标表示试验次数，纵坐标表示到当前试验为止找到的最小目标函数值。例如，（100，52.90）是曲线上的一点，它表示在前 100 次试验内找到的最优调度方案对应的目标函数值为 52.90。图 5.23 表明，随着试验次数的增加，学习曲线在前 50 次试验下降得速度很快，之后平缓下降，趋于水平。可见，算法学习得很快，开始时调度结果改善速度很快，后来调度结果改善速度很慢，当试验次数大于 100 时调度结果改善的幅度很小。

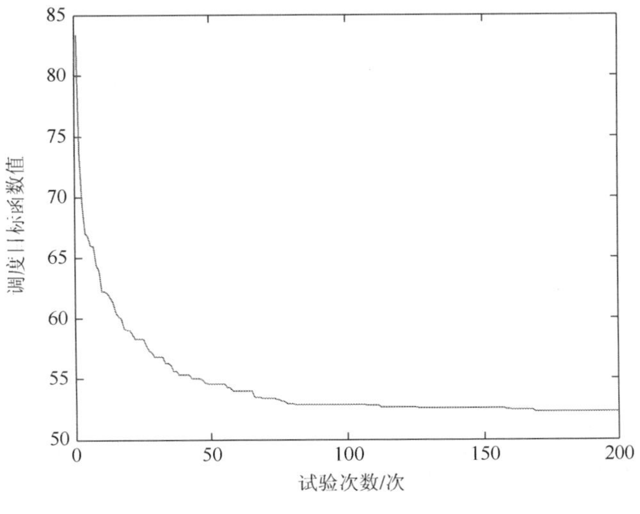

图 5.23　学习曲线

5.7.3　函数泛化器性能分析

前面设置了算法中所有的参数，下面分析函数泛化器的性能。均方误差（MSE）是衡量函数泛化误差的常用指标，它的定义如式（5.86）。对于本章的增强学习系统，$Q^*(s,a)$ 的真实值难以获得，所以不能通过均方误差衡量函数泛化误差。下面通过函数泛化器的权重和函数泛化器表示的 Q 值随着学习过程的变化情况来研究径向基神经网络函数泛化器的性能。本节的实验结果也取 30 个算例的平均值。

1. 关于函数泛化器权重的实验

先研究基函数的权重系数在学习过程中的变化情况。用 W_p 表示函数泛化器所有权重系数在第 p 次试验结束后的平均值。W_p 的定义如下：

$$W_p = \frac{1}{K|A|}\sum_{k=1}^{K}\sum_{a\in A} w_{k,(p)}^{a} \tag{5.131}$$

其中，$|A|$表示行为的数量，$w_{k,(p)}^{a}$ 表示行为 a 对应的函数泛化器第 k 个权重系数在第 p 次试验结束后的取值。W_p 随着试验次数的变化情况如图 5.24 所示。图 5.25 表明，W_p 随着试验次数的增加而减小，减小的速度越来越慢，当试验次数大于 150 时曲线趋于水平，W_p 逼近 0.427。

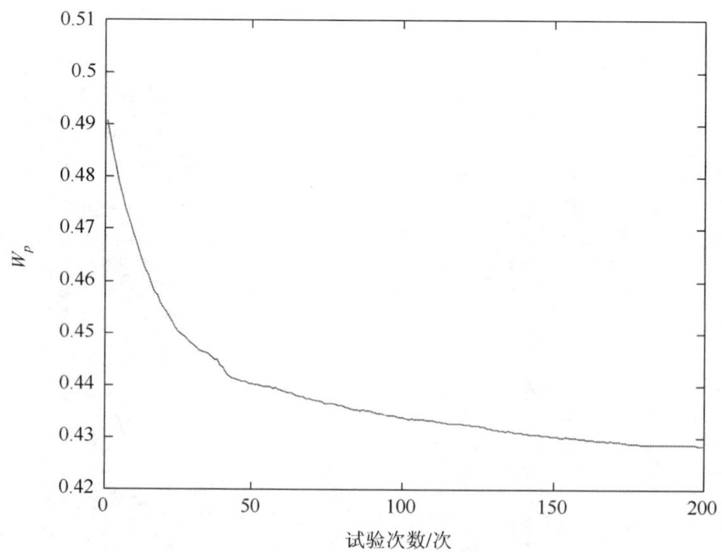

图 5.24　函数泛化器权重系数的平均值随着试验次数的变化

用 WG_p 表示函数泛化器所有权重系数在第 p+1 次试验结束后相对于第 p 次试验结

束后的变化量平方的均值。WG_p 的定义如式（5.132），WG_p 随着试验次数的变化情况如图 5.25 所示。图 5.25 表明，WG_p 随着试验次数的增加而渐进的减小，开始时 WG_p 减小的速度很快，当试验次数较多时 WG_p 减小的速度很慢，然后曲线趋于水平。实验表明，当试验次数较多时函数泛化器的权重系数是比较稳定的，变化量很小，可近似认为权重的均值是收敛的。

$$WG_p = \frac{1}{K|A|}\sum_{k=1}^{K}\sum_{a\in A}(w_{k,(p+1)}^{a} - w_{k,(p)}^{a})^2 \tag{5.132}$$

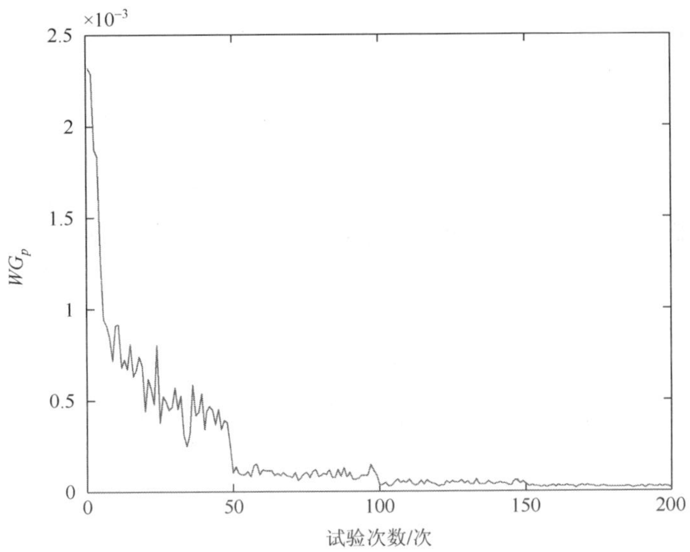

图 5.25　函数泛化器权重系数的变化量平方的均值随着试验次数的变化

2. 关于函数泛化器表示的行为值函数的实验

用均匀随机策略（在任何一个决策状态选择任何一个可选行为的概率相等）运行一次试验（称为“测试试验”），保存整个调度过程的 $\{s_t, a_t, r_{t+1}, s_{t+1}\}$ 轨迹并用于测试。该试验包括 N_s 个状态-行为对（决策状态及在该状态下选择的行为）。用 Q_p 表示测试试验中所有状态-行为对在第 p 次试验结束后在函数泛化器中的表示值的平均值。Q_p 的定义：

$$Q_p = \frac{1}{N_s}\sum_{t=0}^{N_s-1}[Q_{(p)}(s_t, a_t)]^2 \tag{5.133}$$

其中，$Q_{(p)}(s_t, a_t)$ 表示运行完第 p 次试验后测试试验中第 t 个状态-行为对 (s_t, a_t) 在函数泛化器中的表示值。Q_p 随着试验次数的变化情况如图 5.26 所示。Q_p 随着试验次数增加的变化趋势和 W_p 一样，当试验次数大于 150 时，图 5.26 所示曲线趋于水平，Q_p 逼近 2.24。

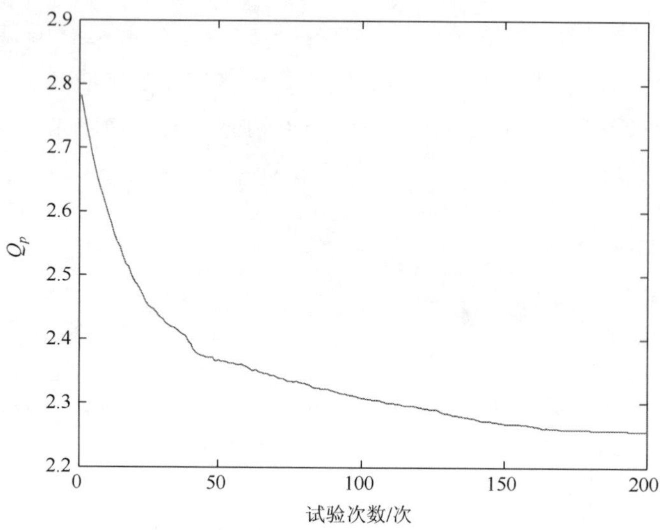

图 5.26　状态-行为对的 Q 值的均值随着试验次数的变化

用 QG_p 表示测试试验中所有状态-行为对的 Q 值在第 p+1 次试验结束后相对于第 p 次试验结束后的变化量平方的均值。QG_p 的定义：

$$QG_p = \frac{1}{N_s}\sum_{t=0}^{N_s-1}[Q_{(p+1)}(s_t,a_t) - Q_{(p)}(s_t,a_t)]^2 \tag{5.134}$$

QG_p 随着运行的试验次数的变化情况如图 5.27 所示。QG_p 随着试验次数增加的变化趋势与 WG_p 一样，当试验次数大于 150 时如图 5.27 所示曲线趋于水平，当试验次数大于 180 时 QG_p 小于 5×10^{-6}。图 5.26 和图 5.27 表明，当试验次数大于 150 时函数泛化器表示的 Q 值比较稳定，可近似认为 Q 值的均值是收敛的。以上对函数泛化器权重系数和状态-行为对的 Q 值的实验说明函数泛化器有良好的泛化能力。

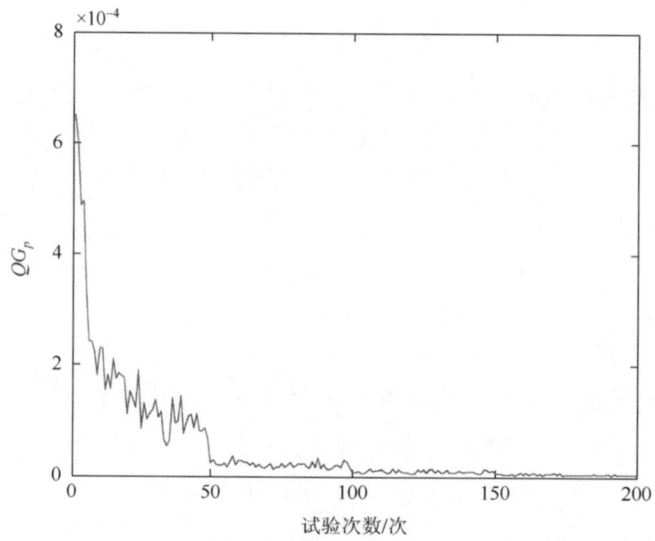

图 5.27　状态-行为对的 Q 值的变化量平方的均值随着试验次数的变化

5.8　半导体测试调度实验结果与分析

除了目标函数值，再定义一个加权产量（TW）指标衡量调度算法的效果。加权产量的定义如式（5.135）。下面通过实验比较 Sarsa（λ，k）算法与其他调度方法的效果。

$$TW=\sum_{j=1}^{n}w_j\min\{Y_j,D_j\}+\frac{w_j}{M}\min\{(Y_j-D_j)^+,E_j\} \tag{5.135}$$

5.8.1　与工业方法及各行为策略对比

实验之前先介绍目前 Y 企业采用的调度方法（称之为工业方法）。该方法由以下几条经验规则构成：①把作业按权重与高优先级需求的乘积从大到小排序，乘积大的优先安排测试机。②给某作业分配测试机时，按测试机从加工时间从短到长排序，把该作业优先分配给加工时间短的机器。尽可能把同一种作业分配到尽量少的测试机加工，尽量把同一类产品的不同工序安排在不同的机器上加工以节省换型时间。③如果出现几种作业竞争同一台测试机的情况，就把测试机分配给权重与高优先级需求的乘积再除以加工时间的商最大的作业。④优先安排的作业优先选择使能器，根据最弱柔性机器优先（Least Flexible Machine，LFM）规则及与测试机的配套比最小优先的规则选择，如果多种使能器符合以上条件，那么选择可用数量最少的一种。

分别用实际生产中的数据和随机产生的测试数据做实验。实际生产数据使用 30 组（不同于前面章节里使用的 30 组数据），实验结果取 30 个算例的平均值。产品种类数量为 20～40，使用 22 台测试机，测试工具包和使能器部件类型的数量分别是 11 和 5。加工时间 $p_{i,j,s}$（单位：h）为 1～6，换型时间 s_{j_1,s_1,j_2,s_2}（单位：h）为 1～4。产品的权重为 0.5～3。调度期长度为 168 h，一个调度周期的所有产品的高优先级需求的总量为 400～800 个产品。

用行为 1～5 分别表示最小加权负荷测试机优先规则+加权总资源占用量最小优先规则、相对效率算法+加权总资源占用量最小优先规则、相对效率算法+相对总资源占用量最小优先规则、同步资源选择规则和投入产出比最小规则。对增强学习算法，每个算例重复运行 200 次试验，取 200 次试验中的最小调度目标函数值作为算例的调度结果。表 5.11 列出了 Sarsa（λ，k）、工业方法和单独使用各行为策略对实际算例的调度目标函数。Sarsa（λ，k）的目标函数值明显小于工业方法或单独使用任意一个行为的目标函数值。表 5.11 表明单独使用行为 1～5 获得的目标函数的平均值分别为 Sarsa（λ，k）的 3.07、1.89、2.42、2.08 和 3.20 倍，工业方法获得的目标函数的平均值为 Sarsa（λ，k）的 3.18 倍。Sarsa（λ，k）的调度目标函数值比工业方法减少了 68.58%，加权产量比工业方法提高了 9.50%。

表 5.11　Sarsa（λ，k）、工业方法及各行为策略对实际数据的调度结果对比

衡量指标	行为 1	行为 2	行为 3	行为 4	行为 5	工业方法	Sarsa（λ，k）
目标函数值	171.36	105.88	135.24	116.63	178.83	177.87	55.90

Sarsa（λ，k）在允许使能器重组和不允许使能器重组的情况下对实际数据的调度结果为使能器不重组的目标函数值是 89.84，而使能器重组的目标函数值是 55.90。允许使能器重组把加权产量提高了 2.48%。另外，不允许使能器重组可以把运行时间缩短 48.73%。允许使能器重组之所以需要增加运算时间，是由于允许使能器重组意味着要搜索测试元件和使能器部件组合成使能器，而同一类型的测试元件和使能器部件一般可以用于组成多种使能器，测试机、使能器和产品之间又存在复杂的对应关系，所以允许使能器重组在增加问题难度的同时也增加了大量的优化资源搭配的时间。

为了考察 Sarsa（λ，k）算法对不同参数的问题的适用性，再采用随机生成的测试问题进行实验。测试问题中加工时间 $p_{i,j,s}$（单位：h）和换型时间 s_{j_1,s_1,j_2,s_2}（单位：h）分别通过均匀分布 U（0.5, 7）和 U（0.5, 5）产生，每种产品的高优先级需求通过均匀分布 U（5 m/n，35 m/n）产生。产品的权重通过均匀分布 U（0.3, 3.5）产生。加工时间、换型时间和需求都是确定量，在调度之前通过均匀分布产生。之所以使用均匀分布产生数据是因为均匀分布的方差比较大，产生数据的随机分布性强。调度期长度为 168 h，测试机的数量 m 分别取 10、15、20、25、30、35 和 40，对任意一种测试机数量，产品类型数量 n 分别取 10、20、30、40 和 50。测试工具包和使能器部件类型的数量分别是 11 和 5。测试算例中各参数的取值范围覆盖了实际生产中各参数的可能取值范围，而且大于各参数的实际可能取值的范围，从而保证测试算例充分考虑了实际问题的各种可能性。在实际企业中，一个测试站点如果有 30 台以上的测试机，规模已经相当大了。对任意一个测试机数量和产品类型数量的组合（对应着一个测试问题），随机生成 20 组数据，实验结果取 20 个算例的平均值。

Sarsa（λ，k）的效果受问题规模的影响如图 5.28 和图 5.29 所示。Sarsa（λ，k）的加权产量比工业方法提高的幅度随产品类型数量的变化如图 5.28 所示，横坐标为产品类型的数量，纵坐标为测试机数量分别为 10、15、20、25、30、35 和 40 时的 Sarsa（λ，k）的加权产量比工业方法提高的幅度的平均值。图 5.28 表明加权产量提高的幅度随着产品类型数量的增加在 8.79%～10.40%波动。Sarsa（λ，k）的加权产量比工业方法提高的幅度随测试机数量的变化如图 5.29 所示，横坐标为测试机的数量，纵坐标为产品类型数量分别为 10、20、30、40 和 50 时的 Sarsa（λ，k）的加权产量比工业方法提高的幅度的平均值。图 5.29 表明加权产量提高的幅度随着测试机数量的增加在 8.25%～11.54%波动。图 5.28 和图 5.29 表明，测试机的数量 m 分别取 10、15、20、25、30、35 和 40，产品类型数量 n 分别取 10、20、30、40 和 50 时，Sarsa（λ，k）算法的加权产量相对于工业方法提高的幅度的都大于 8%。这表明 Sarsa（λ，k）对问题描述数据的依赖性不强，Sarsa（λ，k）算法解决半导体测试调度问题的效果的适应性较强。

以上实验表明，通过重复解决问题，Sarsa（λ，k）算法能学习到解决调度问题的较优策略，在不同的系统状态下选择较优的行为。单个行为策略是短视的，增强学习算法可以糅合各行为的优点，灵活选择各行为进行调度，从而获得明显优于工业方法的全局较优的调度方案。关于随机生成的测试算例的实验验证了 Sarsa（λ，k）解决本章研究的半导体测试调度问题的适应性。

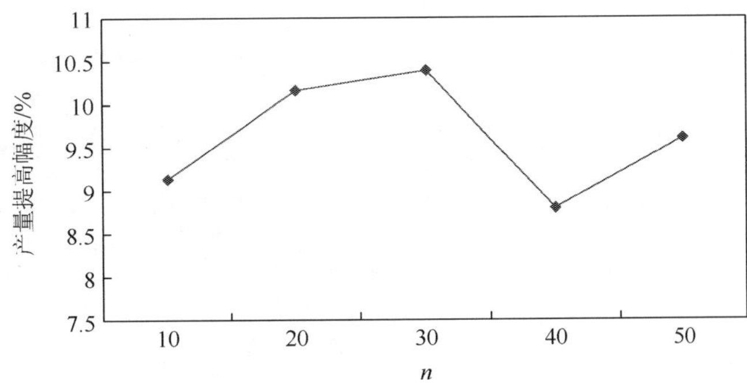

图 5.28　Sarsa（λ，k）的加权产量相对工业方法的提高幅度随产品类型数量的变化

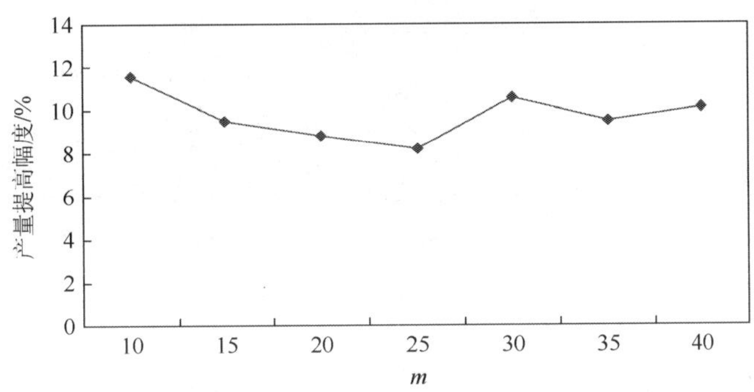

图 5.29　Sarsa（λ，k）的加权产量相对工业方法的提高幅度随测试机数量的变化

5.8.2　与其他增强学习算法对比

Sarsa（λ，k）与 Q 学习、Sarsa 和 Sarsa（λ）等增强学习算法解决测试问题的目标函数值如表 5.12 所示，相对目标函数值的平均值如表 5.13 所示。表 5.13 表明 Q 学习、Sarsa 和 Sarsa（λ）获得的相对目标函数的平均值分别比 Sarsa（λ，k）算法大 9.08%、7.45%和 4.32%。Sarsa（λ，k）的平均运行时间分别比 Q 学习和 Sarsa 增加了 1.52%和 0.76%，比 Sarsa（λ）缩短了 0.64%。可见，相对于 Q 学习和 Sarsa 算法，Sarsa（λ，k）多用了 1%左右的运行时间把调度目标函数值减小了 5%以上；相对于 Sarsa（λ）算法，Sarsa（λ，k）用更短的运行时间获得更好的调度结果。Sarsa（λ）和 Sarsa（λ，k）的运行时间相差不大是因为使用了函数泛化器，对不需要使用函数泛化器的问题，Sarsa（λ，k）相对于 Sarsa（λ）运行时间短的优势将更明显。另外，算法的运行时间和状态转移的数量有关，一般来说，产量大的调度方案状态转移的数量也多，这是 Sarsa（λ，k）的运行时间比 Q 学习和 Sarsa 长的原因之一。

表 5.12　各种增强学习算法解决测试问题的目标函数值对比

m	n	Q 学习	Sarsa	Sarsa（λ）	Sarsa（λ，k）
10	10	25.01	24.68	24.11	22.88
	20	24.03	23.06	22.93	22.36
	30	28.59	28.30	27.88	27.27

续表

m	*n*	Q 学习	Sarsa	Sarsa（λ）	Sarsa（λ，*k*）
	40	11.80	11.41	11.10	11.08
	50	28.78	28.62	28.19	27.03
15	10	10.50	10.32	10.17	10.18
	20	22.15	21.96	21.34	19.35
	30	8.670	8.540	8.309	7.781
	40	9.733	9.698	9.525	9.321
	50	9.528	9.351	9.212	8.658
20	10	26.17	25.94	25.03	24.19
	20	16.20	16.10	15.80	14.86
	30	18.82	18.72	17.67	16.74
	40	10.92	10.89	10.56	9.888
	50	20.02	19.48	18.90	17.09
25	10	12.64	12.30	12.03	12.01
	20	17.04	17.27	16.59	16.01
	30	18.68	17.98	17.26	16.46
	40	21.15	20.36	19.82	18.91
	50	20.32	20.45	19.41	18.43
30	10	39.86	39.12	38.15	37.17
	20	40.83	40.74	40.14	39.91
	30	41.19	39.91	38.70	37.11
	40	27.62	27.04	25.03	23.08
	50	43.11	43.13	42.01	41.34
35	10	27.60	27.15	26.61	25.90
	20	32.81	32.25	31.21	30.36
	30	27.85	27.31	26.69	25.53
	40	26.07	25.56	24.81	23.66
	50	29.26	29.02	28.48	27.36
40	10	29.69	29.03	28.25	28.00
	20	59.96	59.93	57.70	54.54
	30	44.49	43.62	41.825	39.56
	40	53.37	52.56	50.96	49.01
	50	39.11	38.58	36.95	34.77

表 5.13　各种增强学习算法解决测试问题的相对目标函数值的平均值

	Q 学习	Sarsa	Sarsa（λ）	Sarsa（λ，*k*）
相对目标函数值	1.0908	1.0745	1.0432	1.0000

Sarsa（λ，*k*）与 Q 学习、Sarsa 和 Sarsa（λ）等增强学习算法解决实际问题的目标函数值如表 5.14 所示。Q 学习、Sarsa 和 Sarsa（λ）对实际问题的调度目标函数值分别比 Sarsa（λ，*k*）大 14.43%、11.03%和 4.94%。Sarsa（λ，*k*）的平均运行时间分别比 Q 学习和 Sarsa 增加了 1.46%和 0.46%，比 Sarsa（λ）缩短了 0.92%。可见，Q 学习的运行时间最短，Sarsa （λ，k）算法的调度效果最好，Sarsa（λ，k）算法的效果和效率均优于 Sarsa（λ）。

表 5.14　各种增强学习算法对实际数据的调度结果对比

	Q 学习	Sarsa	Sarsa（λ）	Sarsa（λ，k）
目标函数值	63.97	62.07	58.66	55.90

第 2 章的定理 2.2 提供了 Sarsa（λ，k）算法的行为值函数的最大学习误差的上界。尽管定理 2.2 并不能证明 $k>1$ 时 Sarsa（λ，k）算法的收敛性，而列表型 Sarsa 算法学习所得的行为值函数在一定条件下收敛到最优行为值函数，但实验结果表明 Sarsa（λ，k）算法解决本章研究的问题的效果优于 Sarsa 和 Sarsa（λ）。Sarsa（λ，k）优于 Sarsa 算法是因为综合利用了多步状态转移的报酬信息，克服了 Sarsa 算法学习目标短视的缺点；Sarsa（λ，k）算法略优于 Sarsa（λ）算法是因为增强学习算法的学习目标是行为值的估计值，相对于真实的行为值有一定的误差，而 Sarsa（λ）算法过多地利用离当前决策时刻很远的状态转移信息，导致学习目标离真实值的误差增大，从而扩大了学习误差。

5.8.3　与能力约束调度方法对比

下面再对比 Sarsa（λ，k）与基于 TOC 理论的能力约束调度方法的调度效果。由于能力约束调度方法只能处理单个测试工序问题，不能处理重入型的调度问题，所以本小节通过所有产品只有一个工序（只需要测试一次）的测试问题研究 Sarsa（λ，k）与能力约束调度方法的调度效果。用 Sarsa（λ，k）算法解决产品单工序测试问题时，因为假设各种物料是充足的，所以不需要 $z_{j,s}$ 这类状态变量表示等待加工的作业数量。测试问题的产品的加工时间（单位：h）和换型时间（单位：h）分别通过均匀分布 $U(0.5, 10)$ 和 $U(0.5, 5)$ 产生，每种产品的需求通过均匀分布 $U(10\text{m}/\text{n}, 50\text{m}/\text{n})$ 产生，其他参数的设置方法和 5.8.1 节的测试问题一样。

Sarsa（λ，k）和能力约束调度方法获得的调度结果如表 5.15 所示。能力约束调度方法获得的相对目标函数值的平均值是 Sarsa（λ，k）的 3.33 倍。Sarsa（λ，k）的加权产量比能力约束调度方法提高了 6.90%。使用能力约束调度方法解决测试问题的时间远小于采用 Sarsa（λ，k）算法的运行时间。

表 5.15　Sarsa（λ，k）与能力约束调度方法的调度结果对比

m	n	Sarsa（λ，k）的相对目标函数值	能力约束调度方法的相对目标函数值
10	10	1	3.105 5
	20	1	2.917 4
	30	1	3.014 6
	40	1	3.075 2

续表

m	n	Sarsa（λ, k）的相对目标函数值	能力约束调度方法的相对目标函数值
	50	1	2.802 3
15	10	1	4.231 1
	20	1	2.916 1
	30	1	4.137 6
	40	1	4.044 1
	50	1	4.138 7
20	10	1	2.238 2
	20	1	3.746 4
	30	1	3.612 9
	40	1	4.253 7
	50	1	3.453 5
25	10	1	4.312 0
	20	1	4.133 6
	30	1	3.991 8
	40	1	4.142 1
	50	1	3.502 3
30	10	1	3.097 7
	20	1	2.903 5
	30	1	3.317 3
	40	1	3.185 7
	50	1	3.382 7
35	10	1	2.658 2
	20	1	3.293 3
	30	1	2.288 3
	40	1	3.591 0
	50	1	3.464 8
40	10	1	2.442 3
	20	1	2.813 6
	30	1	2.933 4
	40	1	2.873 8
	50	1	2.582 9
平均值		1	3.331 3

5.9 讨　　论

第 5.8 节的实验都采用如下参数值：$\alpha = 0.005$，$\gamma = 0.3$，$\lambda = 0.2$，$\varepsilon = 0.1$，$k = 5$，$K = 30$。这组参数值是根据 5.6 节的 30 个实际算例设置的，虽然它们并不一定是 5.8 节中各算例的

最优参数值，但是 5.8 节中各算例采用这组参数值都获得较好的调度结果，因此，可认为参数的取值对不同问题的效果是相对稳定的，这也反映了 Sarsa（λ，k）算法对不同规模算例的适用性。

因为 Sarsa（λ，k）算法的运行时间与重复的试验次数大致呈正比关系，所以可以通过减少试验次数的方法缩短 Sarsa（λ，k）算法的运行时间。从图 5.23 的学习曲线可知，调度方案的改善速度随着试验次数的增加越来越慢，当试验次数大于 100 时改善的幅度不大，所以运行试验次数太多是没有必要的。

尽管对于同一个算例，用 Sarsa（λ，k）重复解决多次能找到较优的调度方案，但目标函数值并不总是随着试验次数的增加而渐进减小；而是随着试验次数的增加，目标函数值在开始时渐进减小，然后有一定的波动。这说明 Sarsa（λ，k）的调度效果并非随着学习过程的推进而单调变优。

本章解决的半导体测试调度问题实质上是多资源约束的重入型平行机调度问题，同时考虑附加资源约束、与作业加工顺序相关的换型时间及测试流程的重入性三个重要因素，考虑了工艺路径约束、测试机-作业类型资格约束、具有关联性和组合性的复杂多资源约束等实际约束，优化与产量相关的目标函数；并通过允许使能器的重组，提高了各类测试资源的管理柔性，使半导体测试调度在最底层（测试元件层）得到优化。

本章基于 Sarsa（λ，k）增强学习算法，针对所解决的半导体测试调度问题，通过定义系统状态的表示方式、构造行为和报酬函数把调度问题转化为增强学习问题。为了克服状态空间的“维数灾难”问题，把 Sarsa（λ，k）算法和梯度下降径向基神经网络函数泛化器结合使用。通过实验对增强学习系统的行为进行筛选，确定 Sarsa（λ，k）算法中各参数的取值范围，并通过分析函数泛化器权重和函数泛化器表示的行为值的变化，对径向基神经网络函数泛化器的泛化能力进行分析。对实际生产数据和随机生成的比实际问题覆盖范围更广的测试问题的实验表明，Sarsa（λ，k）算法的调度效果显著优于工业方法及基于 TOC 理论的能力约束调度方法。与其他增强学习算法的对比实验表明，Sarsa（λ，k）算法解决半导体测试调度问题的效果优于 Q 学习、Sarsa 和 Sarsa（λ），而运行时间比 Sarsa（λ）算法短。关于函数泛化器性能的实验和 Sarsa（λ，k）算法的调度实验结果表明了行为值函数训练方法的可行性。实验结果证明了结合函数泛化器的 Sarsa（λ，k）算法解决此类复杂半导体测试调度问题的有效性。对不同规模的测试算例的实验验证了 Sarsa（λ，k）解决本章研究的调度问题的适应性。

5.10　可重构制造系统调度

前几节讨论的半导体测试系统是多资源协作制造问题，此类问题存在于不少行业当中。在这类问题中，通常工件的类型和辅助资源类型的对应关系较为复杂，可能是一对一、一对多、多对一或多对多的对应关系。例如，在制鞋行业，鞋的种类和辅助资源（鞋模或鞋楦）的类型是一一对应的，甚至每个尺码的鞋都需要相应尺码的鞋模或鞋楦。前面讨论的半导体测试系统实质上也可看作是一种重入型、可重构的制造系统。可重构制造系统在小批量多品种生产类型的机械制造、半导体制造和玩具制造企业越来越常见。重构问题随着所涉及领域的不同，其内容也不尽相同，生产领域的复杂性意味着其所涉及的重构问题的多样性[196]。随着定制化生产的普及，企业需要不断地对制造系统进行不同程度的重构，才能满足产品多元化、个性化的市场需要。

有一些文献通过建立数学规划模型研究可重构制造系统调度问题。文献[197]通过提取组成生产目标规划模型的各种因子，对敏捷制造模式下满足不同生产目标和生产条件的生产模型进行了重构，并采用卡马卡及其关联预测算法进行求解，从而提高车间生产计划优化系统的灵活性和适用性。文献[198]采用数学规划和模糊理论相结合的方法优化制造资源，提出一种基于不完全知识和进化博弈理论的动态单元重构模型，采用自下而上和自上而下相结合的方法快速生成稳定优化的可重构制造单元。文献[199]综合考虑影响可重构装配线调度的三个主要因素（最小化空闲和未完工作业量、均衡零/部件的使用速率、最小化装配线重构成本），建立了可重构装配线多目标优化调度的数学模型，并提出了一种基于 Pareto 多目标遗传算法的可重构装配线优化调度方法。此外，分解、结构化的思想也用于解决可重构制造系统调度问题。文献[200]提出了一种实用的分层调度策略，通过对制造系统组织的重构，以最小作业生产延迟和最大系统设备利用率为目标产生可行的次优调度方案。文献[201]提出了组件化可重构半导体生产线调度体系结构，使不同类型的企业可按照自己的生产特点动态选择合适的调度结构。文献[202]将增强学习方法应用于可重构动态调度系统，给出了一类可重构多机并行调度决策的问题描述，针对该问题建立了基于分布耦合控制的增强学习决策方法。该方法利用状态分解将原问题转化为一组设备控制器的耦合决策问题，以简化单个控制器的求解空间。

5.10.1 具有可重构特性的调度系统机制

调度系统的可重构特性通过增强学习系统的耦合机制和重构——调度二元增强学习架构实现。可借助重构增强学习系统的行为实现优化资源配置、重构制造单元的功能，借助调度增强学习系统的行为为各制造单元安排加工任务，实现优化各产品加工路径和加工顺序的功能[85]。重构增强学习系统和调度增强学习系统通过状态转移、行为选择和报酬获取进行联系。

1. 增强学习系统的耦合机制

对生产系统最精确的增强学习建模方式是用一个增强学习系统表示整个生产系统，但是当生产系统规模很大时，这种建模方式的状态变量很多，状态空间规模过于庞大，导致增强学习算法的运算效率低，收敛速度慢，所以实际上这种建模方式的效果并非很好。为了克服以上弊端，降低单个增强学习系统的状态空间维数，基于系统分解——关联的思路，采用多个耦合的增强学习子系统描述工序较多的生产系统。根据生产系统多资源耦合约束的特点，每类耦合的资源所涉及的生产过程都用一个增强学习子系统刻画，由于不同的耦合资源所涉及的生产过程有重叠的工序，因此，相互耦合的增强学习子系统的状态变量也有一部分是相同的。每一段连续的工艺流程用一个增强学习子系统刻画。这样构造的增强学习系统在降低了生产系统复杂度的同时保持了对生产系统构成的真实、本质的描述。耦合的各个增强学习子系统既有相对的独立性，又互相有联系，联系的介质主要是状态变量。如果一个增强学习子系统的状态变化可能会直接导致另一个增强学习子系统的状态也发生变化，那么这两个增强学习子系统互相耦合。这种增强学习系统的耦合机制和现有的分布式或递阶式增强学习机制均不相同，在这种机制下，各增强学习子系统既有一定的自治性，也有一定的耦合性。

下面以并行生产系统为例解释增强学习系统的耦合机制。如图 5.30 所示，对制造系统进行增强学习系统建模。每一条生产线对应着 4 个增强学习子系统，因此，该增强学习系统共由 8 个增强学习子系统（RL 系统 1～RL 系统 8）组成。以第一条生产线为例，RL 系统 1 对应着工序 $O_{1,1}$ 和 $O_{1,2}$，RL 系统 2 对应着工序 $O_{1,2}$ ～ $O_{1,5}$，RL 系统 3 对应着工序 $O_{1,4}$ ～ $O_{1,7}$，RL 系统 4 对应着工序 $O_{1,7}$ ～ $O_{1,9}$。RL 系统 1 描述了工序 $O_{1,1}$ 和 $O_{1,2}$ 的所有机器、这两个工序前面的工件队列、工序 $O_{1,2}$ 正在占用的和在该工序前等待的资源 R_1、这两个工序相关的操作员等要素的状态。RL 系统 2 描述了工序 $O_{1,2}$ ～ $O_{1,5}$ 的所有机器、这几个工序前面的工件队列、资源 R_1 在这几个工序的分布、工序 $O_{1,4}$ 和 $O_{1,5}$ 正在占用的和在工序 $O_{1,4}$ 前等待的资源 R_2、与这几个工序相关的操作员等要素的状态。RL 系统 3 描述了工序 $O_{1,4}$ ～ $O_{1,7}$ 的所有机器、这几个工序前面的工件队列、资源 R_2 在工序 $O_{1,4}$ ～ $O_{1,7}$ 的分布、工序 $O_{1,4}$ 和 $O_{1,5}$ 正在占用的和在工序 $O_{1,4}$ 前等待的资源 R_1、与这几个工序相关的操作员等要素的状态。其他增强学习子系统可类似理解。RL 系统 2 和 3 对应的生产环节有 $O_{1,4}$ 和 $O_{1,5}$ 这两个耦合的工序，RL 系统 2 和 3 的状态变量中描述这两个工序的制造资源、工件队列状态的部分是相同的，而且工序 $O_{1,7}$ 释放的资源 R_2 有可能转移到工序 $O_{1,4}$ 前重新使用，所以 RL 系统 2 和 3 中任何一个子系统的状态变化都可能直接导致另一个子系统的状态变化。根据增强学习子系统耦合的含义“一个子系统的状态变化可能直接导致另一个子系统的状态变化，那么它们具有耦合关系”，所以 RL 系统 2 和 3 互相耦合。同理，RL 系统 6 和 7 也是类似的互相耦合的增强学习子系统。RL 系统 1 和 2、RL 系统 3 和 4、RL 系统 5 和 6、RL 系统 7 和 8 也分别互相耦合，因为它们对应的生产环节分别重叠于工序 $O_{1,2}$、$O_{1,7}$、$O_{2,2}$、$O_{2,7}$，因此，它们的状态变量中也有相同的部分。由于工序 $O_{1,7}$ 释放的资源 R_2 有可能转移到工序 $O_{2,4}$ 前重新使用，所以 RL 系统 3 和 6 互相耦合。由于 RL 系统 3 和 7 中任何一个子系统的决策、状态变化都可能影响另一个子系统的状态，因此，RL 系统 3 和 7 也互相耦合。由于工件在工序 $O_{1,7}$ 加工后可能进入第二条生产线加工下游工序，因此，RL 系统 4 和 8 也互相耦合。此外，由于允许工序 $O_{1,4}$ 和 $O_{2,4}$ 共享资源 R_2，相当于这两个工序之前有一个由两条生产线共享的资源 R_2 的库存，而 RL 系统 2、3、4、6、7 和 8 的行为都可能引起共享的资源 R_2 的状态变化，所以 2 和 4、RL 系统 2 和 6、RL 系统 2 和 7、RL 系统 2 和 8、RL 系统 4 和 6、RL 系统 6 和 8 也互相耦合。图 5.31 总结了所有增强学习子系统之间的耦合关系，其中，圆圈表示增强学习子系统，圆圈之间的连线表示它们之间具有耦合关系。构造的增强学习系统的结构及各子系统的耦合机制符合制造系统的结构、生产线之间的协作关系、资源共享与重分配机制。

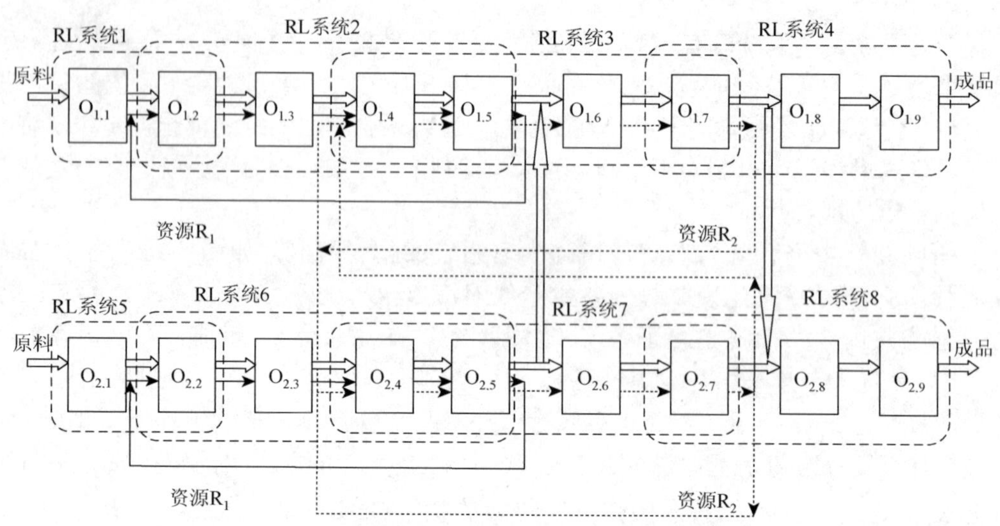

图 5.30　耦合式增强学习系统示意图

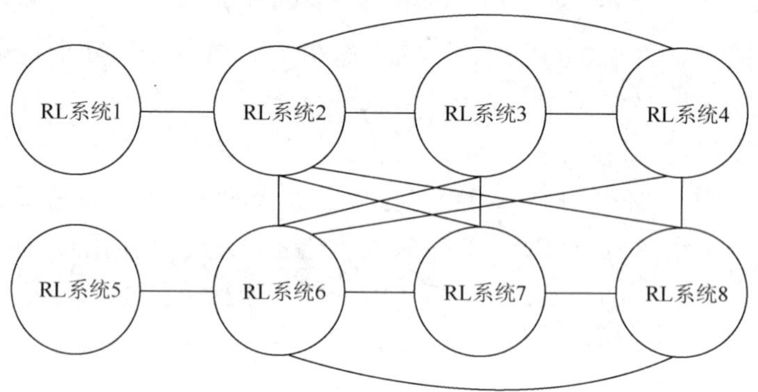

图 5.31　增强学习子系统之间的耦合关系示意图

应用耦合式增强学习系统解决在线调度问题可分两个步骤，第一步是根据一些样本数据（如历史数据或在不考虑突发事件的条件下当前调度周期要完成生产任务的相关数据）对增强学习系统进行训练，训练的目的是使各增强学习子系统获得收敛的行为值函数 $Q_t(s,a)$；第二步是在线应用，各增强学习子系统根据训练获得的行为值函数 $Q_t(s,a)$ 实时选择行为，选择合适的工件和资源组合进行加工。图 5.32 是训练增强学习系统的基本流程简图。耦合式增强学习系统具有区别于独立增强学习系统的特点，可能出现多个子系统同时发生状态转移的情况。例如，对于图 5.30 所示系统，工序 $O_{1,4}$ 或 $O_{1,5}$ 的状态变化都会引起 RL 系统 2 和 3 的状态同时发生变化；工序 $O_{1,7}$ 释放的资源 R_2 如果转移到工序 $O_{1,4}$ 前面就会引起 RL 系统 2 和 3 的状态同时发生变化，如果转移到工序 $O_{2,4}$ 前面就会引起 RL 系统 3 和 6 的状态同时发生变化。由于有些工序同时出现在多个增强学习子系统中，而不同的增强学习子系统在根据控制策略选择行为时保持一定的独立性，所以可能会出现在不同子系统中同一个工序选择的行为不一致的情况，如工序 $O_{1,4}$ 的空闲机器在 RL 系统 2 和 3 中分别选择工件 J_1 和工件 J_2。需要制定一套判断准则确保在整个生产系统中，同一个工序在同一个决策时刻选择的行为是唯一的，例如，制定如下判断准则：假设选择工件 J_1 预计带来的报酬为 r_1，选择工件 J_2 预计带来的报酬为 r_2，如果 $r_1>r_2$，那么选择工件 J_1；否则选择工件 J_2。无论选择工件 J_1，还是 J_2，RL 系统 2 和 3 都要根据该行为带来的报酬更新行为值函数 $Q_t(s,a)$。

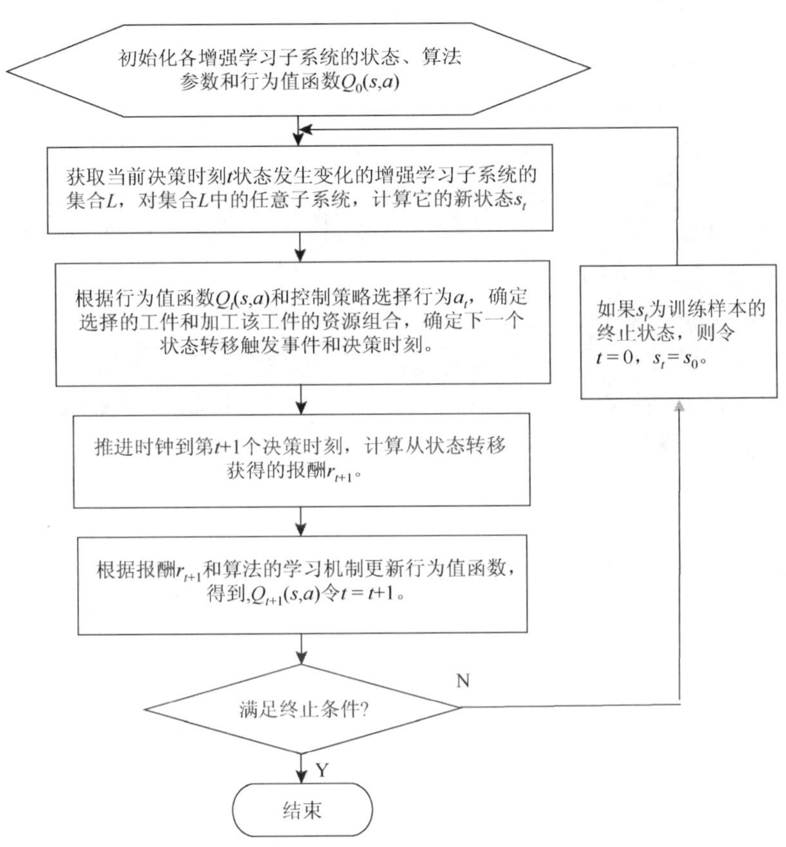

图 5.32　训练增强学习系统的基本流程

应用耦合式增强学习系统解决离线调度问题的流程和它的训练流程是一样的，此时训练样本数据就是该离线生产任务的相关数据，重复利用这些数据对系统进行训练。系统的初始状态是所有待加工的工件在第一个工序前等待，此时 RL 系统 1 和 5 都要做出决策，选取一个行为（选取工件加工）。随着加工过程的进行，机器、R_1、R_2 等资源的分布和利用情况不断变化，制品（WIP）的分布情况也不断变化，因此，增强学习系统的状态不断转移，行为值函数 $Q_t(s,a)$ 也不断更新。所有加工任务都完成时系统达到终止状态。重复这个过程可对增强学习系统进行加强训练，对于加工任务确定而且没有突发情况发生的调度问题，在用上面的流程进行训练的同时也获得了整体的调度方案。

耦合式增强学习系统建模本质上是一种对原系统进行先分解再关联的处理方式。如图 5.30 构造的耦合式增强学习系统中，如果某些增强学习子系统的规模较大，其学习速度达不到预期的效果，可以采用进一步细化增强学习子系统的粒度的手段，增加增强学习子系统的数量而降低其规模。假设 RL 系统 3 包括很多工序，其规模仍然过大，那么可将其进一步分解成更小的子系统，比如，一个子系统覆盖工序 $O_{1,4}\sim O_{1,5}$，而另一个子系统覆盖工序 $O_{1,6}\sim O_{1,7}$。

2. 重构——调度二元增强学习架构

采用重构——调度二元增强学习架构对可重构生产系统调度问题进行建模，重点在于搭建增强学习系统在可重构环境下的应用模式，优化状态表示方式、行为构造方式和学习机制，提高二元增强学习系统之间的通信与信息共享效率，提高增强学习算法解决大规模调度问题的能力。借助重构增强学习系统的行为实现配置资源，构建制造单元、重构制造车间的功能；借助调度增强学习系统的行为为各制造单元安排加工任务，实现优化各类产品的加工路径和加工顺序的功能。

重构增强学习系统负责构造制造单元，重构车间的各个制造单元之后，调度增强学习系统负责选取工件进行加工。两个增强学习系统的状态描述的侧重点不一样，状态转移的时间跨度也不一样，重构增强学习系统的状态转移发生在制造系统重构的时候，而调度增强学习系统的状态转移发生在选取工件的时候，因此，重构增强学习系统的状态转移发生的频率较低。重构增强学习系统每次获得的报酬与它在两次状态转移之间的时间内调度增强学习系统获得的总报酬有关。因此，两个增强学习系统之间要保持通信，并且要有合理的报酬分配机制。二元增强学习系统的优点在于有针对性地构造相对独立而又有耦合关系的两套学习系统，分别优化重构和调度的决策；并且能分解问题的规模，把资源、制造单元、任务三大要素之间的关系分解成资源和制造单元二者的关系及制造单元和任务二者的关系，减小了状态表示、行为选择的规模，提高了运行效率。

5.10.2　增强学习模型架构

下面通过一个案例解释多步增强学习算法解决一个可重构生产系统调度问题的应用方案。一个可重构的制造车间拥有机器设备、辅助资源、人力资源在内的多种资源，这些资源构成了一个资源库。车间组织与加工流程如图 5.33 所示，图 5.33 中的三角形表示制造资源。制造流程主要分成两个阶段，工件需要先在第一阶段加工，之后在第二阶段进行加工或测试处理，再返回第一阶段进行加工，之后在第二阶段进行处理，如此循环一定次数。工件需要多次经历两个阶段的制造流程，因此，该制造系统是一个重入型制造系统，工件重入的次数取决于工件的类型。两个制造阶段分别使用不同类型的制造单元完成。每个制造单元都需要由若干类资源组成，构成该制造单元的资源类型和数量由制造单元的类型决定。每种产品类型的每个阶段加工可在一种或多种制造单元上进行，每个制造单元可以加工若干种类的作业。由于制造资源的数量有限，因此，同时可以组成的制造单元的数量是有限的，而作业类型很多，所以同时组建的制造单元通常并不能加工所有的作业。制造车间是可动态重构的，即可以根据车间的生产任务优化多种资源的配置，把资源组合成若干个制造单元进行生产，在有需要的时候可以拆分制造单元，把资源重新构建新的制造单元进行生产，重构后制造单元的类型和数量都可能发生变化。

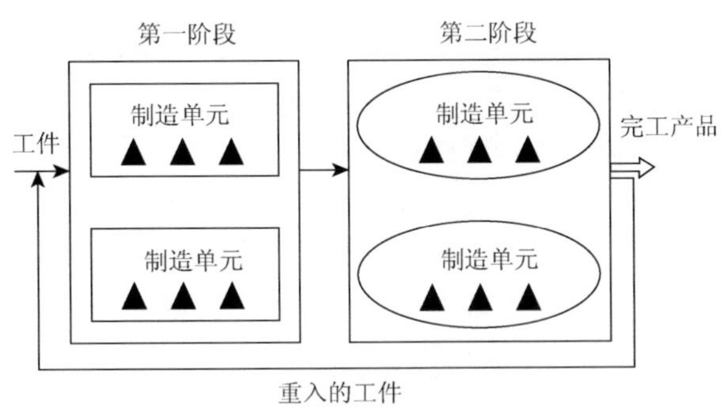

图 5.33　制造系统与加工流程示意图

已知制造车间要完成加工的所有产品的类型和数量，每种产品所要完成的各个作业都有若干个候选制造单元可以进行加工，各候选制造单元加工相关作业的时间已知。要求生成优化的调度方案，使得完成这些产品的时间表长（Makespan）最小。该制造车间的生产调度主要包括两个任务：①优化资源配置，组建制造单元，并在适当的时候重构制造车间；②合理安排每个工件的加工路径和加工顺序。这两项任务分别由重构 Agent 和调度 Agent 负责完成。重构 Agent 和调度 Agent 分别对应重构增强学习系统和调度增强学习系统。把这两套相互关联的系统称为二元增强学习系统。

1. 重构增强学习系统模型

1）状态变量

系统状态用状态向量描述，状态向量的分量是状态变量。如式（5.136）所示，用 s 表示状态向量，状态变量主要分为三类，分别描述制造单元、资源、作业。

$$\begin{aligned} s=[&C_b(1\leqslant b\leqslant |B|);H_i(1\leqslant i\leqslant m);X_j(1\leqslant j\leqslant n);\\ &Y_{j,q,d}(1\leqslant j\leqslant n,1\leqslant q\leqslant Q_j,1\leqslant d\leqslant 2);V_j(1\leqslant j\leqslant n)] \end{aligned} \tag{5.136}$$

其中，C_b 表示当前已经构造的制造单元 b 的数量（取值 0，1，2，…）；H_i 表示资源 i 的可用数量；X_j 表示产品 j 尚未完工的数量；$Y_{j,q,d}$ 表示产品 j 在第 q 次重入完成了第 d 个阶段的加工但尚未完成下一个工序加工的在制品数量；V_j 表示产品 j 尚未开始加工的数量。

2）行为

行为 1，根据相对总资源占用最小优先规则选择配套资源构成制造单元。制造单元的相对总资源占用量 RC_b 定义为 $\sum_{i\in b} w_i R_{b,i}/H_i$，其中，$i\in b$ 表示构造制造单元 b 需要资源 i，w_i 为资源 i 的权重。

行为 2，根据优先构造能加工尚未完工的作业种类最多的制造单元规则选择资源构造制造单元。

行为 3，选择资源组建制造单元，该制造单元能加工当前的制造单元不能加工的作业种类最多。

行为 4，比较当前可用的制造资源可以组建的各个制造单元加工各剩余作业的时间，根据加权最短加工时间（WSPT）优先规则构造制造单元。

行为 5，根据加工效率最高规则组建制造单元。制造单元的加工效率等于它所能加工的作业的相对加工时间的平均值除以构成该制造单元的资源投入量（资源的加权总和）。作业的相对加工时间是指作业在该制造单元的加工时间除以该作业的最短加工时间。

行为 6，根据所能加工的作业的柔性系数总和最小的规则组建制造单元。作业的柔性系数定义为可以加工该作业的制造单元的数量。

3）报酬函数

设 τ_t 表示第 t 个决策时刻，把重构增强学习系统的第 t–1 个到第 t 个决策时刻之间获得的报酬定义为在这段时间内调度增强学习系统获得的报酬总和。重构增强学习系统和调度增强学习系统通过报酬函数直接联系起来。重构增强学习系统的报酬函数和行为的粒度都比调度增强学习系统大，从某种意义上来说，调度增强学习系统嵌套于重构增强学习系统之中。重构增强学习系统为调度增强学习系统提供了运行的框架，而调度增强学习系统在此框架内进行具体的制造活动调度，其调度结果为重构增强学习系统提供反馈信息，同时重构增强学习系统每一步决策的效果受调度增强学习系统一系列的决策效果所影响。

为了充分发挥各类制造资源的总体能力，需要在合适的时候把它们组成不同类型的制造单元，因此，如何确定制造单元的重构时间是个关键问题。当目前组成的制造单元不能用于加工剩余作业，或者各制造单元的负荷不均衡情况达到一定程度的时候，需要对制造系统进行重构。如式（5.137）定义制造单元负荷均衡指数 δ：

$$\delta=\frac{\sum\limits_{(j,q,d)\in S_j} N_{j,q,s}\min\limits_{b\in B}\{p_{b,j,q,d}\}}{\sum\limits_{(j,q,d)\in S_j'} N_{j,q,s}\min\limits_{b\in B'}\{p_{b,j,q,d}\}} \tag{5.137}$$

其中，B 表示所有制造单元组成的集合，B'表示当前构成的制造单元组成的集合，S_j 表示当前组成的制造单元都不能加工的作业组成的集合，S'_j 表示当前组成的制造单元可以加工但尚未加工的作业组成的集合，$N_{j,q,d}$ 表示作业(j,q,d)尚未加工的数量。均衡指数 δ 用于表征各制造单元负荷的均衡性，当该指数大于预设的阈值时就重构制造系统。重构增强学习系统确定了当前组建的各个制造单元之后，由调度增强学习系统选择作业进行加工。

2. 调度增强学习系统模型

1）状态变量

调度增强学习系统的状态变量注重描述各制造单元的状态和各作业的加工进度状态。如式（5.138）所示，用 u 表示状态向量，

$$\begin{aligned} u=[&T_b(1\leqslant b\leqslant |B'|);t_b^p(1\leqslant b\leqslant |B'|);\\ &Y_{j,q,d}(1\leqslant j\leqslant n,1\leqslant q\leqslant Q_j,1\leqslant d\leqslant 2);V_j(1\leqslant j\leqslant n)]\end{aligned} \tag{5.138}$$

其中，$T_b(1\leqslant b\leqslant |B'|)$ 表示制造单元 b 正在加工的作业类型，如果该制造单元处于空闲状

态则用 0 表示，如果当前没有构造该制造单元则用–1 表示；t_b^p 表示制造单元 b 正在加工的作业的剩余加工时间（如果 $T_b=0$，则 $t_b^p=0$）。

2）行为

调度增强学习系统的行为用来选择正在等待加工的作业在空闲的制造单元上加工。所有任务都要完成，而任务总量是确定的，因此，要缩短总完工时间，就要提高所有制造单元的平均工作效率。这要求一方面要尽量使作业在加工速度最快的制造单元上完成；另一方面又不能使某些制造单元的负荷过重，要尽量使各制造单元的负荷均衡，才能获得最大的平均效率。

行为 1，根据加权最短加工时间（WSPT）优先规则选择制造单元和作业进行加工。

行为 2，根据最弱柔性作业（Least Flexible Job，LFJ）优先规则构造行为，选择柔性最弱的作业在加工速度最快的制造单元上加工。作业的柔性定义为可以加工它的制造单元的种类数。

行为 3，根据排名算法构造行为，采用如下步骤选择制造单元和作业。由于不同作业的可加工制造单元集合的大小不尽相同，不同作业的最大名次不同，柔性小的作业在一定程度上优先选择，因此，排名算法可看成是最弱柔性作业优先规则的变形。

步骤 1：对正在等待加工的每类作业 (j,q,d)，把当前构造的各制造单元 $b\,(b\in M_{j,q,d})$ 按 $p_{b,j,q,d}$ 从小到大排序。令 $g_{b,j,q,d}\ (b\in M_{j,q,d}, 1\leqslant g_{b,j,q,d}\leqslant |M_{j,q,d}|)$ 表示制造单元 b 关于作业 (j,q,d) 的排名。

步骤 2：按照式（5.139）选择制造单元 b^* 加工作业 (j^*,q^*,d^*)。

$$(b^*,j^*,q^*,d^*)=\underset{(b,j,q,d)}{\operatorname{argmin}}\{g_{b,j,q,d}\} \tag{5.139}$$

行为 4，根据最大预见负荷规则选择制造单元和作业。假设作业原来预定由加工速度最快的制造单元完成，制造单元的“预见负荷”定义为该制造单元加工最快且尚未完成的作业在该制造单元的加工时间总和。先计算各制造单元的预见负荷，然后从本来预定由最大负荷机器加工的作业集 S_w 中挑选作业 j 由空闲的制造单元完成，该空闲的制造单元加工作业 j 的速度在所有制造单元的排名比加工 S_w 中其他作业的速度排名都要靠前。该行为目的是避免任何一个制造单元加工的任务总和过于繁重。

行为 5，根据最小加工时间差距规则选择制造单元和作业。从空闲的制造单元能加工的作业中选择的作业是空闲制造单元的加工速度与该作业的最快加工速度之间差距最小的作业。

3）报酬函数

设 u_t 为调度增强学习系统在第 t 个决策时刻所处的状态，τ_t 表示调度增强学习系统的第 t 个决策时刻，把调度增强学习系统的第 t–1 个到第 t 个决策时刻之间获得的报酬 r_t 定义为

$$r_t=\sum_{j,q,d}\frac{F(j,q,d)\sigma(j,q,d)\min\limits_{b}\{p_{b,j,q,d}\}}{\tau_t-\tau_{t-1}}$$

其中，$\sigma(j,q,d)$ 为作业（j，q，d）在时间区间 $(\tau_{t-1},\tau_t]$ 内完成的比例；$\min\limits_{b}\{p_{b,j,q,d}\}$ 为各制造单元加工作业 (j,q,d) 所需要的最短时间，$\tau_t-\tau_{t-1}$ 为在状态 u_t 逗留的时间；$F(j,q,d)$ 为加权系数，对任何产品 j，令

$$F(j,q,d)=\frac{1-\eta}{1-\eta^{n_j}}\eta^{n_j-2(q-1)-d}\quad (0<\eta<1)$$

其中，n_j 为产品 j 的工序总数，则越往后的工序对应的系数 $F(j,q,d)$ 越大，而且 $\sum\limits_{q,d}F(j,q,d)=1$ 成立。

如果生产系统运作完全正常而且没有紧急订单等突发事件发生，那么生产可以完全按照在调度周期开始时生成的完整调度方案执行；但有时实际生产过程和理想情况有偏差，因此，采用基于事件触发机制的重新训练机制（见图 5.34）修正增强学习系统的学习偏差，保证调度的效果。触发重新训练机制的事件包括调度期开始（结束）、机器设备故障、人力资源变化、插入紧急订单或取消订单、订单结构变化等。

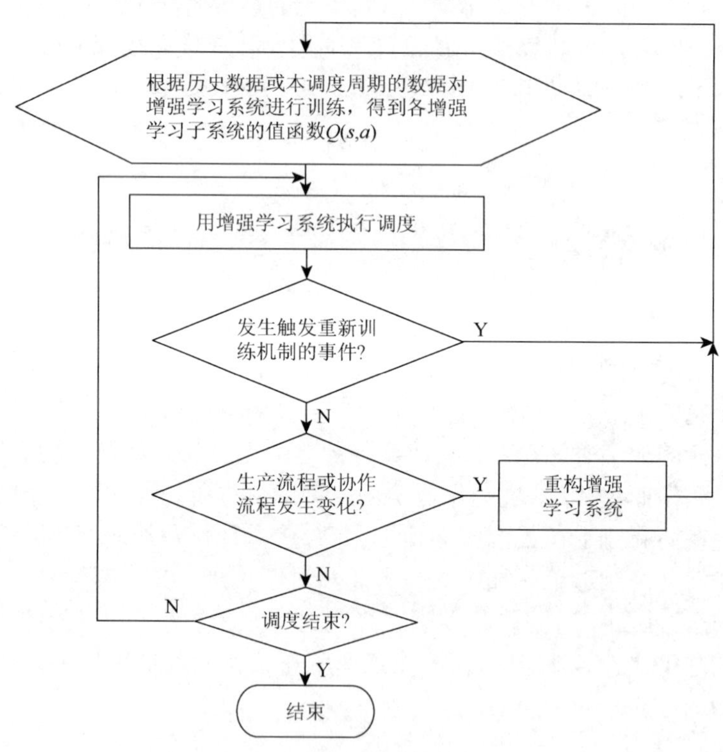

图 5.34 调度系统执行流程示意图

第6章　排队网络控制问题

排队网络控制问题是制造与服务业中常见的优化问题。排队网络模型广泛应用于制造、交通、物流、计算机、通信等行业。排队网络分成开环网络、闭环网络和混合网络三种基本类型。单服务台排队系统[203]是进一步研究复杂排队网络的基础问题，因此得到最为充分的研究。目前，排队网络控制领域研究的问题主要集中于串联网络[204-208]、Fork-Join排队网络、并行服务台网络[209]、可重入型网络、闭环排队网络等。该类研究多数假设顾客的到达遵循泊松过程等经典随机过程，对排队网络进行稳态分析，研究网络通行能力、队列长度、利用率、各服务台负荷的均衡程度、顾客等待时间、顾客通过网络的流程时间等性能指标。目前的研究主要集中于两种类型：研究采用指定的控制策略时，排队网络在稳定状态下的性能表现[210, 211]；或研究不同的控制策略对于指定的排队网络的优劣程度，从而通过比较获得较优的控制策略[212]，如 Borst 等[213]对比了服务台分配策略（SA）、协同调度策略（CS）及其混合策略。

排队网络控制问题的研究方法主要包括解析方法、启发式算法等近似算法和仿真方法。对于有限阶段的排队网络控制问题，一种处理方法是把它转化为调度问题[214]进行求解。然而转化得到的调度问题通常规模较大，难以直接求解；或者由于时间的推移导致数据误差不断积累，加上存在事先未能预测的突发事件，因此难以求得实用的优化解。文献中的一个研究热点是具备马尔可夫属性的排队网络，采用解析方法求解这类排队网络控制问题的基础是针对排队网络建立随机系统模型如布朗控制问题、马尔可夫链[215, 216]或者马尔可夫决策过程[217-219]，然后再用矩阵分析[220]等方法求得矩阵几何解析解。此外，针对一些排队网络控制问题的特殊性，也可以采用流体网络模型[216, 221, 222]求解。解析方法通常用于求解较为简单的排队网络控制问题，对于较为复杂的问题，常采用遗传算法等启发式算法[223]或研究者自己提出的近似算法处理[224]，并通过仿真工具验证近似算法的效果和效率。

为了使排队网络控制问题更符合实际应用的需求，目前研究的排队网络控制问题有如下发展趋势：①允许服务台的效率变化。这类问题的特点体现在服务台加工一个工件或服务一个顾客的效率是可变的[213]，服务台在预设时段内停止工作[220]，服务台具备批处理的功能[225, 226]等。②顾客类型多样化，顾客的行为具有一定的相关性或自主性。如 Choi 等[227]，Leung[228]假设顾客的到达率和队列的长度有关，王[229]假设顾客的转移率与状态相关。③考虑更多的网络运行实际因素[230-232]，如网络堵塞[233]、维持顾客队列的成本、能量消耗[234]等因素。④网络结构复杂化。

6.1　多服务台排队系统控制的半马尔可夫决策模型

在很多排队网络中，一个节点包含多个并行处理的服务台，因此，多服务台排队系统控制问题是研究复杂排队网络控制的基础问题。很多排队模型假设服务时间服从指数分布，而现实中很多服务时间服从正态分布等随机分布，因此不适用于此类模型。在本节所研究的多服务台并联排队系统控制问题中，服务时间和转换时间均服从正态分布。通过构建半马尔可夫决策过程模型刻画多服务台的排队系统控制问题。通过对状态转移概率和转移时间的数学推导表征状态转移的机制。本节研究了排队控制系统的性能，证明了优化排队控制问题的目标等价于最大化时间平均报酬。本节所讨论的问题可为解决服务时间、转换时间服从正态分布的排队网络控制问题提供参考，相关研究成果发表在文献[235]。

6.1.1　问题描述

在一些制造业和服务业中，许多生产或服务控制问题考虑作业的动态到达和产品换型时间。考虑如下多服务台排队系统控制问题：排队系统包含 m 个互相独立的并行服务台，要处理 n 类顾客。不同类别的顾客以相互独立的泊松过程到达服务站，第 j 类顾客到达服务台队列的泊松过程的参数为 λ_j $(1\leqslant j\leqslant n)$。所有已到达的顾客先在队列等候，直到它被某个服务台选择处理。每一个顾客都需要在某一个而且只能由一个服务台进行处理，每个服务台都有资格处理某一些指定类别的顾客。服务台 $i(1\leqslant i\leqslant m)$ 处理第 $j(1\leqslant j\leqslant n)$ 类顾客的时间是 $p_{i,j}$，$p_{i,j}$ 是服从正态分布 N（$\mu_{i,j}^p,(\sigma_{i,j}^p)^2$）的随机变量。各个服务台是相互独立的，即对任意的顾客类型 j 和任意的两个服务台 i、k（$i\neq k$），$p_{i,j}$ 和 $p_{k,j}$ 是互相独立的，而对任意的服务台 i 和任意的两类顾客 j、l（$j\neq l$），$p_{i,j}$ 和 $p_{i,l}$ 也是互相独立的。某个服务台处理完一个顾客之后如果选择另一个不同种类的顾客进行处理，则需要转换时间。转换时间是和顾客处理顺序相关的。对于任何服务台，两类顾客 j、l（$1\leqslant j,l\leqslant n$，$j\neq l$）之间的转换时间 $s_{j,l}$ 是服从正态分布 N（$\mu_{j,l}^s,(\sigma_{j,l}^s)^2$）的随机变量。假设如果 $j1\neq l1$ 或者 $j2\neq l2$，那么 $s_{j1,l1}$ 和 $s_{j2,l2}$ 是互相独立的。对于任意的顾客类型 j，$s_{j,l}$ 等于零。此外，转换时间和服务时间也是相互独立的，即对任意的服务台 $i(1\leqslant i\leqslant m)$、任意的两类顾客 j、l（$1\leqslant j,l\leqslant n$），$p_{i,j}$ 和 $s_{j,l}$、$s_{l,j}$ 是相互独立的。如果一个顾客已经被某个服务台处理完毕，那么该顾客马上离开排队系统。用权重表示顾客的重要性，不同类别的顾客有不同的权重。用 $J_{j,k}$ 表示第 j 类顾客第 k 个到达的顾客，该排队系统控制问题的目标函数是最小化所有顾客的期望加权平均流程时间，目标函数定义为

$$\min E[\bar{\mathrm{f}}]=E\left[\frac{1}{\sum_{j=1}^{n}N_j}\sum_{j=1}^{n}\sum_{k=1}^{N_j}w_j(c_{j,k}-d_{j,k})\right] \tag{6.1}$$

其中，$d_{j,k}$ 表示顾客 $J_{j,k}$ 的到达时刻，$c_{j,k}$ 表示顾客 $J_{j,k}$ 处理完毕的时刻，w_j 表示第 j 类顾客的权重，N_j 表示第 j 类顾客中已处理完毕的数量，$c_{j,k}-d_{j,k}$ 表示顾客 $J_{j,k}$ 的流程时间。

6.1.2　半马尔可夫决策模型建模

上述的排队控制问题可以转化为一个半马尔可夫决策模型。下面通过定义状态表示方

式、行为、状态转移概率和报酬函数描述状态的转移行为，刻画半马尔可夫决策过程。

1. 状态表示

状态的表示形式要能描述服务台和顾客的特征信息并能实时反映出其变化情况。在某个决策时刻的系统状态可用由状态变量组成的向量表示，状态向量 s 定义为

$$s=[q_j(1\leqslant j\leqslant n);B_i(1\leqslant i\leqslant m);T_i(1\leqslant i\leqslant m);t_i(1\leqslant i\leqslant m)] \tag{6.2}$$

其中，q_j 表示在队列中等待处理的第 $j(1\leqslant j\leqslant n)$ 类顾客的数量，B_i $(1\leqslant i\leqslant m)$ 表示服务台 $i(1\leqslant i\leqslant m)$ 最后处理完毕的顾客所属的类型，T_i $(1\leqslant i\leqslant m)$ 表示服务台 $i(1\leqslant i\leqslant m)$ 正在处理的顾客所属的类型（如果服务台 i 空闲则 T_i 等于零），t_i $(1\leqslant i\leqslant m)$ 表示从服务台 i 最后一次换型开始至今的时间（如果 $T_i=0$ 则 t_i 等于零）。状态向量 s 共有 $3m+n$ 个分量。

2. 行为

在决策状态 s 可执行的行为定义为 a_{Ω}，其中，集合 Ω 定义为 $\Omega=\{(i,j)|$选择服务台 i 处理一个第 j 类顾客 $1\leqslant i\leqslant m$，$1\leqslant j\leqslant n\}$。如果对任意服务台 $i(1\leqslant i\leqslant m)$，均有 $T_i\neq 0$，那么 Ω 是空集（$\Omega=\phi$），即一个处于繁忙状态的服务台不能选择另一个顾客进行处理。对任意服务台 $i(1\leqslant i\leqslant m)$，如果 $T_i=0$，那么 $|\{(i,j)|(i,j)\in\Omega,\ \ 1\leqslant j\leqslant n\}|\leqslant 1$，即一个服务台不能同时选择两个以上顾客，其中，$|\varDelta|$ 表示集合 $\varDelta$ 包含的元素的数量。对于任意顾客 $j(1\leqslant j\leqslant n)$，$|\{(i,j)|(i,j)\in\Omega,1\leqslant i\leqslant m\}|\leqslant q_j$ 成立，即所选择的顾客数量不能大于在队列中等待的顾客数量。显然，如果 $\{i|T_i=0,1\leqslant i\leqslant m\}=\phi$ 或 $\{j|q_j>0,1\leqslant j\leqslant n\}=\phi$，那么 $\Omega=\phi$，在该决策时刻不选择任何顾客。

3. 状态转移机制

由于状态转移概率和状态转移时间确定了系统状态转移的轨迹，因此，本小节通过对状态转移概率和状态转移时间的推导来研究状态转移机制。系统状态分为决策状态和临时状态两种。分别用 s_k 和 s_k^* 表示第 k 个决策状态和第 k 个临时状态。如图 6.1 所示，当系统转移到决策状态 s_k，选择行为 a_k，执行行为 a_k 后系统立刻从状态 s_k 转移到临时状态 s_k^*，并在此状态逗留一段时间（状态转移时间）。当有状态转移触发事件发生时，系统转移到下一个决策状态 s_{k+1} 并获得一笔报酬。系统在决策状态的逗留时间为零。

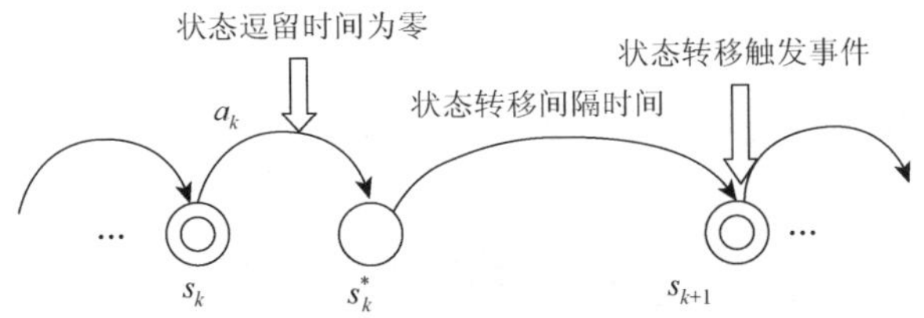

图 6.1　状态转移示意图

定义决策状态 s_k 为如下向量形式：

$$s_k = [q_{j,k}(1 \leqslant j \leqslant n); B_{i,k}(1 \leqslant i \leqslant m); T_{i,k}(1 \leqslant i \leqslant m); t_{i,k}(1 \leqslant i \leqslant m)] \tag{6.3}$$

设 τ_k 表示第 k 个决策状态的时刻，$\Omega_k = \{(i,j) \mid \text{行为}a_k\text{选择服务台}i\text{处理一个第}j\text{类的顾客}, 1 \leqslant i \leqslant m, 1 \leqslant j \leqslant n\}$，$s_k^*$ 表示为如下向量形式：

$$s_k^* = [q_{j,k}^*(1 \leqslant j \leqslant n); B_{i,k}^*(1 \leqslant i \leqslant m); T_{i,k}^*(1 \leqslant i \leqslant m); t_{i,k}^*(1 \leqslant i \leqslant m)] \tag{6.4}$$

其中，$B_{i,k}^* = B_{i,k}(1 \leqslant i \leqslant m)$，$t_{i,k}^* = t_{i,k}(1 \leqslant i \leqslant m)$，$q_{j,k}^*$ 定义为

$$q_{j,k}^* = \begin{cases} q_{j,k} - 1 & \text{if } \exists i \in \{1,2,\cdots m\}, \text{ s.t. } (i,j) \in \Omega \\ q_{j,k} & \text{其他} \end{cases}, \quad (1 \leqslant j \leqslant n) \tag{6.5}$$

$T_{i,k}^*$ 定义为

$$T_{i,k}^* = \begin{cases} j, & \text{if } \exists j \in \{1,2,\cdots,n\}, \text{ s.t. } (i,j) \in \Omega \\ T_{i,k}, & \text{其他} \end{cases}, \quad (1 \leqslant i \leqslant m) \tag{6.6}$$

从临时状态转移到下一个决策状态的触发事件有两种，分别是某个新顾客的到达、任何服务台处理完毕一个顾客。下一个决策状态 s_{k+1} 表示为

$$s_{k+1} = [q_{j,k+1}(1 \leqslant j \leqslant n); B_{i,k+1}(1 \leqslant i \leqslant m); T_{i,k+1}(1 \leqslant i \leqslant m); t_{i,k+1}(1 \leqslant i \leqslant m)] \tag{6.7}$$

如果从临时状态 s_k^* 转移到下一个决策状态 s_{k+1} 的触发事件是某个服务台处理完毕一个顾客，那么有 $\{i \mid T_{i,k}^* = 0, 1 \leqslant i \leqslant m\} \neq \phi$。下面分别就两种状态转移触发事件发生的情况推导出状态转移概率和状态转移时间的解析表达式。

1）状态转移触发事件：某个顾客到达

如果从状态 s_k^* 到状态 s_{k+1} 的状态转移触发事件是某个新顾客的到达（假设该顾客属于类型 J），设 s_{k+1}^J 表示下一个决策状态 s_{k+1}。设 X_J 表示从状态 s_k^* 到状态 s_{k+1}^J 的状态转移时间，则有

$$q_{j,k+1} = \begin{cases} q_{j,k}^* + 1, & \text{if } j = J \\ q_{j,k}^*, & \text{其他} \end{cases}, \quad (1 \leqslant j \leqslant n) \tag{6.8}$$

$$t_{i,k+1} = \begin{cases} t_{i,k}^* + X_J, & \text{if } T_{i,k}^* > 0 \\ t_{i,k}^*, & \text{if } T_{i,k}^* = 0 \end{cases}, (1 \leqslant i \leqslant m) \tag{6.9}$$

并且对所有 $1 \leqslant i \leqslant m$ 有 $B_{i,k+1} = B_{i,k}^*$，$T_{i,k+1} = T_{i,k}^*$。

设 $F_J(u)$ 表示在状态 s_k^* 采取行为 a_k 的条件下，状态转移触发事件是第 J 类顾客到达并且状态转移时间小于等于 u 的概率，则

$$\begin{aligned} F_J(u) &= P\{X_J \leqslant u, \text{状态转移到触发事件是第}J\text{类顾客到达}\} \\ &= P\{0 \leqslant X_J \leqslant u, X_J < X_j(\forall j \neq J), s_{B_i^*,T_i^*} + p_{i,T_i^*} - t_i^* > X_J(\forall T_i^* \neq 0) \mid s_{B_i^*,T_i^*} + p_{i,T_i^*} - t_i^* > 0(\forall T_i^* \neq 0)\} \\ &= \frac{P\{0 \leqslant X_J \leqslant u, X_J < X_j(\forall j \neq J), s_{B_i^*,T_i^*} + p_{i,T_i^*} - t_i^* > X_J(\forall T_i^* \neq 0), s_{B_i^*,T_i^*} + p_{i,T_i^*} - t_i^* > 0(\forall T_i^* \neq 0)\}}{P\{s_{B_i^*,T_i^*} + p_{i,T_i^*} - t_i^* > 0(\forall T_i^* \neq 0)\}} \end{aligned} \tag{6.10}$$

其中，X_j $(1\leqslant j\leqslant n)$ 表示从时刻 τ_k 到下一个属于第 j 类的顾客的到达时刻之间的时间。由于第 J 类顾客的到达服从参数为 λ_J 的泊松过程，X_J 是一个服从参数为 λ_J 的指数分布的随机变量，于是

$$\begin{aligned}F_J(u)&=\frac{\int_0^u P\{X_J<X_j(\forall j\neq J),s_{B_i^*,T_i^*}+p_{i,T_i^*}-t_i^*>X_J(\forall T_i^*\neq 0)\mid X_J=x\}\lambda_J\mathrm{e}^{-\lambda_J x}\mathrm{d}x}{P\{s_{B_i^*,T_i^*}+p_{i,T_i^*}-t_i^*>0(\forall T_i^*\neq 0)\}}\\&=\frac{\int_0^u P\{X_j>x(\forall j\neq J),s_{B_i^*,T_i^*}+p_{i,T_i^*}-t_i^*>x(\forall T_i^*\neq 0)\}\lambda_J\mathrm{e}^{-\lambda_J x}\mathrm{d}x}{P\{s_{B_i^*,T_i^*}+p_{i,T_i^*}-t_i^*>0(\forall T_i^*\neq 0)\}}\end{aligned}\tag{6.11}$$

由于第 J 类顾客的到达服从参数为 λ_J 的泊松过程，

$$\begin{aligned}&P\{X_j>x(\forall j\neq J),s_{B_i^*,T_i^*}+p_{i,T_i^*}-t_i^*>x(\forall T_i^*\neq 0)\}\\&=P\{X_j>x(\forall j\neq J)\}P\{s_{B_i^*,T_i^*}+p_{i,T_i^*}-t_i^*>x(\forall T_i^*\neq 0)\}\\&=P\{s_{B_i^*,T_i^*}+p_{i,T_i^*}-t_i^*>x(\forall T_i^*\neq 0)\}\prod_{1\leqslant j\leqslant n,j\neq J}P\{X_j>x\}\\&=P\{s_{B_i^*,T_i^*}+p_{i,T_i^*}-t_i^*>x(\forall T_i^*\neq 0)\}\prod_{1\leqslant j\leqslant n,j\neq J}\mathrm{e}^{-\lambda_j x}\end{aligned}\tag{6.12}$$

因为转换时间和所有服务台的处理时间是相互独立的随机变量，所以 $s_{B_i^*,T_i^*}+p_{i,T_i^*}$ 和 $s_{B_k^*,T_k^*}+p_{k,T_k^*}$ $(T_i^*\neq 0,T_k^*\neq 0,1\leqslant i\neq k\leqslant m)$ 是相互独立的随机变量，由此可得

$$P\{s_{B_i^*,T_i^*}+p_{i,T_i^*}-t_i^*>x(\forall T_i^*\neq 0)\}=\prod_{1\leqslant i\leqslant m,T_i^*\neq 0}P\{s_{B_i^*,T_i^*}+p_{i,T_i^*}>t_i^*+x\}\tag{6.13}$$

$$P\{s_{B_i^*,T_i^*}+p_{i,T_i^*}-t_i^*>x(\forall T_i^*\neq 0)\}=\prod_{1\leqslant i\leqslant m,T_i^*\neq 0}P\{s_{B_i^*,T_i^*}+p_{i,T_i^*}>t_i^*\}\tag{6.14}$$

$s_{B_i^*,T_i^*}$ 服从正态分布 N（$\mu^s_{B_i^*,T_i^*},(\sigma^s_{B_i^*,T_i^*})^2$），$p_{i,T_i^*}$ 服从正态分布 N（$\mu^p_{i,T_i^*},(\sigma^p_{i,T_i^*})^2$），因此，$s_{B_i^*,T_i^*}+p_{i,T_i^*}$ 服从正态分布 N（$\mu^s_{B_i^*,T_i^*}+\mu^p_{i,T_i^*},(\sigma^s_{B_i^*,T_i^*})^2+(\sigma^p_{i,T_i^*})^2$），由此可得

$$P\{s_{B_i^*,T_i^*}+p_{i,T_i^*}>t_i^*+x\}=\int_{t_i^*+x}^{+\infty}\frac{1}{\sqrt{2\pi[(\sigma^s_{B_i^*,T_i^*})^2+(\sigma^p_{i,T_i^*})^2]}}\exp\left\{-\frac{(y-\mu^s_{B_i^*,T_i^*}-\mu^p_{i,T_i^*})^2}{2[(\sigma^s_{B_i^*,T_i^*})^2+(\sigma^p_{i,T_i^*})^2]}\right\}\mathrm{d}y\tag{6.15}$$

$$P\{s_{B_i^*,T_i^*}+p_{i,T_i^*}>t_i^*\}=\int_{t_i^*}^{+\infty}\frac{1}{\sqrt{2\pi[(\sigma^s_{B_i^*,T_i^*})^2+(\sigma^p_{i,T_i^*})^2]}}\exp\left\{-\frac{(y-\mu^s_{B_i^*,T_i^*}-\mu^p_{i,T_i^*})^2}{2[(\sigma^s_{B_i^*,T_i^*})^2+(\sigma^p_{i,T_i^*})^2]}\right\}\mathrm{d}y\tag{6.16}$$

根据式（6.11）～式（6.16）可得

$$F_J(u)=\frac{\lambda_J\int_0^u\exp(-\sum_{j=1}^n\lambda_j x)\prod_{1\leqslant i\leqslant m,T_i^*\neq 0}\int_{t_i^*+x}^{+\infty}\frac{1}{\sqrt{2\pi[(\sigma^s_{B_i^*,T_i^*})^2+(\sigma^p_{i,T_i^*})^2]}}\exp\left\{-\frac{(y-\mu^s_{B_i^*,T_i^*}-\mu^p_{i,T_i^*})^2}{2[(\sigma^s_{B_i^*,T_i^*})^2+(\sigma^p_{i,T_i^*})^2]}\right\}\mathrm{d}y\mathrm{d}x}{\prod_{1\leqslant i\leqslant m,T_i^*\neq 0}\int_{t_i^*}^{+\infty}\frac{1}{\sqrt{2\pi[(\sigma^s_{B_i^*,T_i^*})^2+(\sigma^p_{i,T_i^*})^2]}}\exp\left\{-\frac{(y-\mu^s_{B_i^*,T_i^*}-\mu^p_{i,T_i^*})^2}{2[(\sigma^s_{B_i^*,T_i^*})^2+(\sigma^p_{i,T_i^*})^2]}\right\}\mathrm{d}y}\tag{6.17}$$

设 $P_F(s_k^*,a_k,s_{k+1}^J)$ 表示在状态 s_k^* 采取行为 a_k 后转移到状态 s_{k+1}^J 的状态转移概率，则有

$$P_F(s_k^*,a_k,s_{k+1}^J)=F_J(+\infty) \tag{6.18}$$

2）状态转移触发事件：某个顾客处理完毕

如果状态转移触发事件是某个服务台（假设是服务台 I）处理完毕某个顾客，设 s_{k+1}^I 表示下一个决策状态 s_{k+1}，Y_I 表示从状态 s_k^* 到状态 s_{k+1}^I 的状态转移时间，则有

$$B_{i,k+1}=\begin{cases}T_{i,k}^*, & \text{if } i=I\\ B_{i,k}^*, & \text{if } i\neq I\end{cases},\quad (1\leqslant i\leqslant m) \tag{6.19}$$

$$T_{i,k+1}=\begin{cases}0, & \text{if } i=I\\ T_{i,k}^*, & \text{if } i\neq I\end{cases},\quad (1\leqslant i\leqslant m) \tag{6.20}$$

$$t_{i,k+1}=\begin{cases}t_{i,k}^*+Y_I, & \text{if } T_{i,k}^*>0 \text{ and } i\neq I\\ 0, & \text{其他}\end{cases},\quad (1\leqslant i\leqslant m) \tag{6.21}$$

并且对所有顾客类型 j（$1\leqslant j\leqslant n$）有 $q_{j,k+1}=q_{j,k}^*$。

设 $G_I(u)$ 表示在状态 s_k^* 采取行为 a_k 的条件下转移到状态 s_{k+1}^I，状态转移触发事件是服务台 I 处理完毕某个顾客并且从状态 s_k^* 到状态 s_{k+1}^I 的状态转移时间小于等于 u 的概率，则

$$G_I(u)=P\{Y_I\leqslant u,\text{下一次状态转移的触发事件是服务台}I\text{处理完毕某个顾客}\} \tag{6.22}$$

由于 $Y_I=s_{B_I^*,T_I^*}+p_{I,T_I^*}-t_I^*$，根据式（6.22）可得

$$\begin{aligned}G_I(u)&=P\{s_{B_I^*,T_I^*}+p_{I,T_I^*}-t_I^*\leqslant u,X_j>s_{B_I^*,T_I^*}+p_{I,T_I^*}-t_I^*(1\leqslant j\leqslant n),\\&\quad s_{B_i^*,T_i^*}+p_{i,T_i^*}-t_i^*>s_{B_I^*,T_I^*}+p_{I,T_I^*}-t_I^*(\forall T_i^*\neq 0,i\neq I)\mid s_{B_i^*,T_i^*}+p_{i,T_i^*}-t_i^*>0(\forall T_i^*\neq 0)\}\\&=\frac{P\{0<s_{B_I^*,T_I^*}+p_{I,T_I^*}-t_I^*\leqslant u,X_j>s_{B_I^*,T_I^*}+p_{I,T_I^*}-t_I^*(1\leqslant j\leqslant n),s_{B_i^*,T_i^*}+p_{i,T_i^*}-t_i^*>s_{B_I^*,T_I^*}+p_{I,T_I^*}-t_I^*(\forall T_i^*\neq 0,i\neq I)\}}{P\{s_{B_i^*,T_i^*}+p_{i,T_i^*}-t_i^*>0(\forall T_i^*\neq 0)\}}\end{aligned} \tag{6.23}$$

设 $H(x)$ 表示 $s_{B_I^*,T_I^*}+p_{I,T_I^*}$ 的概率分布函数，即 $H(x)=P\{s_{B_I^*,T_I^*}+p_{I,T_I^*}\leqslant x\}$，根据式（6.23）可得

$$\begin{aligned}G_I(u)&=\frac{\int_{t_I^*}^{t_I^*+u}P\{X_j>s_{B_I^*,T_I^*}+p_{I,T_I^*}-t_I^*(1\leqslant j\leqslant n),s_{B_i^*,T_i^*}+p_{i,T_i^*}-t_i^*>s_{B_I^*,T_I^*}+p_{I,T_I^*}-t_I^*(\forall T_i^*\neq 0,i\neq I)\mid s_{B_I^*,T_I^*}+p_{I,T_I^*}=x\}\mathrm{d}H(x)}{P\{s_{B_i^*,T_i^*}+p_{i,T_i^*}-t_i^*>0(\forall T_i^*\neq 0)\}}\\&=\frac{\int_{t_I^*}^{t_I^*+u}P\{X_j>x-t_I^*(1\leqslant j\leqslant n),s_{B_i^*,T_i^*}+p_{i,T_i^*}>x+t_i^*-t_I^*(\forall T_i^*\neq 0,i\neq I)\}\mathrm{d}H(x)}{P\{s_{B_i^*,T_i^*}+p_{i,T_i^*}>t_i^*(\forall T_i^*\neq 0)\}}\end{aligned} \tag{6.24}$$

由于第 $j(1\leqslant j\leqslant n)$ 类顾客的到达服从参数为 λ_j 的泊松过程，因此

$$\begin{aligned}&P\{X_j>x-t_I^*(1\leqslant j\leqslant n),s_{B_i^*,T_i^*}+p_{i,T_i^*}>x+t_i^*-t_I^*(\forall T_i^*\neq 0,i\neq I)\}\\&=P\{X_j>x-t_I^*(1\leqslant j\leqslant n)\}P\{s_{B_i^*,T_i^*}+p_{i,T_i^*}>x+t_i^*-t_I^*(\forall T_i^*\neq 0,i\neq I)\}\\&=P\{s_{B_i^*,T_i^*}+p_{i,T_i^*}>x+t_i^*-t_I^*(\forall T_i^*\neq 0,i\neq I)\}\prod_{1\leqslant j\leqslant n}P\{X_j>x-t_I^*\}\\&=P\{s_{B_i^*,T_i^*}+p_{i,T_i^*}>x+t_i^*-t_I^*(\forall T_i^*\neq 0,i\neq I)\}\prod_{1\leqslant j\leqslant n}\mathrm{e}^{-\lambda_j(x-t_I^*)}\end{aligned}$$

$$=P\{s_{B_i^*,T_i^*}+p_{i,T_i^*}>x+t_i^*-t_I^*(\forall T_i^*\neq 0,i\neq I)\}\exp\left[(t_I^*-x)\sum_{j=1}^{n}\lambda_j\right] \tag{6.25}$$

类似式（6.13）和式（6.14）的推导可得

$$\begin{aligned}&P\{s_{B_i^*,T_i^*}+p_{i,T_i^*}>x+t_i^*-t_I^*(\forall T_i^*\neq 0,i\neq I)\}\\&=\prod_{1\leqslant i\leqslant m,T_i^*\neq 0,i\neq I}P\{s_{B_i^*,T_i^*}+p_{i,T_i^*}>x+t_i^*-t_I^*\}\end{aligned} \tag{6.26}$$

$$P\{s_{B_i^*,T_i^*}+p_{i,T_i^*}>t_i^*(\forall T_i^*\neq 0)\}=\prod_{1\leqslant i\leqslant m,T_i^*\neq 0}P\{s_{B_i^*,T_i^*}+p_{i,T_i^*}>t_i^*\} \tag{6.27}$$

根据式（6.24）～式（6.27）可得

$$G_I(u)=\frac{\int_{t_I^*}^{t_I^*+u}\exp[(t_I^*-x)\sum\limits_{j=1}^{n}\lambda_j]\prod\limits_{1\leqslant i\leqslant m,T_i^*\neq 0,i\neq I}P\{s_{B_i^*,T_i^*}+p_{i,T_i^*}>x+t_i^*-t_I^*\}\mathrm{d}H(x)}{\prod\limits_{1\leqslant i\leqslant m,T_i^*\neq 0}P\{s_{B_i^*,T_i^*}+p_{i,T_i^*}>t_i^*\}} \tag{6.28}$$

类似式（6.15）可推导出

$$P\{s_{B_i^*,T_i^*}+p_{i,T_i^*}>x+t_i^*-t_I^*\}=\int_{x+t_i^*-t_I^*}^{+\infty}\frac{1}{\sqrt{2\pi[(\sigma_{B_i^*,T_i^*}^s)^2+(\sigma_{i,T_i^*}^p)^2]}}\exp\left\{-\frac{(y-\mu_{B_i^*,T_i^*}^s-\mu_{i,T_i^*}^p)^2}{2[(\sigma_{B_i^*,T_i^*}^s)^2+(\sigma_{i,T_i^*}^p)^2]}\right\}\mathrm{d}y \tag{6.29}$$

$$P\{s_{B_i^*,T_i^*}+p_{i,T_i^*}>t_i^*\}=\int_{t_i}^{+\infty}\frac{1}{\sqrt{2\pi[(\sigma_{B_i^*,T_i^*}^s)^2+(\sigma_{i,T_i^*}^p)^2]}}\exp\left\{-\frac{(y-\mu_{B_i^*,T_i^*}^s-\mu_{i,T_i^*}^p)^2}{2[(\sigma_{B_i^*,T_i^*}^s)^2+(\sigma_{i,T_i^*}^p)^2]}\right\}\mathrm{d}y \tag{6.30}$$

根据 H（x）的定义可得

$$\mathrm{d}H(x)=\frac{1}{\sqrt{2\pi[(\sigma_{B_I^*,T_I^*}^s)^2+(\sigma_{I,T_I^*}^p)^2]}}\exp\left\{-\frac{(x-\mu_{B_I^*,T_I^*}^s-\mu_{I,T_I^*}^p)^2}{2[(\sigma_{B_I^*,T_I^*}^s)^2+(\sigma_{I,T_I^*}^p)^2]}\right\}\mathrm{d}x \tag{6.31}$$

综上，根据式（6.28）～式（6.30）可得

$$G_I(u)=\frac{\int_{t_I^*}^{t_I^*+u}\exp[(t_I^*-x)\sum\limits_{j=1}^{n}\lambda_j]\prod\limits_{1\leqslant i\leqslant m,T_i^*\neq 0,i\neq I}\int_{x+t_i^*-t_I^*}^{+\infty}\frac{1}{\sqrt{2\pi[(\sigma_{B_i^*,T_i^*}^s)^2+(\sigma_{i,T_i^*}^p)^2]}}\exp\left\{-\frac{(y-\mu_{B_i^*,T_i^*}^s-\mu_{i,T_i^*}^p)^2}{2[(\sigma_{B_i^*,T_i^*}^s)^2+(\sigma_{i,T_i^*}^p)^2]}\right\}\mathrm{d}y\mathrm{d}H(x)}{\prod\limits_{1\leqslant i\leqslant m,T_i^*\neq 0}\int_{t_i^*}^{+\infty}\frac{1}{\sqrt{2\pi[(\sigma_{B_i^*,T_i^*}^s)^2+(\sigma_{i,T_i^*}^p)^2]}}\exp\left\{-\frac{(y-\mu_{B_i^*,T_i^*}^s-\mu_{i,T_i^*}^p)^2}{2[(\sigma_{B_i^*,T_i^*}^s)^2+(\sigma_{i,T_i^*}^p)^2]}\right\}\mathrm{d}y} \tag{6.32}$$

其中，$\mathrm{d}H(x)$ 如式（6.31）所示。

设 $P_G(s_k^*,a_k,s_{k+1}^I)$ 表示在状态 s_k^* 采取行为 a_k 后转移到状态 s_{k+1}^I 的状态转移概率，则有

$$P_G(s_k^*,a_k,s_{k+1}^I)=G_I(+\infty) \tag{6.33}$$

3）状态转移间隔时间的概率分布

假设随机变量 V（$V=\tau_{k+1}-\tau_k$）表示从状态 s_k 到状态 s_{k+1} 的状态转移时间，F（x）是

V 的概率分布函数，即 $F(x)=P\{V\leqslant x\}$。那么

$$F(x)=\sum_{j=1}^{n}P\{0\leqslant X_j\leqslant x,\text{状态转移的触发事件是第 } j \text{ 类顾客到达}\}$$
$$+\sum_{1\leqslant i\leqslant m,T_i^*\neq 0}^{n}P\{0\leqslant Y_i\leqslant x,\text{下一次状态转移触发事件是服务台 } I \text{ 处理完毕某个顾客}\}$$
$$=\sum_{J=1}^{n}F_J(x)+\sum_{1\leqslant I\leqslant m,T_I^*\neq 0}G_I(x) \tag{6.34}$$

4. 报酬函数

本小节定义报酬函数并在下一节证明报酬函数的性质。

定义 6.1 设 r_k（k=1，2，…）表示状态从 s_k 转移到 s_{k+1} 这一步状态转移在时刻 τ_{k+1} 获得的报酬。r_k 定义为

$$r_k=-(\tau_{k+1}-\tau_k)\sum\nolimits_{j=1}^{n}w_j q_{j,k}^* \tag{6.35}$$

其中，τ_k 表示第 k 个决策状态的时刻，w_j 是第 j 类顾客的权重，$q_{j,k}^*$ 表示在第 k 个临时状态在队列中等待处理的第 j（$1\leqslant j\leqslant n$）类顾客的数量，$q_{j,k}^*$ 是状态向量 s_k^*（其定义见式(6.4)）的一个分量。

根据以上关于报酬函数的定义可知，r_k 可基于 s_k^* 及从状态 s_k^* 转移到状态 s_{k+1} 的状态转移时间计算出来。由于 s_k^* 取决于 s_k 和 a_k，因此 r_k 也取决于 s_k 和 a_k。设 S 表示状态空间，易知对任意状态 $s\in S$ 有

$$\begin{aligned}&P\{s_{k+1}=s,\tau_{k+1}-\tau_k\leqslant t,r_k\leqslant r\mid s_0,\tau_0,a_0;s_1,\tau_1,a_1;\cdots;s_k,\tau_k,a_k\}\\&=P\{s_{k+1}=s,\tau_{k+1}-\tau_k\leqslant t,r_k\leqslant r\mid s_k,\tau_k,a_k\}\end{aligned} \tag{6.36}$$

其中，$\tau_{k+1}-\tau_k$ 是状态从 s_k 转移到 s_{k+1} 的状态转移时间。可见，上述刻画的决策过程 (s,τ,a) 是半马尔可夫决策过程。

6.1.3 排队控制系统的性质

下面通过理论推导研究排队控制系统的性质并分析报酬函数与上述排队控制的目标函数的关系。证明如下性质：

引理 6.1 设 N_T^j 表示 T 时间内到达的第 j 类顾客的数量，N_T 表示 T 时间内到达的所有类型顾客的总数量，下面结论成立：

$$\lim_{T\to+\infty}P\{N_T^j=k\}=0,\quad \forall 1\leqslant j\leqslant n,k\in Z^+\cup\{0\} \tag{6.37}$$

$$\lim_{T\to+\infty}P\{N_T=k\}=0,\quad \forall k\in Z^+\cup\{0\} \tag{6.38}$$

证明 （1）由于第 j 类顾客的到达服从参数为 λ_j 的泊松过程，

$$P\{N_T^j = k\} = \frac{1}{k!} e^{-\lambda_j T} (\lambda_j T)^k \tag{6.39}$$

于是，对于任意$1 \leqslant j \leqslant n, k \in Z^+ \cup \{0\}$有

$$\lim_{T \to +\infty} P\{N_T^j = k\} = \lim_{T \to +\infty} \frac{1}{k!} e^{-\lambda_j T} (\lambda_j T)^k = \frac{1}{k!} \lim_{T \to +\infty} e^{-\lambda_j T} (\lambda_j T)^k = 0 \tag{6.40}$$

（2）由于第 j 类顾客的到达服从参数为 λ_j 的泊松分布，N_T^j（$1 \leqslant j \leqslant n$）服从参数为 $\lambda_j T$ 的泊松分布，N_T 服从参数为 $\sum_{j=1}^n \lambda_j T$ 的泊松分布。类似第（1）部分的证明可得式（6.38）。

引理 6.2　假设$C > 0$，$D > 0$，q（$q \geqslant 1$）是一个正整数，K（$0 \leqslant K < q$）是一个非负整数，j（$1 \leqslant j \leqslant n$）是一个整数，则

$$\lim_{T \to +\infty} E[\frac{C}{N_T^j + D}] = 0, \forall 1 \leqslant j \leqslant n \tag{6.41}$$

$$\lim_{T \to +\infty} E[\frac{C}{N_T + D}] = 0 \tag{6.42}$$

$$\lim_{T \to +\infty} \sum_{k=q}^{+\infty} \frac{C}{k-K} P\{N_T^j = k\} = 0 \tag{6.43}$$

$$\lim_{T \to +\infty} \sum_{k=q}^{+\infty} \frac{C}{k-K} P\{N_T = k\} = 0 \tag{6.44}$$

证明　（1）根据数学期望定义得

$$\begin{aligned} E[\frac{C}{N_T^j + D}] &= \sum_{k=0}^{+\infty} \frac{C}{k+D} P\{N_T^j = k\} \\ &= \sum_{k=0}^{+\infty} \frac{C}{k+D} \frac{(\lambda_j T)^k}{k! e^{\lambda_j T}} \end{aligned} \tag{6.45}$$

因为$C > 0$，$D > 0$，所以：

$$\frac{C}{k+D} P\{N_T^j = k\} \geqslant 0, \forall k \in Z^+ \cup \{0\} \tag{6.46}$$

于是可得

$$E[\frac{C}{N_T^j + D}] \geqslant 0, (\forall T > 0) \tag{6.47}$$

又知对任意 $\varepsilon>0$，存在正整数 W 满足$W > \max\{C / \varepsilon - D, 0\}$。因此：

$$\frac{C}{W+D} < \varepsilon \tag{6.48}$$

根据式（6.45）可得

$$
\begin{aligned}
E[\frac{C}{N_T^j+D}] &= \sum_{k=0}^{W}\frac{C}{k+D}\frac{(\lambda_j T)^k}{k!\mathrm{e}^{\lambda_j T}} + \sum_{k=W+1}^{+\infty}\frac{C}{k+D}\frac{(\lambda_j T)^k}{k!\mathrm{e}^{\lambda_j T}} \\
&< \frac{C}{D}\sum_{k=0}^{W}\frac{(\lambda_j T)^k}{k!\mathrm{e}^{\lambda_j T}} + \frac{C}{K+D}\sum_{k=W+1}^{+\infty}\frac{(\lambda_j T)^k}{k!\mathrm{e}^{\lambda_j T}}
\end{aligned} \tag{6.49}
$$

由不等式（6.48）可得

$$
\frac{C}{K+D}\sum_{k=K+1}^{+\infty}\frac{(\lambda_j T)^k}{k!\mathrm{e}^{\lambda_j T}} < \varepsilon\sum_{k=K+1}^{+\infty}\frac{(\lambda_j T)^k}{k!\mathrm{e}^{\lambda_j T}} < \frac{\varepsilon}{\mathrm{e}^{\lambda_j T}}\sum_{k=0}^{+\infty}\frac{(\lambda_j T)^k}{k!} = \varepsilon \tag{6.50}
$$

由于 $\lim_{T\to+\infty}\frac{C}{D}\sum_{k=0}^{W}\frac{(\lambda_j T)^k}{k!\mathrm{e}^{\lambda_j T}} = \frac{C}{D}\sum_{k=0}^{W}\lim_{T\to+\infty}\frac{(\lambda_j T)^k}{k!\mathrm{e}^{\lambda_j T}} = 0$，综合不等式（6.49）和（6.50）可得当 $T\to+\infty$ 时，$E[C/(N_T^j+D)]<\varepsilon$ 对任意 $\varepsilon>0$ 成立。根据极限的定义以及 ε 的任意性得知式（6.41）成立。

（2）因为 N_T 服从参数为 $\sum_{j=1}^{n}\lambda_j T$ 的泊松分布，所以类似式（6.41）的推导可得式（6.42）。

（3）因为 $q>K$，所以存在实数 $M>1$（如取 $M=(k+1)/(k-K)+1$）使 $1/(k-K) < M/(k+1)$ 对任意 $k\geqslant q$ 成立。于是根据式（6.39）可得

$$
\sum_{k=q}^{+\infty}\frac{C}{k-K}P\{N_T^j=k\} \leqslant \sum_{k=q}^{+\infty}\frac{MC}{k+1}P\{N_T^j=k\} = \sum_{k=q}^{+\infty}\frac{MC(\lambda_j T)^k}{(k+1)!\mathrm{e}^{\lambda_j T}} \tag{6.51}
$$

易知：

$$
\sum_{k=q}^{+\infty}\frac{C}{k-K}P\{N_T^j=k\} \geqslant 0 \tag{6.52}
$$

因此：

$$
0 \leqslant \sum_{k=q}^{+\infty}\frac{C}{k-K}P\{N_T^j=k\} \leqslant MC\sum_{k=q}^{+\infty}\frac{(\lambda_j T)^k}{(k+1)!\mathrm{e}^{\lambda_j T}} \tag{6.53}
$$

由于：

$$
\sum_{k=q}^{+\infty}\frac{(\lambda_j T)^k}{(k+1)!\mathrm{e}^{\lambda_j T}} = \sum_{k=0}^{+\infty}\frac{(\lambda_j T)^k}{(k+1)!\mathrm{e}^{\lambda_j T}} - \sum_{k=0}^{q-1}\frac{(\lambda_j T)^k}{(k+1)!\mathrm{e}^{\lambda_j T}} = E[\frac{1}{N_T^j+1}] - \sum_{k=0}^{q-1}\frac{(\lambda_j T)^k}{(k+1)!\mathrm{e}^{\lambda_j T}} \tag{6.54}
$$

并且根据式（6.41）可得

$$
\lim_{T\to+\infty}E[\frac{1}{N_T^j+1}] = 0 \tag{6.55}
$$

因此对式（6.54）两边取极限可得

$$
\lim_{T\to+\infty}\sum_{k=q}^{+\infty}\frac{(\lambda_j T)^k}{(k+1)!\mathrm{e}^{\lambda_j T}} = \lim_{T\to+\infty}E[\frac{1}{N_T^j+1}] - \lim_{T\to+\infty}\sum_{k=0}^{q-1}\frac{(\lambda_j T)^k}{(k+1)!\mathrm{e}^{\lambda_j T}} = 0 \tag{6.56}
$$

根据式（6.53）和式（6.56）得知式（6.43）成立。

（4）因为 N_T 服从参数为 $\sum_{j=1}^{n}\lambda_j T$ 的泊松分布，所以类似式（6.43）的推导可得式（6.44）。

引理 6.3 设 f_g 表示第 g 个顾客在排队系统的流程时间，w_g 表示第 g 个顾客的权重，K 为任意正整数且 $V=\max_{1\leqslant j\leqslant n}\{w_j\}$。如果存在正实数 U，使 $E[f_g]\leqslant U$ 对任意 $g(g\in Z^+)$ 成

立，那么$T \to +\infty$时式（6.57）成立

$$E[\frac{1}{N_T+K}\sum_{g=1}^{N_T+K} w_g f_g] = E[\frac{1}{N_T}\sum_{g=1}^{N_T} w_g f_g] \tag{6.57}$$

证明　根据数学期望的定义得

$$E[\frac{1}{N_T+K}\sum_{g=1}^{N_T+K} w_g f_g] = \frac{1}{K}\sum_{g=1}^{K} w_g E[f_g]P\{N_T=0\} + \sum_{k=1}^{+\infty}\frac{1}{k+K}\sum_{g=1}^{k+K} w_g E[f_g]P\{N_T=k\} \tag{6.58}$$

下面分别证明不等式（6.59）和（6.60）成立：

$$E[\frac{1}{N_T+K}\sum_{g=1}^{N_T+K} w_g f_g] \leqslant E[\frac{1}{N_T}\sum_{g=1}^{N_T} w_g f_g],(T \to +\infty) \tag{6.59}$$

$$E[\frac{1}{N_T+K}\sum_{g=1}^{N_T+K} w_g f_g] \geqslant E[\frac{1}{N_T}\sum_{g=1}^{N_T} w_g f_g],(T \to +\infty) \tag{6.60}$$

易知：

$$\begin{aligned}\sum_{k=1}^{+\infty}\frac{1}{k+K}\sum_{g=1}^{k+K} w_g E[f_g]P\{N_T=k\} &\leqslant \sum_{k=1}^{+\infty}\frac{1}{k}\sum_{g=1}^{k+K} w_g E[f_g]P\{N_T=k\} \\ &= \sum_{k=1}^{+\infty}\frac{1}{k}\sum_{g=1}^{k} w_g E[f_g]P\{N_T=k\} + \sum_{k=1}^{+\infty}\frac{1}{k}\sum_{g=k+1}^{k+K} w_g E[f_g]P\{N_T=k\}\end{aligned} \tag{6.61}$$

由于$E[f_g] \leqslant U$并且$w_g \leqslant V$对任意$g(g \in Z^+)$成立，

$$\sum_{k=1}^{+\infty}\frac{1}{k}\sum_{g=k+1}^{k+K} w_g E[f_g]P\{N_T=k\} \leqslant \sum_{k=1}^{+\infty}\frac{KUV}{k}P\{N_T=k\} \tag{6.62}$$

根据数学期望的定义可得

$$E[\frac{1}{N_T}\sum_{g=1}^{N_T} w_g f_g] = \sum_{k=1}^{+\infty}\frac{1}{k}\sum_{g=1}^{k} w_g E[f_g]P\{N_T=k\}. \tag{6.63}$$

由式（6.58）、式（6.61）～式（6.63）可得

$$E[\frac{1}{N_T+K}\sum_{g=1}^{N_T+K} w_g f_g] \leqslant \frac{1}{K}\sum_{g=1}^{K} w_g E[f_g]P\{N_T=0\} + E[\frac{1}{N_T}\sum_{g=1}^{N_T} w_g f_g] + \sum_{k=1}^{+\infty}\frac{KUV}{k}P\{N_T=k\} \tag{6.64}$$

由引理 6.1 得

$$\lim_{T\to+\infty} P\{N_T=0\} = 0 \tag{6.65}$$

因此：

$$\lim_{T\to+\infty}\sum_{g=1}^{K} w_g E[f_g]P\{N_T=0\} = 0 \tag{6.66}$$

由式（6.44）可得

$$\lim_{T\to+\infty}\sum_{k=1}^{+\infty}\frac{KUV}{k}P\{N_T=k\} = 0 \tag{6.67}$$

于是根据式（6.64）可得当$T \to +\infty$时式（6.68）成立：

$$
\begin{aligned}
E[\frac{1}{N_T+K}\sum_{g=1}^{N_T+K} w_g f_g] &\leqslant E[\frac{1}{N_T}\sum_{g=1}^{N_T} w_g f_g] + \lim_{T\to+\infty}\frac{1}{K}\sum_{g=1}^{K} w_g E[f_g]P\{N_T=0\} + \lim_{T\to+\infty}\sum_{k=1}^{+\infty}\frac{KUV}{k}P\{N_T=k\} \\
&= E[\frac{1}{N_T}\sum_{g=1}^{N_T} w_g f_g]
\end{aligned}
\tag{6.68}
$$

另外，易知：

$$
\begin{aligned}
\sum_{k=1}^{+\infty}\frac{1}{k+K}\sum_{g=1}^{k+K} w_g E[f_g]P\{N_T=k\} &\geqslant \sum_{k=1}^{+\infty}\frac{1}{k+K}\sum_{g=1}^{k} w_g E[f_g]P\{N_T=k\} \\
&= \sum_{k=1}^{+\infty}[\frac{1}{k}-(\frac{1}{k}-\frac{1}{k+K})]\sum_{g=1}^{k} w_g E[f_g]P\{N_T=k\} \\
&= \sum_{k=1}^{+\infty}\frac{1}{k}\sum_{g=1}^{k} w_g E[f_g]P\{N_T=k\} \\
&\quad -\sum_{k=1}^{+\infty}\frac{K}{k(k+K)}\sum_{g=1}^{k} w_g E[f_g]P\{N_T=k\}
\end{aligned}
\tag{6.69}
$$

根据数学期望的定义可得

$$
E[\frac{1}{N_T}\sum_{g=1}^{N_T} w_g f_g] = \sum_{k=1}^{+\infty}\frac{1}{k}\sum_{g=1}^{k} w_g E[f_g]P\{N_T=k\}
\tag{6.70}
$$

根据不等式（6.69）可得

$$
\sum_{k=1}^{+\infty}\frac{1}{k+K}\sum_{g=1}^{k+K} w_g E[f_g]P\{N_T=k\} \geqslant E[\frac{1}{N_T}\sum_{g=1}^{N_T} w_g f_g] - \sum_{k=1}^{+\infty}\frac{K}{k(k+K)}\sum_{g=1}^{k} w_g E[f_g]P\{N_T=k\}
\tag{6.71}
$$

因此，根据式（6.58）可得

$$
\begin{aligned}
E[\frac{1}{N_T+K}\sum_{g=1}^{N_T+K} w_g f_g] &\geqslant \frac{1}{K}\sum_{g=1}^{K} w_g E[f_g]P\{N_T=0\} + E[\frac{1}{N_T}\sum_{g=1}^{N_T} w_g f_g] \\
&\quad -\sum_{k=1}^{+\infty}\frac{K}{k(k+K)}\sum_{g=1}^{k} w_g E[f_g]P\{N_T=k\}
\end{aligned}
\tag{6.72}
$$

由于 $\sum_{g=1}^{k} w_g E[f_g] \leqslant kUV$，

$$
\sum_{k=1}^{+\infty}\frac{K}{k(k+K)}\sum_{g=1}^{k} w_g E[f_g]P\{N_T=k\} \leqslant \sum_{k=1}^{\infty}\frac{KUV}{k+K}P\{N_T=k\} \leqslant E[\frac{KUV}{N_T+K}]
\tag{6.73}
$$

于是根据不等式（6.72）可得

$$E[\frac{1}{N_T+K}\sum_{g=1}^{N_T+K} w_g f_g] \geqslant \frac{1}{K}\sum_{g=1}^{K} w_g E[f_g] P\{N_T=0\} + E[\frac{1}{N_T}\sum_{g=1}^{N_T} w_g f_g] - E[\frac{KUV}{N_T+K}] \tag{6.74}$$

根据式（6.42）和式（6.66）可得

$$\lim_{T\to+\infty} E[\frac{KUV}{N_T+K}] = 0 \tag{6.75}$$

由不等式（6.74）可得，当 $T\to+\infty$ 时式（6.76）成立：

$$E[\frac{1}{N_T+K}\sum_{g=1}^{N_T+K} w_g f_g] \geqslant E[\frac{1}{N_T}\sum_{g=1}^{N_T} w_g f_g] \tag{6.76}$$

根据不等式（6.74）和（6.76）得证。

引理 6.4　设 f_g 表示第 g 个顾客在排队系统的流程时间且 $\lambda=\sum_{j=1}^{n}\lambda_j$。如果存在正实数 U，使 $E[f_g]\leqslant U$ 对任意 $g(g\in Z^+)$ 成立，则 $T\to+\infty$ 时下面等式成立

$$E[\frac{1}{T}\sum_{g=1}^{N_T} w_g f_g] = \lambda E[\frac{1}{N_T}\sum_{g=1}^{N_T} w_g f_g] \tag{6.77}$$

证明　根据数学期望的定义得

$$\begin{aligned} E[\frac{1}{T}\sum_{g=1}^{N_T} w_g f_g] &= \sum_{k=1}^{+\infty}\frac{1}{T}\sum_{g=1}^{k} w_g E[f_g] P\{N_T=k\} \\ &= \lambda\sum_{k=1}^{+\infty}\frac{1}{\lambda T}\sum_{g=1}^{k} w_g E[f_g]\frac{\mathrm{e}^{-\lambda T}(\lambda T)^k}{k!} \\ &= \lambda\sum_{k=1}^{+\infty}\sum_{g=1}^{k} w_g E[f_g]\frac{\mathrm{e}^{-\lambda T}(\lambda T)^{k-1}}{k!} \end{aligned} \tag{6.78}$$

令 $i=k-1$，由式（6.78）得

$$\begin{aligned} E[\frac{1}{T}\sum_{g=1}^{N_T} w_g f_g] &= \lambda\sum_{i=0}^{+\infty}\{\sum_{g=1}^{i+1} w_g E[f_g]\frac{\mathrm{e}^{-\lambda T}(\lambda T)^i}{i!}\frac{1}{i+1}\} \\ &= \lambda\sum_{i=0}^{+\infty}\frac{1}{i+1}\sum_{g=1}^{i+1} w_g E[f_g] P\{N_T=i\} \\ &= \lambda E[\frac{1}{N_T+1}\sum_{g=1}^{N_T+1} w_g f_g] \end{aligned} \tag{6.79}$$

根据引理 6.3 可得 $T\to+\infty$ 时下面等式成立

$$E[\frac{1}{N_T+1}\sum_{g=1}^{N_T+1} w_g f_g] = E[\frac{1}{N_T}\sum_{g=1}^{N_T} w_g f_g] \tag{6.80}$$

于是，根据不等式（6.79）和（6.80）得证。

定理 6.1　设 N_T^d 表示在 T 时间内决策状态的数量，d_g 表示第 g 个顾客的到达时刻，c_g 表示第 g 个顾客完成处理的时刻。假设存在正实数 U，使 $E[f_g]\leqslant U$ 对任意 $g(g\in Z^+)$ 成

立。设$\overline{r_T^t}$表示在T时间内获得的时间平均报酬，$\overline{f_T}$表示T时间内已处理完毕的顾客在排队系统的平均流程时间，$\overline{r_T^t}$和$\overline{f_T}$的定义如下：

$$\overline{r_T^t}=\frac{1}{T}\sum_{k=1}^{N_T}r_k \tag{6.81}$$

$$\overline{f_T}=\frac{1}{N_T}\sum_{g=1}^{N_T}w_g f_g \tag{6.82}$$

其中，$f_g=c_g-d_g$。设$\delta_g(t)$表示如下定义的示性函数：

$$\delta_g(t)=\begin{cases}0, & \text{如果第}g\text{个顾客在时刻}t\text{未到达或已完工}\\ 1, & \text{如果第}g\text{个顾客在时刻}t\text{滞留在系统}\end{cases} \tag{6.83}$$

于是$T\to+\infty$时下面等式成立：

$$E[\overline{r_T^t}]=-\lambda E[\overline{f_T}] \tag{6.84}$$

证明　由式（6.35）和式（6.81）得

$$\begin{aligned}\overline{r_T^t}&=\frac{1}{T}\sum_{k=1}^{N_T^d}-(\tau_{k+1}-\tau_k)\sum_{j=1}^{n}w_j q_{j,k}^*\\&=-\frac{1}{T}\sum_{k=1}^{N_T^d}\int_{t=\tau_k}^{\tau_{k+1}}\sum_{g=1}^{N_T}w_g\delta_g(t)\mathrm{d}t\\&=-\frac{1}{T}\sum_{k=1}^{N_T^d}\sum_{g=1}^{N_T}\int_{t=\tau_k}^{\tau_{k+1}}w_g\delta_g(t)\mathrm{d}t\\&=-\frac{1}{T}\sum_{g=1}^{N_T}\sum_{k=1}^{N_T^d}\int_{t=\tau_k}^{\tau_{k+1}}w_g\delta_g(t)\mathrm{d}t\\&=-\frac{1}{T}\sum_{g=1}^{N_T}\int_{t=0}^{T}w_g\delta_g(t)\mathrm{d}t\\&=-\frac{1}{T}\sum_{g=1}^{N_T}w_g f_g\end{aligned} \tag{6.85}$$

于是有

$$E[\overline{r_T^t}]=-E[\frac{1}{T}\sum_{g=1}^{N_T}w_g f_g] \tag{6.86}$$

根据引理 6.4 可得$T\to\infty$时下面等式成立：

$$E[\overline{r_T^t}]=-\lambda E[\frac{1}{N_T}\sum_{g=1}^{N_T}w_g f_g] \tag{6.87}$$

根据式（6.82）和式（6.87）得证。

根据定理 6.1 可知报酬函数具备如下性质：当排队系统运行时间无限长时，最小化所有顾客的期望加权平均流程时间等价于最大化半马尔可夫决策过程的期望时间平均报酬。

根据以上性质可知，求解本节的排队控制问题等价于求解相应的平均报酬型半马尔可夫决策过程。换言之，求解本节的排队控制问题的最优控制策略等价于求解相应的平均报酬型半马尔可夫决策过程的最优策略。

6.1.4　数值例子

本节用一个数值例子来解释状态转移概率、状态转移时间概率分布的计算，并验证多服务台排队系统控制问题的性质。在该排队控制问题中，共有 3 类顾客（n=3），服务站包括 3 个互相独立的并行的服务台（m=3）。3 类顾客到达的泊松过程参数分别是 $\lambda_1=0.1$、$\lambda_2=0.05$、$\lambda_3=0.04$。顾客处理时间正态分布的均值矩阵为

$$\{\mu_{i,j}^p\}_{(1\leqslant i\leqslant 3,1\leqslant j\leqslant 3)}=\begin{bmatrix}10.47 & 5.98 & 8.12\\ 5.10 & 13.52 & 16.91\\ 11.36 & 6.68 & 13.92\end{bmatrix}$$

处理时间正态分布的方差矩阵为

$$\{\sigma_{i,j}^p\}_{(1\leqslant i\leqslant 3,1\leqslant j\leqslant 3)}=\begin{bmatrix}2.99 & 1.17 & 1.87\\ 1.31 & 1.57 & 2.88\\ 3.05 & 2.16 & 3.32\end{bmatrix}$$

转换时间正态分布的均值矩阵为

$$\{\mu_{j,l}^s\}_{(1\leqslant j\leqslant 3,1\leqslant l\leqslant 3)}=\begin{bmatrix}0 & 21.40 & 16.10\\ 23.30 & 0 & 29.90\\ 25.90 & 21.90 & 0\end{bmatrix}$$

转换时间正态分布的方差矩阵为

$$\{\sigma_{j,l}^s\}_{(1\leqslant j\leqslant 3,1\leqslant l\leqslant 3)}=\begin{bmatrix}0 & 2.64 & 3.59\\ 3.14 & 0 & 4.19\\ 2.75 & 3.21 & 0\end{bmatrix}$$

设第 k 个决策状态表示为

$$s_k=[2,3,4;1,2,3;0,1,2;0,4.6,5.8]$$

在这个决策点第一个服务台处于空闲状态，其他服务台均处于繁忙状态。假设行为 a_k 为第一个服务台选择一个第二类顾客进行处理，于是系统状态立刻转移到第 k 个临时状态 s_k^*,s_k^* 表示为

$$s_k^*=[2,2,4;1,2,3;2,1,2;0,4.6,5.8]$$

根据式（6.17）和式（6.18）可知，触发系统状态从 s_k^* 转移到 s_{k+1} 的事件是第一类顾客到达的概率可如下计算：

$$P_F(s_k^*,a_k,s_{k+1}^1)=F_1(+\infty)$$

$$=\frac{0.1\int_0^{+\infty}\mathrm{e}^{-0.19x}\int_y^{+\infty}\frac{\exp\{-\frac{(y-21.40-5.98)^2}{2(2.64^2+1.17^2)}\}}{\sqrt{2\pi(2.64^2+1.17^2)}}\mathrm{d}y\int_{4.6+y}^{+\infty}\frac{\exp\{-\frac{(y-23.30-5.10)^2}{2(3.14^2+1.31^2)}\}}{\sqrt{2\pi(3.14^2+1.31^2)}}\mathrm{d}y\int_{5.8+y}^{+\infty}\frac{\exp\{-\frac{(y-21.90-6.68)^2}{2(3.21^2+2.16^2)}\}}{\sqrt{2\pi(3.21^2+2.16^2)}}\mathrm{d}y\mathrm{d}x}{\int_0^{+\infty}\frac{\exp\{-\frac{(y-21.40-5.98)^2}{2(2.64^2+1.17^2)}\}}{\sqrt{2\pi(2.64^2+1.17^2)}}\mathrm{d}y\int_{4.6}^{+\infty}\frac{\exp\{-\frac{(y-23.30-5.10)^2}{2(3.14^2+1.31^2)}\}}{\sqrt{2\pi(3.14^2+1.31^2)}}\mathrm{d}y\int_{5.8}^{+\infty}\frac{\exp\{-\frac{(y-21.90-6.68)^2}{2(3.21^2+2.16^2)}\}}{\sqrt{2\pi(3.21^2+2.16^2)}}\mathrm{d}y}$$

$$=0.515$$

同理，触发系统状态从 s_k^* 转移到 s_{k+1} 的事件是第二类顾客到达的概率、第三类顾客到达的概率可分别计算如下：

$$P_F(s_k^*,a_k,s_{k+1}^2)=F_2(+\infty)=0.256\ ,$$

$$P_F(s_k^*,a_k,s_{k+1}^3)=F_3(+\infty)=0.205$$

根据式（6.31）、式（6.32）和式（6.33）可知，触发系统状态从 s_k^* 转移到 s_{k+1} 的事件是第一个服务台处理完毕某个顾客的概率可如下计算：

$$P_G(s_k^*,a_k,s_{k+1}^1)=G_1(+\infty)$$

$$=\frac{\int_0^{+\infty}\mathrm{e}^{0.19(5.8-x)}\int_{x+4.6}^{+\infty}\frac{\exp\{-\frac{(y-23.30-5.10)^2}{2(3.14^2+1.31^2)}\}}{\sqrt{2\pi(3.14^2+1.31^2)}}\mathrm{d}y\int_{x+5.8}^{+\infty}\frac{\exp\{-\frac{(y-21.90-6.68)^2}{2(3.21^2+2.16^2)}\}}{\sqrt{2\pi(3.21^2+2.16^2)}}\mathrm{d}y\frac{\exp\{-\frac{(x-21.40-5.98)^2}{2(2.64^2+1.17^2)}\}}{\sqrt{2\pi(2.64^2+1.17^2)}}\mathrm{d}x}{\int_0^{+\infty}\frac{\exp\{-\frac{(y-21.40-5.98)^2}{2(2.64^2+1.17^2)}\}}{\sqrt{2\pi(2.64^2+1.17^2)}}\mathrm{d}y\int_{4.6}^{+\infty}\frac{\exp\{-\frac{(y-23.30-5.10)^2}{2(3.14^2+1.31^2)}\}}{\sqrt{2\pi(3.14^2+1.31^2)}}\mathrm{d}y\int_{5.8}^{+\infty}\frac{\exp\{-\frac{(y-21.90-6.68)^2}{2(3.21^2+2.16^2)}\}}{\sqrt{2\pi(3.21^2+2.16^2)}}\mathrm{d}y}$$

$$=0.003$$

同理，触发系统状态从 s_k^* 转移到 s_{k+1} 的事件是第二个服务台处理完毕某个顾客的概率、第三个服务台处理完毕某个顾客的概率可分别计算如下：

$$P_G(s_k^*,a_k,s_{k+1}^2)=G_2(+\infty)=0.008\ ,$$

$$P_G(s_k^*,a_k,s_{k+1}^3)=G_3(+\infty)=0.013$$

根据式（6.17）、式（6.32）和式（6.34）可知，状态从 s_k 转移到 s_{k+1} 的状态转移时间小于等于 10 的概率为

$$F(10)=\sum_{J=1}^{n}F_J(10)+\sum_{1\leqslant I\leqslant m,T_I^*\neq 0}G_I(10)=\sum_{J=1}^{3}F_J(10)+\sum_{I=1}^{3}G_I(10)=0.850$$

为了验证定理 6.1 的结论，结合随机策略，采用上面的数值例子运行半马尔可夫决策模型，产生 30 个随机算例。如下式定义 GAP 指数：

$$\mathrm{GAP}=|f_T-r_T/\lambda| \tag{6.88}$$

其中，f_T 表示在时间 T 内所有已处理完的顾客在排队系统的平均流程时间（取 30 个随机算例的平均值），r_T 表示在时间 T 内 30 个随机算例的半马尔可夫决策过程的时间平均报酬。图 6.2 是 GAP 指数随着处理完毕的顾客数量变化的曲线。如图 6.2 所示，随着处理完毕的顾客数量的增加，GAP 指数渐进地减小到零，意味着 f_T 渐进地逼近 r_T/λ，从而验证了式（6.84）。

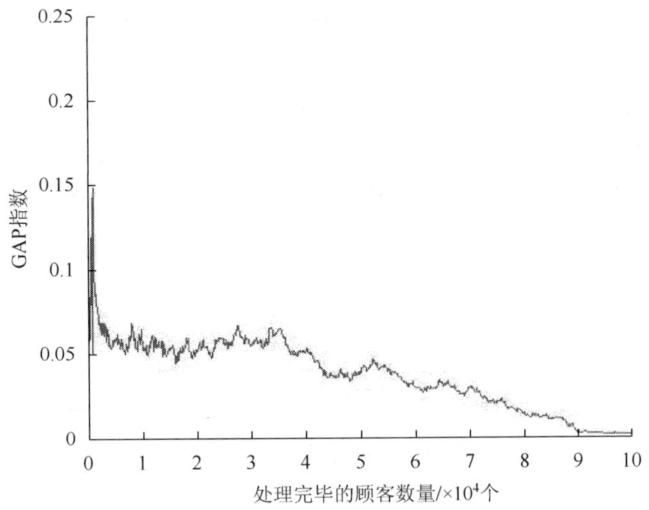

图 6.2　GAP 指数随着处理完毕的顾客数量增加的变化曲线

本节对考虑转换时间、多类顾客以泊松过程到达的多服务台节点排队控制问题进行建模与分析，把该类排队网络控制问题转化为半马尔可夫决策过程，通过理论推导分析了其状态转移机制和状态逗留时间，并对排队控制模型进行数值实验验证。在本节研究的问题中，转换时间和服务时间服从正态分布，然而本节的分析方法同样适用于研究转换时间和服务时间服从一般分布的多类顾客多服务台并联的排队控制问题。

6.2　自组织型排队网络控制问题

随着物联网、大规模绿色物流配送网络、无线传感器网络、新一代无线通信网络等网络技术的快速发展，新的网络结构、新的网络优化问题不断出现。这些新型网络技术已经得到广泛应用，而且在未来一段时间将会保持高速发展态势。因为网络运行的优化程度是影响网络运行效率、效果和效益的重要因素，所以研究新一代网络技术发展、推广过程中发现的新型排队网络优化问题，是商业界和学术界共同面临的重要课题。

与以上快速发展的技术应用相对应的新型排队网络问题有以下几个共同特征：①路径自组织性。排队网络的运行任务是把顾客（泛指人员、物品、资源、数据等）从出发地发送到目的地，而顾客从出发地到目的地的过程中所经历的路径有多种可行方案可供选择。②网络结构自组织性。网络结构复杂，有多种节点或服务台，而节点或服务台的数量、位置及节点之间的连接关系等网络结构要素可能发生变化。③网络运行常有多个优化目标。常规的优化目标是提高网络效率、提供网络通行能力、缩短流程时间、减少延迟等，而新型网络更注重运行成本或能量消耗。比如，很多网络有一些移动设备（便携式设备）或电动运输工具依靠电池供电，有的网络节点（如无线传感器）甚至依赖一次性的电池维持生命，电池耗尽时网络节点的生命周期就结束。因此，对于此类排队网络，网络运行成本或能量消耗的管理优化是一个重要目标。④网络运行环境的不确定性。运行环境的不确定性一方面指难以获得环境的精确模型，各类参数变量（如服务台服务顾客的时间等）的随机分布规律难以获得精确数值；另一方面指环境模型、各类参数可能会随时间推移而变化。比如，在绿色物流配送问题中，运输工具运行的时间、消耗的能源及排放的污染物的数量不但和路程有关，还和所经历的路线、路况、时段等因素有关；无线网络中手持设备接收到的信号强度、消耗能量及手持设备和无线路由器之间的数据传输速度等指标和现场周围环境很多因素（距离、建筑结构、障碍物的分布和材质等等）有关；而这些因素之间的精确数学模型描述往往难以获得。

新一代无线网络常用的多跳网络是一种典型的新型排队网络形式。多跳网络具有自组织特性，网络中的顾客（数据）传输可以根据网络中各路由器的负荷情况选取灵活的传输路径，多跳网络中的每个节点都可以发送和接收信号，每个节点都可以与一个或者多个对等节点进行直接通信，因此这类网络的控制问题非常复杂。多跳网络控制的研究方法主要包括两类：第一类方法是把它分解成单服务台的排队问题或串联网络排队问题[207]等简单问题进行研究。第二类方法是把多跳网络控制问题简化成连接调度问题[236, 237]或队列管理问题[238]进行研究。连接调度的主要任务是在节点之间建立连接，为顾客传输选择合适的路径。He 等[239]提出一种基于负荷的调度算法优化节点之间的连接调度，达到均衡各节点的负荷、降低各路径拥挤程度的目的。Pinheiro 等人[240]对连接调度和路径选择进行模糊控制。Augusto[241]等人对连接调度和路径规划进行综合优化。Nandiraju[242]研究了限制传输路径过长的问题，并提高长路径传输的效率。Gupta 和 Shroff[243]通过求解最大加权匹配问题优化连接调度和路径的选择，从而提高网络通行能力。队列管理的主要任务是决定顾客分配到各队列的方案、顾客的分组方式和顾客组的传输顺序，以达到提高网络工作能力、降低传输延迟等目的。Fu 和 Agrawal[238]重点研究了队列管理中不同顾客的分组问题，通过顾客的批量处理来提高效率。Nieminen 等[234]、Wang 等人[244]研究了多跳网络中的能量优化管理和队列管理的问题。Liu 等人[245]通过基于马尔可夫链的建模与分析，减少延迟并缩短队列长度。Vučević[246]和 Zhou[247]采用增强学习算法优化把数据包分配到各队列的队列管理问题。Al-Rawi 等人[248]总结了增强学习算法在分布式无线网络路由分配问题的应用。Tiwana 等人[249]基于增强学习提出 4G 自组织网络覆盖和通信能力优化的分组调度方法。此外，Kim 等人[250]考虑了顾客接受服务的公平性，在提高网络效率的同时尽可能减小顾客等待时间的差异。

多跳网络中有多类顾客，不同类型的顾客从各自的出发地出发，选择一条路径，最终到达预定的目的地。从这个角度看，多跳网络控制问题和多物网络流问题[251-253]有点类似。多物网络流问题（Multi-commodity Flow Problem）是多种物品（货物）在网络中从不同的源点流向不同的汇点的网络流优化问题。两类问题都具备“多物多源多汇”的特点，都需要解决路径选择的问题，但多物网络流问题是一次性的分配问题，不需要解决顾客的排序问题、队列管理问题。因此，多跳网络控制问题相对多物网络流问题而言是更为复杂动态的控制问题。

如果排队网络不仅具备路径自组织、结构自组织等特点，而且网络中的服务台或节点有多种运行模式（对应着不同的人力或资源的投入），不同的运行模式对应着不同的工作效率和运行成本或能量消耗参数，因此，需要在网络控制过程中根据实际情况灵活调整每个节点的运行模式，实时地切换到最佳运行模式状态，以提高效率、节约成本和能源。此类问题称为节点运行模式状态自适应的自组织型排队网络，它是在多跳排队网络控制问题和多物网络流问题的基础上的进一步延伸。

6.2.1 自组织型排队网络控制问题描述

本书讨论的自组织型排队网络如图 6.3 所示，网络由多种类型的节点组成，有多类顾客在网络里流动，这里的顾客泛指人员、运输工具、货物、数据、任务等。第一类节点只产生顾客，称为“出发节点”；第二类节点只接收顾客，称为“目标节点”，每个顾客由某个出发节点产生，最终要到达某个目标节点；第三类节点既产生顾客又能接收顾客，该类节点既可以作为顾客的出发节点又可以作为顾客的目标节点；第四类节点称为中间节点或路由节点，该类节点类似于传统排队系统里的服务台，其主要作用是接收出发节点或其他中间节点运送过来的顾客，再把顾客发送到其目标节点或其他中间节点（有些中间节点同时也是顾客的出发节点或目标节点），因此，中间节点根据功能可细分为多种类型。

每个节点（出发节点、中间节点或目标节点）都有多种运行模式状态，当节点处于不同的状态时，其工作效率和运行成本（如消耗的能量）各不相同；当节点处于工作效率较高的状态时，其运行成本（包括维持状态的成本和发送顾客的成本）也较高。节点可以根据实际情况调节自身的运行模式状态甚至关闭掉（关闭掉就不用花费运行成本）。每个中间节点的队列容量是有限的。每个节点的最大连接数是有限的，即和该节点建立连接的节点数量不能超过预定的上限。

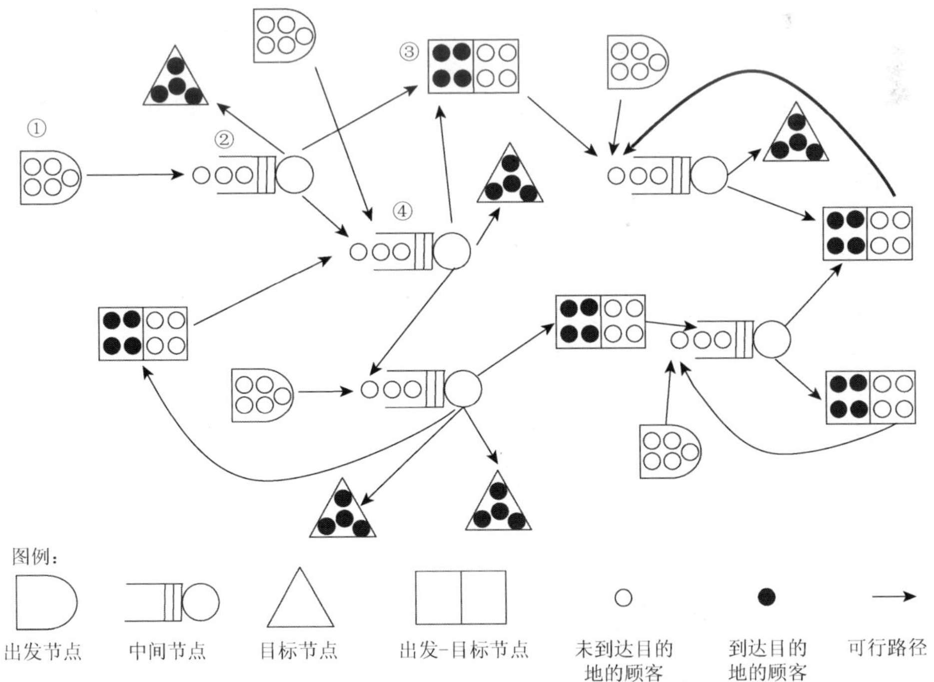

图 6.3　多类节点的自组织型排队网络示意图

顾客有很多种类，每类顾客都有相应的产生节点（即出发节点）和目标节点，顾客从出发节点到目标节点需要经过若干个（至少经过一个）中间节点的传送。每个出发节点 M 对应着一个可见的中间节点集合 S，在一定条件下，出发节点 M 可以和集合 S 中的任意中间节点 L 建立连接，把顾客 G 发送到中间节点 L。如果中间节点 L 的队列长度为零，那么中间节点 L 将立刻处理顾客 G，否则顾客 G 将在队列里等候处理。出发节点 M 不能把顾客发送到不属于集合 S 的中间节点。类似地，每个中间节点 M 对应着一个可见的中间节点集合 $S1$ 及一个可见的目标节点集合 $S2$。中间节点 M 可以与集合 $S1$ 中的任意中间节点 $M1$ 建立连接，选择其队列中的一个顾客并把它发送到下一个中间节点 $M1$；或者与集合 $S2$ 中的任意目标节点 $M2$ 建立连接，选择其队列中的一个顾客并把它发送到目标节点 $M2$（前提是该顾客的目标节点是 $M2$）。

顾客所经历的路径有自组织的性质，即顾客从出发节点到目标节点的路径有多种选择。例如，图 6.3 中某顾客 $G1$ 的出发节点是①，目标节点是③，而{节点①，节点②}、{节点②，节点③}、{节点②，节点④}、{节点③，节点④}这四对节点是互相可见的（一对节点互相可见是指其中一个节点在另一个节点的可见节点集合里面），因此，顾客 $G1$ 从其出发节点到其目标节点的路径可以选择①→②→③（只通过中间节点②的发送），也可以选择①→②→④→③（依次通过②和④两个中间节点的发送）。

任意两个节点之间要建立连接发送顾客，必须要同时满足如下条件：①两个节点互相可见；②前后两个节点都处于非关闭状态；③和这两个节点连接的节点数量均小于其最大连接数；④后一个节点的队列长度未达到上限。顾客的发送过程既消耗时间也需要支付成本，消耗的时间和支付的成本均与顾客的类型、前后两个节点的运行模式状态有关，还同时和两个节点建立连接的节点数量有关。与一个节点同时建立连接的节点数量越多，则该节点的处理速度越慢。可见，不同节点的状态之间有一定的关联性。

当节点当前的状态满足一定条件时（如处于空闲状态），可以把节点运行模式调节到其他状态。节点在不同模式状态之间切换需要切换时间和切换成本，切换时间和切换成本均与节点类型、切换前后的运行模式状态有关，而且节点之间要建立连接后才能发送顾客，建立连接也需要时间和成本，建立连接后可以连续发送多个顾客，直至和其他节点建立新连接为止。假设一个节点同时只能向一个节点发送顾客，但可以同时接收多个节点发送的顾客。顾客是随机产生的，不同类别顾客的产生过程服从不同的随机过程；各类发送时间、节点连接所需时间、节点状态调整所需时间等时间参数，以及各类发送成本、节点连接所需成本、节点状态调整所需成本等成本参数都是随机变量。

排队网络控制的主要任务是：①控制各节点发送顾客的顺序和路线，各节点从其队列中等待的顾客中选择合适的顾客发送到合适的中间节点或该顾客的目标节点。目标是优化各顾客所的经历的路径和发送方案，缩短各顾客通过网络的加权平均流程时间。②实时调节各节点自身的运行模式状态，优化各节点运行模式、各顾客所的经历的路径和发送方案，尽量在保证网络效率的同时降低整个网络的运行成本。

与传统的排队网络相比，该排队网络控制问题是一类新型的排队网络问题，主要有如下特征：①节点的多运行模式状态特性及其自适应调节性。由于节点在不同运行模式时具备不同的工作能力，需要不同的成本或能量消耗，不同的运行模式之间可以互相切换，因此，通过灵活调整节点的运行模式，可以同时兼顾网络效率和运行成本等优化目标。例如，当中间节点前等候处理的顾客很少甚至没有顾客时，该节点可以调节到工作能力很低的状态甚至关闭一段时间。②传送路径的自组织特性。顾客种类多，其产生地和目的地各不相同，顾客从起点到终点所经历的路径并不是唯一的，而是有多种选择，最合适的路径不一定是最短的；而且网络结构越复杂，路径选择越灵活。需要根据全局情况，综合考虑网络各节点顾客的需求情况、各节点的能力、运行成本及队列长度等因素进行路径选择。③网络结构的自组织特性。网络的拓扑结构复杂而且不是一成不变的，各类节点的数量、位置及节点之间的可见关系都可能随着时间推移而发生变化。排队网络的控制方案要能适应节点的增减、节点位置变动等网络拓扑结构的变化，此特性称为网络结构的自组织特性。

6.2.2　自组织型排队网络控制问题的增强学习模型

考虑增强学习算法的特点，上面的排队网络控制问题适合采用增强学习算法来解决，原因在于：①该排队网络控制问题实质上可转化为一类马尔可夫决策过程模型，而增强学习算法适于解决大规模马尔可夫决策过程，并能保证求解效率。②增强学习算法具备自我学习、调整机制，适用于“自组织”的网络结构特点；而且增强学习不需要知道网络环境的具体模型、状态转移概率等先验知识，比如顾客产生、各节点处理顾客的时间等随机参数的具体分布规律，就能通过在线学习感知外界环境的动态特性，特别适合于存在多种不确定性影响因素的动态网络环境。现实中很多自组织网络往往难以获得实际环境中的网络运行成本模型、能量消耗模型、节点的工作效率的精确模型，而增强学习可以通过交互、学习感知复杂的网络环境模型。③增强学习可以通过解决序贯决策问题积累经验，最大限度地利用历史经验改善策略，同时又能逐渐抛掉历史久远的信息，学习最新信息，跟踪环境的变化，随着环境的变化而调整策略。因此，增强学习可以有效地应对自组织网络拓扑结构等因素的变化，增强控制的敏捷性和实时性。④增强学习强调对系统进行总体控制，因此能够把各节点的运行模式调节和排队网络的控制结合起来综合优化；增强学习强调行为的选择要综合考虑当前状态和长远利益，而节点运行模式的每一次调节、顾客传送路径每一步的选择也要充分考虑整体情况。

1. 自组织型排队网络的分解与耦合式增强学习体系

自组织排队网络控制问题的主要特征包括节点的多模式状态特性及其自适应调节性、传送路径的自组织特性、网络结构的自组织特性等。要应用增强学习算法求解自组织排队网络控制问题，需要建立增强学习模型。由于网络规模一般比较大，节点数量和顾客类型多，如果只用一个统一的增强学习模型刻画整个排队网络系统的所有元素，那么由于状态空间规模过于庞大，导致增强学习算法的运算效率低下，而增强学习模型也难以求解。因此，为了克服以上构建方式的弊端，降低单个增强学习系统的状态空间维数，需要构建合适的增强学习系统体系结构以获得更高的精度、效率、柔性和鲁棒性。可遵循“分解-关联”策略的思路，采用由多个互相耦合的增强学习子系统构成的增强学习系统搭建解决问题的架构，把整个排队网络控制问题分解为若干个互相联系的多维行为马尔可夫决策过程问题。

在分析自组织排队网络控制问题的结构特征的基础上，根据自组织型排队网络控制问题的特点，确定自组织排队网络控制问题的求解流程，概述如下：把整个自组织排队网络分解成若干个子排队系统（子网络），把每个子排队系统建模成一个增强学习子系统，因此，整个排队网络由互相耦合的子排队系统构成，而解决整个排队网络的增强学习系统由互相耦合的多个增强学习子系统构成。每个增强学习子系统采用增强学习算法解决其所对应排队网络子问题对应的具有多维行为的马尔可夫决策过程。

排队网络分解可采用聚类的方法，把整个排队网络分解成若干个节点间联系紧密、规模适中的子网络，再针对子网络建立一类马尔可夫决策过程模型，研究此类马尔可夫决策过程的状态变量、行为和报酬函数的定义方式和状态转移机制。针对排队网络建模的基础是对各类节点进行总体分析，根据节点之间的邻接情况（直接可见性）和节点之间的发送效率分析各节点之间的连通情况（可达性），然后根据这些信息对所有节点进行聚类，并通过耦合机制把这些子网络关联起来。采用分解-关联的策略可以增强模型的适应性和鲁棒性，更适应自组织网络的拓扑结构的变化。聚类的目的是把邻接关系密切、互相之间发送速度最快的节点聚集成一个子网络，从而在降低问题规模的同时尽量保持原问题的本质结构。聚类的思路如下：①假设 K 为子网络的初始数量，先把各节点按照邻接数（可以与该节点建立连接的节点的数量）从大到小排序，挑选 K 个节点作为 K 个子网络的初始节点。②对未归类的节点进行遍历，根据其与 K 个子网络已包含的节点的邻接情况，把它们逐一归类到与之邻接情况最紧密的子网络中；如果有若干个节点和 K 个子网络所包含的任何节点都不相邻，那么用邻接数最大的剩余节点作为新增的子网络的初始节点，并令 $K=K+1$。③重复第②步，直至所有节点都归类完毕。④重新考察每一个节点，考虑它与任何子网络的邻接数，把它重新归类到与之邻接数最大的子网络中。

自组织排队网络的分解也可以采取另一种耦合式分解方法：围绕自组织排队网络中的每一个节点构建一个子网络，子网络以该节点为中心（核心节点）构造，包括有可能和该中心节点建立连接的所有相邻节点。两个相邻的子网络对应的两个增强学习子系统具备耦合关系，相邻的增强学习子系统之间的耦合机制主要体现在两方面：①状态转移的耦合特性。由于一个子网络对应于一个增强学习子系统，因此，任意相邻的两个增强学习子系统都有一些共同的状态变量，一个增强学习子系统的状态变化会直接导致另一个增强学习子系统的状态也发生变化。②状态值函数更新的耦合特性。该耦合机制体现在增强学习子系统报酬信息的传播机制及其在相邻的增强学习子系统状态值函数更新的作用。按照上面的方法构造的增强学习系统在降低了系统复杂度的同时保持了对控制系统结构的本质描述，而多个子系统的结构也符合自组织型网络中节点数量多而分散分布的物理结构。在这种机制下，各增强学习子系统既有一定的自治性，也有一定的耦合性。

每次迭代时更新与状态转移触发事件相关联的所有增强学习子系统。当状态转移到触发事件发生时（假设触发事件是某个第 j 类顾客在某个节点处理完毕，并且事件发生在第 $k1$ 个增强学习子系统），该增强学习子系统的状态值函数采用即时报酬 r^{k1} 遵循增强学习算法的迭代公式进行更新。由于相邻的增强学习子系统之间存在耦合关系，与第 $k1$ 个增强学习子系统相邻的增强学习子系统的状态值函数也遵循增强学习算法的迭代公式进行相应更新。假设第 $k2$ 个增强学习子系统相邻与第 $k1$ 个增强学习子系统相邻，那么由第 $k1$ 个增强学习子系统引起的用于更新第 $k2$ 个增强学习子系统的衍生报酬 r^{k2} 定义为

$$r^{k2} = \frac{D_j - d_j(k1,k2)}{D_j} r^{k1}$$

其中，D_j 是第 j 类顾客从出发节点到目标节点的最短路的长度，$d_j(k1,k2)$ 是第 j 类顾客从第 $k1$ 个增强学习子系统的核心节点到第 $k2$ 个增强学习子系统的核心节点的转移时间。

增强学习系统的构成如图 6.4 所示。

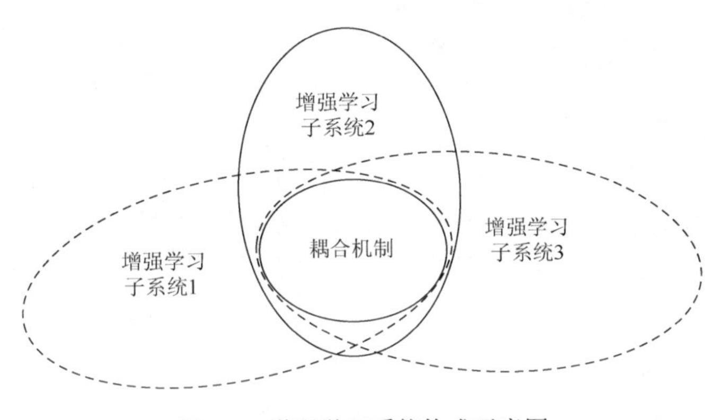

图 6.4　增强学习系统构成示意图

2. 基于马尔可夫决策过程的控制决策模型

通过对自组织型排队网络进行分解（采用第二种耦合式分解方法），每个子网络控制问题实质上是一类多维行为马尔可夫决策过程，因此把自组织排队网络控制问题转化为一系列基于多维行为马尔可夫决策过程的控制决策模型：

1）状态表示

每一个增强学习子系统的状态用状态向量 s 来表示，状态向量的分量是状态变量。状态向量 s 定义为

$$s = [M; T^0; T; Q_j(1 \leqslant j \leqslant n); TS; NPS; PS_k(1 \leqslant k \leqslant K); PSJ_k(1 \leqslant k \leqslant K)]$$

其中，M 表示节点当前模式，T^0 表示该增强学习子系统的核心节点刚处理完毕的顾客类型，T 表示核心节点正在处理的顾客类型（T 等于零表示节点空闲），$Q_j(1 \leqslant j \leqslant n)$ 表示该核心节点的队列中第 j 类顾客的数量，TS 表示核心节点连接的下游节点，NPS 表示与该核心节点连接的上游节点的数量，$PS_k(1 \leqslant k \leqslant K)$ 表示有可能与该核心节点连接的上游节点的数量（假设有可能与该核心节点连接的上游节点的数量是 K 并用 PS_k 表示其中的第 k 个），$PSJ_k(1 \leqslant k \leqslant K)$ 表示正在从节点 PS_k 转移到核心节点的顾客类型。

2）行为

当某节点的服务台处于空闲状态且状态转移触发事件发生时，相应的增强学习子系统

的核心节点需做三个决策：选择连接节点（选择发送顾客所至的节点）、调节节点自身的运行模式、从该节点的等候队列中选择顾客进行处理。因此，在每个决策时刻空闲节点需要选择三个行为，称为组合行为，三个子行为构成行为向量 $\boldsymbol{a}=[a_1,a_2,a_3]$。对于第 k 个增强学习子系统的核心节点，假设它的可见节点有序集是 SV_k，该核心节点可以选择并且发送到有序集 SV_k 中第 i 个节点的顾客类型集合为 $SJ_{k,i}$。那么第 k 个节点的可选行为数量是 $\sum_{i=1}^{|SV_k|}U_k|SJ_{k,i}|$，其中，$|\bullet|$ 表示集合的势，U_k 为第 k 个节点的可调节的模式数量。

3）报酬函数

所构造的报酬函数满足如下特点以保证增强学习的目标与马尔可夫决策过程目标的一致性：①任何一个顾客以任何可行路径通过整个自组织网络，均获得相同的总报酬。②优化所有增强学习子系统的总报酬等价于优化网络控制的目标函数。下面分别以最小化加权平均流程时间、最大化加权产出作为网络控制的目标阐述报酬函数的定义方法。

（1）加权平均流程时间目标。

设 $\delta_{j,p,t}$ 表示第 j 类顾客中的第 p 个在第 t 次状态转移的示性函数，定义如下：

$$\delta_{j,p,t}=\begin{cases}-1, & \text{如果第 } j \text{ 类顾客中的第 } p \text{ 个在时段}[\tau_{t-1},\tau_t)\text{个在网络中逗留}\\ 0, & \text{其他}\end{cases}$$

其中，τ_t 表示第 t 次状态转移的时刻（从状态 s_{t-1} 转移到 s_t 的时刻）。

报酬函数定义如下：

$$r_t=\sum_{j=1}^{n}\sum_{p=1}^{N_j}w_j\delta_{j,p,t}T_t$$

其中，n 表示顾客类型的数量，N_j 表示第 j 类顾客的数量，w_j（$1\leqslant j\leqslant n$）表示第 j 类顾客的权重，T_t 表示在状态 s_{t-1} 的逗留时间，r_t 表示从状态 s_{t-1} 转移到 s_t 所获得的报酬。对于该报酬函数，可证明如下性质：设 NT 表示状态转移的总次数。对于需通过该网络的任意给定数量的顾客，最小化加权平均流程时间等价于最大化所有所有增强学习子系统的总报酬，即

$$\min \frac{1}{N}\sum_{m=1}^{N}w_mF_m \Leftrightarrow \max\sum_{t=1}^{NT}r_t$$

（2）加权产出目标。

如果以平均单位时间的加权产出为控制目标，可以如下定义报酬函数。设 $r_{k,t}$ 表示第 k 个增强学习子系统从状态 s_{t-1} 转移到 s_t 所获得的报酬。$r_{k,t}$ 定义为

$$r_{k,t}=\frac{w_j(L_{j,1}-L_{j,2})}{D_j}$$

其中，w_j 是第 j 类顾客类型的权重，$L_{j,1}$ 是第 k 个节点关于第 j 类顾客的标号，$L_{j,2}$ 是下游节点关于第 j 类顾客的标号，D_j 是第 j 类顾客通过网络的最短路长度。$r_{k,t}$ 表征了两次状态转移之间顾客通过网络的进度。对于该报酬函数，可证明的性质包括：①对任意的顾客种类 j（$j\in J$），假设顾客到达节点 N_i 的标号为 L_j。那么无论该顾客通过哪条路径到达

节点 N_i，由该顾客引起的累积报酬 R（N_i）均为 $\frac{w_j(D_j - L_j)}{D_j}$。②对任意的顾客种类 j（$j \in J$），假设顾客到达节点 N_i 的标号为 L_j。那么无论该顾客通过哪条路径到达目标节点 N_d^j，由该顾客引起的累积报酬均为 w_j。

根据以上性质可进一步证明：如果存在正整数 U 使在网络中逗留的顾客总数量小于 U，那么系统运行时间足够长后最大化时间平均加权产出目标等价于最大化时间平均报酬。对于目标函数定义为流程时间与网络运行总成本的加权总和的情况，状态转移的即时报酬定义为流程时间部分与成本部分的加权总和，它是状态逗留时间、各节点队列中各类顾客的数量、建立节点连接的成本、调节节点运行模式的成本、处理成本、节点维持状态的成本等因素的函数。

6.2.3　解决自组织型排队网络控制问题的增强学习算法

本节分别针对有终止状态的自组织型排队网络控制问题和节点模式自适应控制的自组织型排队网络在线控制问题提出瞬时差分增强学习算法。

1. 有终止状态的自组织型排队网络控制问题

该问题假设节点运行模式是单模式。假设有 n 类顾客，开始时所有顾客均在出发节点。中间节点 i 有资格处理（传输）的顾客类型集合为 J_i（$J_i \subseteq \{j | 1 \leqslant j \leqslant n\}$）。每个中间节点在同一时刻只能处理一个顾客。每类顾客对应于一个目标节点。每个中间节点前的队列容量是有限的，每个中间节点的允许连接数量也是有限的。该问题以最小化加权平均流程时间为控制目标。

可采用如下 TD 增强学习算法（算法 6.1）解决上面的有终止状态的自组织型排队网络控制问题。在算法 6.1 中，K 是增强学习子系统的数量，s^k 表示第 k 个增强学习子系统的状态，S_k 表示第 k 个增强学习子系统的状态空间，$V^k(s^k)$ 表示状态 s^k 的状态值，α 是学习率参数，γ 是更新状态值的折扣因子。学习率 α 的设置符合随机逼近条件。

算法 6.1　面向有终止状态的自组织型排队网络控制问题的 TD 增强学习算法

步骤 1：对所有 k（$1 \leqslant k \leqslant K$）和所有 s^k（$s^k \in S_k$），初始化 $V^k(s^k)$，即初始化所有增强学习子系统所有状态值函数。把参数 α、γ、ε、N 和 N_e 设置为预定值，其中 N 是顾客的总数量。令 n_e=0。

步骤 2：对所有 k（$1 \leqslant k \leqslant K$），把 s_t^k 设为初始状态 s_0^k，并设置当前时刻 τ_t 为零。

步骤 3：确定发生状态转移触发事件的节点（假设为节点 k）。确定当前决策时刻以节点 k 为核心的增强学习子系统的可选行为的集合。

步骤 4：遵循ε-贪婪控制策略，根据当前的状态值函数 $V^k(s^k)$ 为状态 s_t^k 选择行为 a_t。

步骤 5：执行行为 a_t，更新第 k 个增强学习子系统和相关的增强学习子系统。根据状态转移机制确定下一个决策时刻 τ_{t+1}。确定在时刻 τ_{t+1} 第 k 个增强学习子系统的状态 s_{t+1}^k 并计算报酬 r_{t+1}。

步骤 6：更新状态值函数 $V^k(s^k)$。

步骤 7：对所有 k（$1 \leqslant k \leqslant K$），把 s_t^k 设置为 s_{t+1}^k 并调整当前时刻为 τ_{t+1}。

步骤 8：如果 s_{t+1} 是终止状态，则令 $n_e = n_e + 1$；否则令 $t = t+1$，跳转到步骤 3。如果 $n_e = N_e$，则算法终止，否则跳转到步骤 2。

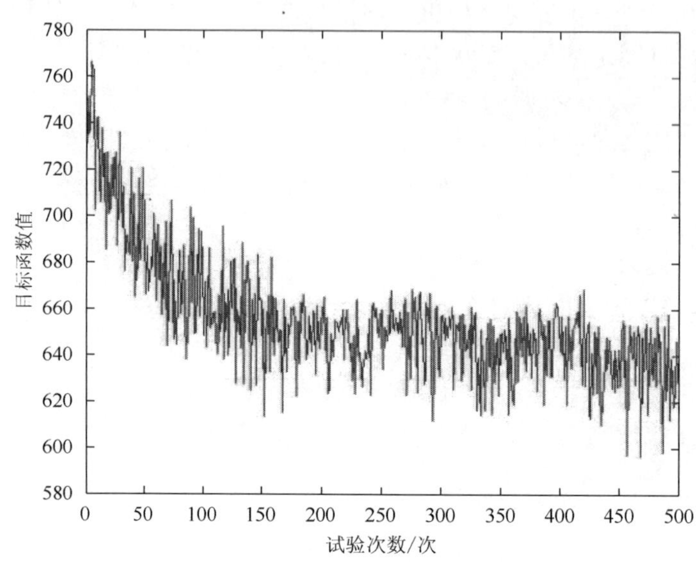

图 6.5　面向有终止状态的自组织型排队网络控制问题的学习曲线

算法的学习效果可以通过“学习曲线”来观察，在学习曲线中，目标函数值取多个算例的平均值。如图 6.5 所示，学习曲线的横坐标表示试验次数，纵坐标表示该次试验的控制目标函数值。随着试验次数的增加，学习曲线在前面的试验渐进下降得很快，之后渐进地平缓下降，并有一定的波动。可见，算法在前面的试验中通过交互学习，迅速找到一个较优的控制策略。开始时控制结果改善很快，后来控制结果改善幅度较小，控制目标函数的波动和顾客处理时间和换型时间的随机性有关。

以上是以流程时间作为优化目标的研究结果，以最大化加权产出作为排队网络控制目标的实验结果与之类似，但其学习曲线中目标函数值随着学习进程而越来越大，因此，学习曲线的变化趋势与以流程时间作为优化目标的情形相反。

2. 节点模式自适应控制的自组织型排队网络在线控制问题

该排队网络在线控制问题与第 5.1 节的问题的主要区别在于网络节点有多种运行模式并可以自适应调整，各类顾客随机到达网络，目标函数考虑流程时间和网络运行成本等目标。由于是在线控制问题，采用增强学习算法求解时不能进行重复试验，因此求解此类问题比离线控制问题难。假设有 n 类顾客，J 表示顾客类型的集合。第 j 类顾客以泊松过程（具体参数取值未知）到达出发节点 N_s^j，到达节点 N_s^j 后在队列里等待处理。各类发送时间、节点连接所需时间、节点状态调整所需时间等时间参数，以及各类发送成本、节点连接所需成本、节点状态调整所需成本等成本参数是服从指数分布的随机变量。网络控制的任务是优化各顾客所经历的路径，控制各节点发送顾客的顺序，各节点从其队列中等待的顾客中选择合适的顾客发送到合适的节点，自适应调节各节点所处的运行模式，在保证网络效率的同时降低网络的运行成本。针对该问题的特点提出下面的平均报酬型瞬时差分算法，该算法可以调节节点的运行模式，并优化顾客通过网络的路径选择和各节点处理顾客的顺序。

算法 6.2　自组织型排队网络在线控制问题的平均报酬型瞬时差分算法

步骤 1：针对每类顾客生成一个网络，基于该网络计算每个节点到目标节点的最短路，对每类顾客每个节点标记标号。

步骤 2：对所有 k（$1\leqslant k\leqslant K$）和所有 s^k（$s^k\in S_k$），初始化 $V^k(s^k)$，即初始化所有增强学习子系统所有状态值函数。把估计报酬率 ρ 初始化为 1，把参数 α、β、ε 和 N 设置为预定值。用 num_job 表示通过网络的顾客数量并把它初始化为零。对所有 k（$1\leqslant k\leqslant K$），把 s_t^k 设为初始状态 s_0^k，并设置当前时刻 τ_t 为零。

步骤 3：确定发生状态转移触发事件的节点（假设为节点 k）。确定当前决策时刻以节点 k 为核心的增强学习子系统的可选行为的集合。（因为每个节点能处理的顾客集合已知，可通过求每个节点到目标节点是否存在通路来确定每个节点不能处理的顾客类型集合，从而确定可选行为的集合）

步骤 4：遵循ε-贪婪控制策略，根据当前的状态值函数 $V^k(s^k)$ 为状态 s_t^k 选择行为组合 $a_t=(a_t^1,a_t^2,a_t^3)$。

步骤 4.1：根据ε-贪婪控制策略选择子行为 a_t^1（根据下式求贪婪子行为），若执行子行为 a_t^1 则转移到临时状态 s_t^1。

$$a_t^{1*}(s_t)=\arg\max_a[r_{s,s'}^a+V(s')]$$

步骤 4.2：根据ε-贪婪控制策略选择子行为 a_t^2（根据下式求贪婪子行为），若执行子行为 a_t^2 则转移到临时状态 s_t^2。

$$a_t^{2*}(s_t)=\arg\max_a[r_{s_t^1,s'}^a+V(s')]$$

步骤 4.3：根据下式求贪婪子行为（s' 是选择顾客之后的临时状态），根据ε-贪婪控制策略选择子行为 a_t^3。

$$a_t^{3*}(s_t)=\arg\max_a[r_{s_t^2,s'}^a+V(s')]$$

步骤 5：执行行为组合 a_t，更新第 k 个增强学习子系统和相关的增强学习子系统。根据状态转移机制确定下一个决策时刻 τ_{t+1}。确定在时刻 τ_{t+1} 第 k 个增强学习子系统的状态 s_{t+1}^k 并计算报酬 r_{t+1}。

步骤 6：更新状态值函数 $V^k(s^k)$ 和 ρ_k，更新相邻的增强学习子系统：对与第 k 个增强学习子系统相邻的每一个增强学习子系统（假设为第 $k2$ 个），根据报酬定义公式计算报酬 r^{k2} 并更新该增强学习子系统的 $V^i(s^i)$ 和 ρ_i。

步骤 7：对所有 k（$1\leqslant k\leqslant K$），把 s_t^k 设置为 s_{t+1}^k 并调整当前时刻为 τ_{t+1}。

步骤 8：如果状态转移触发事件是某顾客完全通过网络，则令 num_job 增加 1。如果通过网络的顾客数量为 N，则算法终止，否则跳转到步骤 3。

列表型增强学习算法存储每个状态 s 的值 $V(s)$，对值函数的评估需要多次重复经历所有的状态并更新各个状态的值。由于存储空间和计算时间的原因，对每个状态显性表示一个值有时并不可行。虽然上面的解决方案已经把排队网络分解成若干个子网络，但由于每个子网络对应增强学习子系统的状态空间随着顾客类型数量等因素的增长而快速增长。因此，当增强学习子系统的状态空间规模较大时，仍需要使用函数泛化器。

第7章　结　束　语

增强学习算法是一种可以求解大规模的或信息不全的马尔可夫决策过程等序贯决策问题的机器学习算法。在增强学习系统中，智能体或代理在与动态环境的交互过程中通过反复试错的方法感知环境的特性，在不同的系统状态下尝试各种可行的行为，根据报酬信息更新状态值函数或行为值函数，根据状态值函数或行为值函数评价、选择行为，不断改善策略，从而找到最优或近似最优的控制策略。

增强学习算法具备如下特点：它可以不需要学习环境的完整数学模型，不需要知道系统的状态转移概率；可以模仿人类认知过程，从以前解决过的实例或仿真实验中不断学习特定知识并积累经验，通过与环境的交互过程感知环境的动态特性并学习、改进行为选择策略，并将其应用于解决新问题；通过值函数更充分地反映所解决的决策问题的本质结构特征，从而在保留了邻域搜索算法利用随机机制充分探索的特点的同时，更充分的利用决策问题的本质结构来搜索策略。无论是确定性决策问题，还是随机性决策问题，静态决策问题或动态决策问题，离线决策问题或在线决策问题，决策问题的参数是离散型随机变量或连续型随机变量，只要能建立科学的增强学习模型，均可采用增强学习算法解决。增强学习算法的学习能力一方面体现在对决策问题本质结构、系统状态转移轨迹特性的学习，能适应各种未知的随机变量分布形式、各种未知的状态转移概率形式；另一方面体现在能实时跟踪环境的动态变化，具备对确定性参数、随机变量分布形式、状态转移概率形式等因素随时间动态变化的跟踪捕捉能力。只要系统在一段时间能保持较为平稳的状态，增强学习就能通过学习捕捉其动态模型，并通过值函数和策略反映出来。由于增强学习对环境的学习是通过值函数迭代过程或策略迭代过程来完成的，所以动态环境变化得越快、规律性越弱，增强学习系统就越难以捕捉其变化趋势。对于离线决策问题，增强学习通过反复多次求解问题有望不断找到更优的解；对于在线决策问题，可先通过历史数据、仿真实验训练增强学习系统，然后再进行在线应用。

应用增强学习算法解决调度问题的首要工作是把调度问题转化为增强学习模型。为了改善求解效果、提高求解速度，模型的构建应尽可能更深刻地反映调度问题的本质结构。由于增强学习算法的理论基础建立在解决马尔可夫决策过程、半马尔可夫决策过程之类的问题之上，因此，应科学定义状态的表示形式、行为和报酬函数，尽量使增强学习模型“马尔可夫化”（符合马尔可夫决策过程之类模型的特点），如通过引入时间状态变量使状态转移具备马尔可夫属性。对有些难以严格马尔可夫化的问题，如果刻意追求符合马尔可夫特性的增强学习模型，建立的模型会过于庞大、复杂。在实际应用中，系统模型有时只是近似具备马尔可夫特性，在这种情况下增强学习算法仍常常能取得良好效果。下面分别就增强学习模型建模的几点要素谈一些粗浅的认识和体会。

1. 关于系统状态的表示形式

系统状态的表示既要反映系统状态的主要特征，包括整体特征和局部特征，又能实时反映系统的变化情况。对于有些小规模问题，状态空间不大，增强学习不需要使用函数泛化器，对于这样的问题，如果不同算例的状态变量的变化范围相差不大，可用直观的状态变量向量表示系统状态。对于大规模状态空间或连续状态空间的问题，增强学习算法需结合函数泛化器使用。对于这些问题，需要把直观描述系统状态的状态变量转化为状态特征，再输入函数泛化器。状态特征是系统状态的数值描述，可视为状态变量的函数。从某种意义上而言，状态特征的定义方式要比增强学习本身还要重要。解决一类问题时，该类问题的不同实例均用相同的状态特征集合描述，由于不同实例的状态变量真实值的变化范围通常差异很大，因此，通常定义正规化或归一化的状态特征（如可把离散型的系统状态转换成实型的状态特征）。正规化的状态特征用相对统一的数值来有效、统一表征不同规模的实例，使相同的状态特征值对不同的实例有类似的相对意义，这样能克服绝对状态特征取值范围太大的缺点，使不同规模的实例可以放在相对统一的尺度进行类比，有助于增强学习通过各个不同的实例进行学习，有助于提高函数泛化器的精度，从而提升增强学习算法的学习效率和求解效果。

从实践经验看，定义大量的状态特征有助于更好地表征全局信息和局部信息、更完善地刻画系统的动态模型，从而更深刻反映问题的本质结构，提高增强学习算法的学习效果，但是定义太多的状态特征又可能会降低算法运算速度，因此需要选择合适数量的状态特征。此外，应定义一部分反映综合指标的高阶状态特征，有时甚至特意定义若干“冗余”的状态特征，使一些状态特征反映的信息部分重叠。

2. 关于行为的构造

当可选行为不多时，可直接采用自然行为定义，保证增强学习有机会遍历行为空间，搜索到每一个策略。当可选行为很多以至于无法穷举或虽可以穷举但会导致存储空间太大、运行速度太慢时，只能有所取舍，进一步精简行为集合。一方面，为了充分挖掘增强学习的探索学习能力，应定义与特定环境状态无关的通用行为；另一方面，为了利用现有的调度知识理论、经验或启发式规则解决调度问题，也应定义一些对于特定状态较优的行为；此外，不同的行为应具备一定的互补性。

3. 关于报酬函数的定义

报酬函数的定义与目标函数紧密相关。每步状态转移获得的即时报酬反映执行行为的短期效果，表征行为对调度方案的短期影响；累积报酬（或平均报酬）反映执行行为的长期效果，累积报酬（或平均报酬）的最优化最好要等价于目标函数值的最优化。例如，对于最小化流程时间的调度目标函数，目标函数值越小的调度方案获得的累积报酬（或平均报酬）越大，对于最大化产量的调度目标函数，则目标函数值越大的调度方案获得的累积报酬（或平均报酬）越大。此外，报酬函数的定义应适用于不同规模的问题实例。本书第3～6 章研究了几种调度目标的生产调度问题，读者可参考这几个问题的报酬函数定义方式思考报酬函数的其他方式。由于调度问题的本质和调度目标有密切相关性，所以对于其他调度目标，需要重新构造调度问题的增强学习模型，报酬函数定义方式也要相应改变。本书的报酬函数构造方式可为研究优化其他调度目标的生产调度问题提供参考。

4. 关于函数泛化（函数逼近）

对于小规模有限状态空间的问题，行为值函数可随着迭代收敛，增强学习算法通常能顺利找到最优策略；但对于大规模或无限状态空间的问题，由于维数灾难的原因，增强学习算法需要结合函数泛化器使用，采用函数泛化器表示状态值。函数泛化器实质上是从状态空间到数值空间的映射，是用低维参数表示高维状态的简约、参数化的表示方式。函数泛化器的选择、构造方式直接决定函数泛化器的收敛性、精度、计算速度等性能，因此，它对增强学习算法的性能表现有重要影响。有时候函数泛化器的参数越多、输入的状态特征越多，越能精确刻画系统模型，但太多又会反过来影响迭代速度和算法的学习效率。此外，函数泛化器有时会出现过度拟合现象，导致增强学习算法出现过度学习现象，从而使学习到一定程度后调度方案随着学习进程的推进不但没有改善，反而会变差。在应用增强学习算法时要注意防范这种现象。目前还没有完美的函数泛化器，这是制约增强学习算法效果提升的重要瓶颈，是增强学习算法进一步推广应用的重要阻碍因素。

5. 关于算法参数的设置

增强学习算法的参数（包括函数泛化器的参数）设置对算法的收敛性、收敛速度有重要影响，进而对算法的综合性能表现有重要影响。有些算法目前已证明了其参数满足一定的条件（如学习率参数满足随机逼近条件）就能收敛，因此，在设置参数时如满足这些已知的条件则有可能找到更优策略。为了使增强学习选择行为时保持足够的探索性，所以在学习过程的初始阶段一般不直接使用贪婪策略，控制策略的探索因子参数的取值一般需要达到如下效果：在学习过程的初始阶段以较大概率选择非贪婪策略，然后随着学习进程的推进逐渐减小选择非贪婪策略的概率。然而，多数情况下增强学习算法参数的可选值处于一个较大的范围，很难从理论上证明其最优取值，因此，算法参数的选择在一定程度上依赖于使用者的经验。参数设置方法包括经验法、实验设计方法、微粒群方法等。

从增强学习算法的特性可以看到，这类算法是可以解决很多种问题的普适方法。增强学习算法可用于解决生产调度等调度问题，虽然本书应用增强学习算法解决了多种生产调度问题，但绝不意味着本书的研究结果是增强学习算法解决这些问题所能获得的最优效果，应该说对最优效果而言还有很大的提升空间，更不意味着增强学习算法就是解决这些生产调度问题的最优方法。生产调度问题包罗万象，增强学习算法不可能适合于所有生产调度问题，本书的价值更多是为解决类似的生产调度问题提供一种参考思路，为开辟更优的调度方法提供借鉴。

增强学习算法相对其他生产调度方法的优势主要体现在：一是增强学习具有自学习、自适应的能力，因此，适用于学习型制造系统、智慧型制造系统。在信息爆炸时代，一方面信息技术的发展使信息收集、集成愈发便捷，另一方面由于市场瞬息万变，制约生产的因素太多，越来越多的生产与供应信息变得模糊、不确定并且动态变化，因此，要求制造系统成为学习型、智慧型制造系统。利用增强学习可以模仿人类经验学习知识、积累经验的特点，可通过增强学习提升决策系统的智能程度，从而在调度层面构造学习型、智慧型制造系统。相对于传统的调度方法，增强学习能更好更快地适应新问题或问题的新结构。二是通过借助现有各类调度规则或调度方法构造增强学习的行为，利用其学习能力探索问题本质结构及环境的变化，可以集成各调度规则或方法的优点，规避各调度规则或方法的缺点，从而找到优于所利用的任何一种规则或方法的调度策略。很多启发式调度规则是短视的，局限于寻找局部优化解，而增强学习算法能在面对不同的系统状态的情况下灵活选择全局效果、长远效果较好的行为，因此，它能在整体架构下综合利用各个行为策略，找到全局最优或较优的调度方案。如果对调度问题本身结构了解得更为深入透彻，能把更多本质特征反映到增强学习模型中，则有望找到更优的调度方案。如果应用得当，增强学习算法解决在线调度问题时可以在接近调度规则响应速度的同时获得远优于调度规则之类方法的效果。

应用基于值函数的增强学习算法重复解决一些问题时，值函数可以随着学习进程不断逼近最优值函数，最后收敛于最优值函数。当学习到一定程度之后，每个状态或状态-行为对对应的值在每一次迭代前后的变化很小。然而，尽管值函数的变化很小，但增强学习算法前后两次找到的策略却有可能相差较大，即前后两次获得的调度目标函数值相差较大。换言之，在这种情况下，学习到一定程度之后值函数是比较稳定的，每次迭代前后变化很小；但在这个过程中每次解决相同问题找到的调度方案的优劣程度却可能不是很稳定，而且是有一定的波动，并非每次都能逼近最优解。从这个角度来看，增强学习算法并不能保证在此过程中每次都能找到很好的解（当然，当值函数收敛于最优值函数后，增强学习算法能找到最优解）。幸运的是，随着学习进程的推进，增强学习算法找到较优解的频率越来越高，概率越来越大，并且能不断地找到更优解。从统计意义上来说，在此过程中增强学习算法找到的调度策略是越来越好的，并且最终能找到这些决策问题的最优策略。对于结合函数泛化器使用增强学习算法的情况，上述在学习过程中获得的调度目标函数值的波动现象将更加明显，产生这种现象的主要原因有两个：一是虽然函数泛化器表示的状态值或行为值是收敛的，但在一些问题中只是局部收敛，并非收敛于全局最优值函数；二是这种现象是由所解决的调度问题的本质决定的，这些调度问题本身不具备鲁棒性，某些调度方案对行为很敏感或行为选择对值函数很敏感，差别很小的值函数可能会使调度策略差别较大，或者差别很小的调度策略可能会导致最终调度效果差别较大。

除了调度领域，增强学习算法在制造系统的制造资源配置、库存控制、批量问题、供应链管理等多类问题也有应用。无论对于哪一类问题，科学地构建增强学习模型、构造或选择增强学习算法和函数泛化器都是获得更优解决方案的关键因素。

参考文献

[1] Puterman M L. Markov Decision Processes. New York：Wiley Interscience，1994.

[2] Sutton R S. Learning to predict by the methods of temporal differences. Machine Learning，1988，3：9-44.

[3] Watkins C J C H. Learning from Delayed Rewards. Cambridge：University of Cambridge，1989.

[4] Wang X，Dietterich T G. Model-based policy gradient reinforcement learning. Proceedings of the 20th International Conference on Machine Learning. 2003，2：776-783.

[5] Singh S S，Tadić V B，Doucet A. A policy gradient method for semi-Markov decision processes with application to call admission control. European Journal of Operational Research，2007，178 (3)：808-818.

[6] Rummery G A，Niranjan M. On-line Q-learning using connectionist systems. Technical Report CUED/F-INFENG/TR 166，1994.

[7] Witten I H. An adaptive optimal controller for discrete-time Markov environments. Information and Control，1977，34：285-295.

[8] Barto A G，Sutton R S，Anderson C W. Neuronlike elements that can solve difficult learning control problems. IEEE Transactions on Systems，man，and Cybernetics，1983，13 (5)：835-846.

[9] Sutton，R.S.，Temporal Credit Assignment in Reinforcement Learning. Amherst：University of Massachusetts，1984.

[10] Williams R J. Simple statistical gradient-following algorithms for connectionist reinforcement learning. Machine learning，1992，8 (3-4)：229-256.

[11] Borkar V S. An actor-critic algorithm for constrained Markov decision processes. Systems and Control Letters，2005，54 (3)：207-213.

[12] Sutton R S. Integrated architecture for learning，planning，and reacting based on approximating dynamic programming. Proceedings of the Seventh International Conference on Machine Learning，1990：216-224.

[13] More A W，Atkeson C G. Prioritized sweeping：Reinforcement learning with less data and less real time. Machine Learning，1993，13：103-130.

[14] Peng J，Williams R J. Efficient learning and planning within the Dyna framework. Adaptive Behavior，1993，1 (4)：437-454.

[15] Tadepalli P，Ok D. Model-based average reward reinforcement learning. Artificial Intelligence，1998，100 (1-2)：177-224.

[16] Sutton R S，Barto A G. Reinforcement Learning：An Introduction. Massachusetts：MIT Press，1998.

[17] Dayan P. The convergence of TD (λ) for general λ. Machine Learning，1992，8：341-362.

[18] Tsitsiklis J N，Van Roy B. An analysis of temporal-difference learning with function approximation. IEEE Transactions on Automatic Control，1997，42 (5)：674-690.

[19] Tadić V. On the convergence of temporal-difference learning with linear function approximation. Machine Learning，2001，42 (3)：241-267.

[20] Tsitsiklis J N，Van Roy B. On average versus discounted reward temporal-difference learning. Machine Learning，2002，49 (2-3)：179-191.

[21] Watkins C J C H，Dayan P. Q-learning. Machine Learning，1992，8 (3-4)：279-292.

[22] Tsitsiklis J N. Asynchronous stochastic approximation and Q-learning. Machine Learning，1994，16 (3)：185-202.

[23] Bertsekas D P，Tsitsiklis J N. Neuro-dynamic Programming. Belmont，Massachusetts：Athena Scientific，1996.

[24] Mitchell T M. Machine Learning. New York：McGraw Hill，1997.

[25] Potapov A，Ali M K. Convergence of reinforcement learning algorithms and acceleration of learning. Physical Review E，2003，67 (22)：1-12.

[26] Peng J，Williams R J. Incremental multi-step Q-learning. Machine Learning，1996，22 (1-3)：283-290.

[27] Bradtke S J, Duff M O. Reinforcement learning methods for continuous-time Markov decision problems//Tesauro G, Touretzky D，Leen T. Proceedings of the 1994 Conference on Adcances in Neural Information Processing Systems，1995：393-400.

[28] 殷苌茗，陈焕文，谢丽娟. 激励学习的广义平均算法及其收敛性. 计算机工程与应用，2002，38 (20)：72-74.

[29] Guo M，Liu Y，Malec J. A new Q-learning algorithm based on the metropolis criterion. IEEE Transactions on Systems，Man，and Cybernetics，Part B：Cybernetics，2004，34 (5)：2140-2143.

[30] Rummery G A. Problem Solving with Reinforcement Learning. Cambridge：University of Cambridge，1995.

[31] Singh S，Jaakkola T，Littman M L. Convergence results for single-step on-policy reinforcement-learning algorithms. Machine Learning，2000，38 (3)：287-308.

[32] 陈焕文，谢丽娟，谢建平. 一类值函数激励学习的遗忘算法. 计算机研究与发展，2001，38 (4)：487-494.

[33] 胡光华，吴沧浦. 平均报酬模型的多步强化学习算法. 控制理论与应用，2000，17 (5)：660-664.

[34] 李春贵，林海涛，刘永信. 多步截断 Sarsa 强化学习算法. 广西工学院学报，2002，13 (1)：1-4.

[35] Chen S L，Wu H Z，Han X L. Multi-step truncated Q learning algorithm. Proceedings of the 4th International Conference on Machine Learning and Cybernetics，2005：194-198.

[36] Schwartz A. A reinforcement learning method for maximizing undiscounted rewards. Proceedings of the 10th International Conference on Machine Learning，1993：298-305.

[37] Das T K，Gosavi A，Mahadevan S. Solving semi-Markov decision problems using average reward reinforcement learning. Management Science，1999，45 (4)：560-574.

[38] Gosavi A. Reinforcement learning for long-run average cost. European Journal of Operational Research，2004，155 (3)：654-674.

[39] Gosavi A. A Reinforcement learning algorithm based on policy iteration for average reward：Empirical results with yield management and convergence analysis. Machine Learning，2004，55 (1)：5-29.

[40] Dietterich T G. The MAXQ method for hierarchical reinforcement learning. Proceedings of the 15th International Conference on Machine Learning，1998：118-126.

[41] Haruno M，Kawato M. Heterarchical reinforcement-learning model for integration of multiple cortico-striatal loops：fMRI examination in stimulus-action-reward association learning. Neural Networks，2006，19 (8)：1242-1254.

[42] Preux P，Delepoulle S，Darcheville J C. A generic architecture for adaptive agents based on reinforcement learning. Information Sciences，2004，161 (1-2)：37-55.

[43] Kaya M，Alhajj R. A novel approach to multiagent reinforcement learning：utilizing OLAP mining in the learning process. IEEE Transactions on Systems，Man and Cybernetics Part C：Applications and Reviews，2005，35 (4)：582-590.

[44] 周浦城，洪炳镕，黄庆成. 一种新颖的多 agent 强化学习方法. 电子学报，2006，34 (8)：1488-1491.

[45] 刘海涛，洪炳熔，朴松昊，等. 不确定性环境下基于进化算法的强化学习. 电子学报，2006，34 (7)：1356-1360.

[46] Miyashita K. Learning scheduling control knowledge through reinforcements. International Transactions in Operational Research，2000，7 (2)：125-138.

[47] Gabel T，Riedmiller M. CBR for state value function approximation in reinforcement learning. Lecture Notes in Artificial Intelligence，2005，3620：206-221.

[48] Jung T，Uthmann T. Experiments in value function approximation with sparse support vector regression. Lecture Notes in Artificial Intelligence，2004，3201：180-191.

[49] Ormoneit D，Sen Ś. Kernel-based reinforcement learning. Machine Learning，2002，49 (2-3)：161-178.

[50] Menache I，Mannor S，Shimkin N. Basis function adaptation in temporal difference reinforcement learning. Annals of Operations Research，2005，134 (1)：215-238.

[51] Crites R H，Barto A G. Elevator group control using multiple reinforcement learning agents. Machine Learning，1998，33 (2-3)：235-262.

[52] 邢关生. 基于强化学习算法的电梯动态调度策略的研究. 天津：天津大学(硕士学位论文)，2005.

[53] Cheng Y H，Wang X S，Zhang Y Y. A bayesian reinforcement learning algorithm based on abstract states for elevator group scheduling systems. Chinese Journal of Electronics，2010，19 (3)：394-398.

[54] Vengerov D. Adaptive Utility-Based Scheduling in Resource-Constrained Systems. Lecture notes in computer science，2005，3809：477-488.

[55] Wu J，Xu X，Zhang P. A novel multi-agent reinforcement learning approach for job scheduling in Grid computing. Future Generation Computer Systems，2011，27 (5)：430-439.

[56] Jedrzejowicz P，Ratajczak-Ropel E. Reinforcement learning strategies for A-Team solving the Resource-Constrained project scheduling problem. Neurocomputing，2014，146：301-307.

[57] 尚晶，徐长生. 基于强化学习的集装箱码头卡车调度策略研究. 武汉理工大学学报，2011，33 (3)：72-76.

[58] Dou J J，Chen C L，Yang P. Genetic scheduling and reinforcement learning in multirobot systems for intelligent warehouses. Mathematical Problems in Engineering，2015，597956.

[59] Zeng Q C，Yang Z Z，Hu X P. A method integrating simulation and reinforcement learning for operation scheduling in container terminals. Transport，2011，26 (4)：383-393.

[60] Stimpson D. Ganesan R. A reinforcement learning approach to convoy scheduling on a contested transportation network. Optimization Letters，2015，9 (8)：1641-1657.

[61] Zhang W，Dietterich T G. High-performance job-shop scheduling with a time-delay TD (λ) network//Touretzky D S，Mozer M C，Hasselmo M E. Proceedings of the 1995 Conference on Advances in Neural Information Processing Systems. Massachusetts：MIT Press，1996：1024-1030.

[62] Zhang W，Dietterich T G. Solving combinatorial optimization tasks by reinforcement learning：A general methodology applied to resource constrained scheduling. Journal of Artificial Intelligence Research，2000，1：1-38.

[63] Wang Y C，Usher J M. Application of reinforcement learning for agent-based production scheduling. Engineering Applications of Artificial Intelligence，2005，18 (1)：73-82.

[64] Riedmiller S，Riedmiller M. A neural reinforcement learning approach to learn local dispatching policies in production scheduling. In：Proceedings of the 16th International Joint Conference on Artificial Intelligence，Stockholm，Sweden，1999：252-257.

[65] Aydin M E，Öztemel E. Dynamic job-shop scheduling using reinforcement learning agents. Robotics and Autonomous Systems，2000，33 (2-3)：169-178.

[66] Wei Y Z，Gu K F. Genetic Reinforcement learning approach to dynamic scheduling based on performance prediction. Journal of System Simulation，2010，22 (12)：2809-2812，2820.

[67] Hong J，Prabhu V V. Distributed reinforcement learning control for batch sequencing and sizing in Just-In-Time manufacturing systems. Applied Intelligence，2004，20 (1)：71-87.

[68] Wang J，Li X，Zhu X. Intelligent dynamic control of stochastic economic lot scheduling by agent-based reinforcement learning. International Journal of Production Research，2012，50 (16)：4381-4395.

[69] Li X，Wang J，Sawhney R. Reinforcement learning for joint pricing，lead-time and scheduling decisions in make-to-order systems. European Journal of Operational Research，2012，221 (1)：99-109.

[70] 王利存，郑应平. 可重入生产系统的递阶增强型学习调度. 信息与控制，2001，30 (3)：199-203.

[71] 柳长春，沈志江，于海斌.可重入生产系统的平均报酬型强化学习调度. 信息与控制，2004，33 (2)：145-150.

[72] Choi J Y，Reveliotis S. Relative value function approximation for the capacitated re-entrant line scheduling problem. IEEE Transactions on Automation Science and Engineering，2005，2 (3)：285-299.

[73] Aissani N，Bekrar A，Trentesaux D. Dynamic scheduling for multi-site companies：a decisional approach based on reinforcement multi-agent learning. Journal of Intelligent Manufacturing，2012，23 (6)：2513-2529.

[74] Paternina-Arboleda C D，Das T K. A multi-agent reinforcement learning approach to obtaining dynamic control policies for stochastic lot scheduling problem. Simulation Modelling Practice and Theory，2005，13 (5)：389-406.

[75] Csáji B C，Monostori L. Stochastic reactive production scheduling by multi-agent based asynchronous approximate dynamic programming. Lecture Notes in Computer Science，2005，3690：388-397.

[76] Csáji B C，Monostori L，Kádár B. Reinforcement learning in a distributed market-based production control system. Advanced

Engineering Informatics，2006，20 (3)：279-288.

[77] Gabel T，Riedmiller M. Distributed policy search reinforcement learning for job-shop scheduling tasks. International Journal Production Research，2012，50 (1)：41-61.

[78] Paternina-Arboleda C D，Das T K. A multi-agent reinforcement learning approach to obtaining dynamic control policies for stochastic lot scheduling problem. Simulation Modelling Practice and Theory，2005，13 (5)：389-406.

[79] Schneider J G，Boyan J A，Moore A W. Stochastic production scheduling to meet demand forecasts. Proceedings of the 1998 37th IEEE Conference on Decision and Control，Tampa，FL，1998：2722-2727.

[80] Wei Y，Zhao M. Composite rules selection using reinforcement learning for dynamic job-shop scheduling. Proceedings of 2004 IEEE Conference on Robotics，Automation and Mechatronics，2004：1083-1088.

[81] 李晓萌，杨煜普，许晓鸣. 基于递阶强化学习的多智能体 AGV 调度系统. 控制与决策，2002，17 (3)：292-297.

[82] Chen C，Xia B X，Zhou B H，et al. A reinforcement learning based approach for a multiple-load carrier scheduling problem. Journal of Intelligent Manufacturing，2015，26 (6)：1233-1245.

[83] Loch J，Singh S P. Using eligibility traces to find the best memoryless policy in partially observable Markov decision processes. Proceedings of the Fifteenth International Conference on Machine Learning，1998：323-331.

[84] Zhang Z，Zheng L，Hou F. Semiconductor final test scheduling with Sarsa (λ，k) algorithm. European Journal of Operational Research，2011，215 (2)：446-458.

[85] 张智聪，郑力，胡开顺，等. 基于二元增强学习架构的可重构制造系统调度. 现代制造工程，2011，(12)：45-51.

[86] 唐恒永，赵传立. 排序引论. 北京：科学出版社，2002.

[87] Demirkol E，Mehta S，Uzsoy R. Benchmarks for shop scheduling problems. European Journal of Operational Research，1998，109 (1)：137-141.

[88] Zhang Z，Wang W，Hu K. Flow shop scheduling with reinforcement learning. Asia-Pacific Journal of Operational Research，2013，30 (5)：1350014.

[89] Frangioni A，Necciari E，Scutellà M G. A multi-exchange neighborhood for minimum makespan parallel machine scheduling problems. Journal of Combinatorial Optimization，2004，8 (2)：195-220.

[90] Gharbi A，Haouari M. Optimal parallel machines scheduling with availability constraints. Discrete Applied Mathematics，2005，148 (1)：63-87.

[91] Becchetti L，Leonardi S. Nonclairvoyant scheduling to minimize the total flow time on single and parallel machines. Journal of the ACM，2004，51 (4)：517-539.

[92] Azizoglu M，Kirca O. On the minimization of total weighted flow time with identical and uniform parallel machines. European Journal of Operational Research，1999，113 (1)：91-100.

[93] Gupta J N D，Ruiz-Torres A J. Minimizing makespan subject to minimum total flow-time on identical parallel machines. European Journal of Operational Research，2000，125 (2)：370-380.

[94] Gairing M，Monien B，Woclaw A. A faster combinatorial approximation algorithm for scheduling unrelated parallel machines. Lecture Notes in Computer Science，2005，3580：828-839.

[95] Azizoglu M，Kirca O. Scheduling jobs on unrelated parallel machines to minimize regular total cost functions. IIE Transactions，1999，31 (2)：153-159.

[96] Mosheiov G. Parallel machine scheduling with learning effect. Journal of the Operational Research Society，2001，52 (10)：1-5.

[97] Mosheiov G，Sidney J B. Scheduling with general job-dependent learning curves. European Journal of Operational Research，2003，147 (3)：665-670.

[98] Yu L，Shih H M，Pfund M，et al. Scheduling of unrelated parallel machines：an application to PWB manufacturing. IIE Transactions，2002，34 (11)：921-931.

[99] 张智聪，郑力，翁小华. 优化加权平均流程时间的平行机调度. 现代制造工程，2007，(9)：17-21，61.

[100] Pinedo M. Scheduling：Theory，Algorithms，and Systems (2nd ed.). New Jersey：Prentice Hall，2002.

[101] Liaw C F，Lin Y K，Cheng C Y，et al. Scheduling unrelated parallel machines to minimize total weighted tardiness. Computers

and Operations Research，2003，30 (12)：1777-1789.

[102] Kim D W，Na D G，Chen F F. Unrelated parallel machine scheduling with setup times and a total weighted tardiness objective. Robotics and Computer-Integrated Manufacturing，2003，19 (1-2)：173-181.

[103] Rachamadugu R V，Morton T E. Myopic heuristics for the single machine weighted tardiness problem. Working paper #28-81-82，Graduate School of Industrial Administration，Garnegie Mellon University，1981.

[104] Volgenant A，Teerhuis E. Improved heuristics for the n-job single-machine weighted tardiness problem. Computers & Operations Research，1999，26 (1)：35-44.

[105] Carroll D C. Heuristic sequencing of jobs with single and multiple components. Massachusetts：Sloan School of Management，MIT，1965.

[106] Vepsalainen A，Morton T E. Priority rules for job shops with weighted tardiness costs. Management Science，1987，33 (8)：1035-1047.

[107] Russell R S，Dar-El E M，Taylor B M. A comparative analysis of the COVERT job sequencing rule using various shop performance measures. International Journal of Production Research，1987，25 (10)：1523-1540.

[108] Baker K R，Bertrand J W M. A dynamic priority rule for scheduling against due-dates. Journal of Operations Management，1983，3 (1)：37-42.

[109] Kanet J J，Li X. A weighted modified due date rule for sequencing to minimize weighted tardiness. Journal of Scheduling，2004，7 (4)：261-276.

[110] Lee Y H，Bhaskaran K，Pinedo M. A heuristic to minimize the total weighted tardiness with sequence-dependent setups. IIE Transactions，1997，29 (1)：45-52.

[111] Vairaktaraikis G，Cai X. The value of processing flexibility in multipurpose machines. IIE Transactions，2003，35 (8)：763-774.

[112] Zhang Z，Zheng L，Weng M X. Dynamic parallel machine scheduling with mean weighted tardiness objective by Q-learning. The International Journal of Advanced Manufacturing Technology，2007，34 (9-10)：968-980.

[113] 张智聪，郑力，翁小华. 基于增强学习的平行机调度研究. 计算机集成制造系统，2007，13 (1)：110-116.

[114] Zhang Z，Zheng L，Li N，et al. Minimizing mean weighted tardiness in unrelated parallel machine scheduling with reinforcement learning. Computers & Operations Research，2012，39 (7)：1315-1324.

[115] Uzsoy R，Martin-Vega L A，Lee C-Y，et al. Production scheduling algorithms for a semiconductor test facility. IEEE Transactions on Semiconductor Manufacturing，1991，4 (4)：270-280.

[116] Uzsoy R，Lee C-Y，Martin-Vega L A. A review of production planning and scheduling models in the semiconductor industry，Part-I：System characteristics. Performance evaluation and production planning. IIE transactions，1992，24 (4)：47-61.

[117] Uzsoy R，Lee C-Y，Martin-Vega L A. A review of production planning and scheduling models in the semiconductor industry，Part-II：Shop floor control. IIE transactions，1994，26 (4)：44-55.

[118] Uzsoy R，Lee C-Y，Martin-Vega L A. Scheduling semiconductor test operations：Minimizing maximum lateness and number of tardy jobs on a single machine. Naval Research Logistics，1992，39 (3)：369-388.

[119] Gupta A K，Sivakumar A I. Single machine scheduling with multiple objectives in semiconductor manufacturing. The International Journal of Advanced Manufacturing Technology，2005，26 (9-10)：950-958.

[120] Freed T，Leachman R C. Scheduling semiconductor device test operations on multihead testers. IEEE Transactions on Semiconductor Manufacturing，1999，12 (4)：523-530.

[121] Pearn W L，Chung S H，Yang M H. Minimizing the total machine workload for the wafer probing scheduling problem. IIE Transactions，2002，34 (2)：211-220.

[122] Ovacik I M，Uzsoy R. Decomposition methods for scheduling semiconductor testing facilities. International Journal of Flexible Manufacturing Systems，1996，8 (4)：357-388.

[123] Ovacik I M，Uzsoy R. Exploiting shop floor status information to schedule complex job shops. Journal of Manufacturing System，1998，13 (2)：73-84.

[124] Yang J，Chang T-S，Chang H，et al. Optimization-based dynamic scheduling and its testbed for IC sort and test. In：Proceedings of the 35th IEEE conference on Decision and Control，1996，3：2759-2762.

[125] Lee Y H，Lee B K，Jeong B. Multi-objective production scheduling of probe process in semiconductor manufacturing. Production Planning and Control，2000，11 (7)：660-669.

[126] Pearn W L，Chung S H，Yang M H. The wafer probing scheduling problem (WPSP) . Journal of the Operational Research Society，2002，53 (8)：864-874.

[127] Pearn W L，Chung S H，Yang M H. A case study on the wafer probing scheduling problem. Production Planning & Control，2002，13 (1)：66-75.

[128] Pearn W L，Chung S H，Yang M H，et al. Algorithms for the wafer probing scheduling problem with sequence-dependent set-up time and due date restrictions. Journal of the Operational Research Society，2004，55 (11)：1194-1207.

[129] Pearn W L，Chung S H，Chen A Y，et al. A case study on the multistage IC final testing scheduling problem with reentry. International Journal of Production Economics，2004，88 (3)：257-267.

[130] Ellis K P，Lu Y，Bish E K. Scheduling of wafer test processes in semiconductor manufacturing. International Journal of Production Research，2004，42 (2)：215-242.

[131] Lu Y. Scheduling of Wafer Test Processes in Semiconductor Manufacturing. Blacksburg：Virginia Polytechnic Institute and State University，2001.

[132] Jula P. Scheduling Back-end Semiconductor Manufacturing. Berkeley：University of California，2002.

[133] Yang M H，Lo C C，Chen H M，et al. Hybrid genetic algorithms for minimizing the maximum completion time for the wafer probing scheduling problem. Journal of the Chinese Institute of Industrial Engineers，2005，22 (3)：218-225.

[134] De S，Kim C，Lee A. Knowledge-based scheduling of semiconductor testing operations. Proceedings of the Conference on Artificial Intelligence Applications. 1995：247-251.

[135] De S，Lee A. Towards a knowledge-based scheduling system for semiconductor testing. International Journal of Production Research，1998，36 (4)：1045-1073.

[136] Huang S C，Lin J T. An interactive scheduler for a wafer probe centre in semiconductor manufacturing. International Journal of Production Research，1998，36 (7)：1883-1900.

[137] Chen T R，Chen C W，Kao J，et al. Due window scheduling for IC sort and test with precedence constraints via Lagrangian relaxation. IEEE/SEMI Int. Semicond. Manuf. Sci. Symposium，1993：110-114.

[138] Chen T R，Hsia T C. Job shop scheduling with multiple resources and an application to a semiconductor testing facility. Proceedings of the 33rd IEEE Conference on Decision & Control，1994，2：1564-1570.

[139] Chen T R，Chang T S，Chen C W，et al. Scheduling for IC sort and test with preemptiveness via Lagrangian relaxation. IEEE Transactions on Systems，Man and Cybernetics，1995，25 (8)：1249-1256.

[140] Chen T R，Hsia T C. Scheduling for IC Sort and Test Facilities with Precedence Constraints via Lagrangian Relaxation. Journal of Manufacturing Systems，1997，16 (2)：117-128.

[141] Kaskavelis C A，Caramanis M C. Application of a Lagrangian relaxation based scheduling algorithm to a semiconductor testing facility. Proceedings of the Fourth International Conference on Computer Integrated Manufacturing and Automation Technology，1994：106-112.

[142] Yang J，Chang T-S. Multiobjective scheduling for IC sort and test with a simulation testbed. IEEE Transactions on Semiconductor Manufacturing，1998，11 (2)：304-315.

[143] Chikamura A，Nakamae K，Fujioka H. Effect of express lots on production dispatching rule scheduling and cost in final test process of LSI manufacturing system. Proceedings of 1997 IEEE International Symposium on Semiconductor Manufacturing Conference，1997：23-26.

[144] Xiong H H，Zhou M C. Scheduling of semiconductor test facility via Petri nets and hybrid heuristic search. IEEE Transactions on Semiconductor Manufacturing，1998，11 (3)：384-393.

[145] Lin J T，Wang F K，Lee W T. Capacity-constrained scheduling for a logic IC final test facility. International Journal of Production Research，2004，42 (1)：79-99.

[146] Sivakumar A I. Optimization of a cycle time and utilization in semiconductor test manufacturing using simulation based,

on-line，near-real-time scheduling system. Proceedings of the 31st conference on Winter simulation，1999：727-735.

[147] Lin S Y，Fu L C，Chiang T C，et al. Colored timed Petri-Net and GA based approach to modeling and scheduling for wafer probe center. Proceedings of IEEE International Conference on Robotics and Automation，2003：1434-1439.

[148] Chiang T C，Shen Y S，Fu L C. Adaptive lot/equipment matching strategy and GA based approach for optimized dispatching and scheduling in a wafer probe center. Proceedings of IEEE International Conference on Robotics and Automation，2004：3125-3130.

[149] 姚丽丽，史海波，刘昶. 半导体封装测试生产线排产研究. 自动化学报，2014，40 (5)：892-900.

[150] Zheng X L，Wang L，Wang S Y. A novel fruit fly optimization algorithm for the semiconductor final testing scheduling problem. Knowledge-Based Systems，2014，57 (2)：95-103.

[151] Hao X C，Wu J Z，Chien C F，et al. The cooperative estimation of distribution algorithm：a novel approach for semiconductor final test scheduling problems. Journal of Intelligent Manufacturing，2014，25 (5)：867-879.

[152] Wang S Y，Wang L，Liu M，et al. A hybrid estimation of distribution algorithm for the semiconductor final testing scheduling problem. Journal of Intelligent Manufacturing，2015，26 (5)：861-871.

[153] Wang S，Wang L. A knowledge-based multi-agent evolutionary algorithm for semiconductor final testing scheduling problem. Knowledge-Based Systems，2015，84：1-9.

[154] 肖粲俊，陈禾，黄俊兵，等. 半导体封装测试生产线模型及其调度方法. 北京理工大学学报，2013，33 (11)：1161-1164，1170.

[155] Uzsoy R，Church L K，Ovacik I M，et al. Performance evaluation of dispatching rules for semiconductor testing operations. Journal of Electronics Manufacturing，1993 (3)：95-105.

[156] 唐国春，张峰，罗守成，等. 现代排序论. 上海：上海科学普及出版社，2003.

[157] Blazewicz J，Lenstra J K，Rinnooy Kan A H G. Scheduling subject to resource constraints：classification and complexity. Discrete Applied Mathematics，1983，5 (1)：11-24.

[158] Blazewicz J，Kubiak W，Szwarcfiter J. Scheduling unit-time tasks on flow-shops under resource constraints. Annals of Operations Research，1988，16：255-266.

[159] Srivastav A，Stangier P. Tight approximations for resource constrained scheduling and bin packing. Discrete Applied Mathematics，1997，79 (1-3)：223-245.

[160] Jansen K，Porkolab L. On preemptive resource constrained scheduling：polynomial-time approximation schemes. Lecture Notes in Computer Science，2002，2337：329-349.

[161] Remy J. Resource constrained scheduling on multiple machines. Information Processing Letters，2004，91 (4)：177-182.

[162] Kellerer H，Strusevich V A. Scheduling problems for parallel dedicated machines under multiple resource constraints. Discrete Applied Mathematics，2003，133 (1-3)：45-68 .

[163] Yoo J，Yang T，Ignizio J P. An exchange heuristic for resource constrained scheduling with consideration given to opportunities for parallel processing. Production Planning & Control，1995，6 (2)：140-150.

[164] Dastidar G S，Nagi R. Scheduling injection molding operations with multiple resource constraints and sequence dependent setup times and costs. Computers and Operations Research，2005，32 (11)：2987-3005.

[165] Chu Y，Xia Q. A hybrid algorithm for a class of resource constrained scheduling problems. Lecture Notes in Computer Science，2005，3524：110-124.

[166] Daniels R L，Hoopes B J，Mazzola J B. Scheduling Parallel Manufacturing Cells with Resource Flexibility. Management Science，1996，42 (9)：1260-1276.

[167] Daniels R L，Hoopes B J，Mazzola J B. An analysis of heuristics for the parallel-machine flexible-resource scheduling problem. Annals of Operations Research，1997，70：439-472.

[168] Daniels R L，Hua S Y，Webster S. Heuristics for parallel-machine flexible-resource scheduling problems with unspecified job assignment. Computers & Operations Research，1999，26 (2)：143-155.

[169] Allahverdi A，Gupta J N D，Aldowaisan T. A review of scheduling research involving setup considerations. Omega，1999，27 (2)：219-239.

[170] Yang W H，Liao C J. Survey of scheduling research involving setup times. International Journal of Systems Science，1999，30 (2)：143-155.

[171] Webster S，Azizoğlu M. Dynamic programming algorithms for scheduling parallel machines with family setup times. Computers and Operations Research，2001，28 (2)：127-137.

[172] Weng M，Lu J，Ren H. Unrelated parallel machine scheduling with setup consideration and a total weighted completion time objective. International Journal of Production Economics，2001，70 (3)：215-226.

[173] Sivrikaya-Serifoglu F，Ulusoy G. Parallel machine scheduling with earliness and tardiness penalties. Computers and Operations Research，1999，26 (8)：773-787.

[174] Kim S S，Shin H J，Eom D H，et al. A due date density-based categorising heuristic for parallel machines scheduling. The International Journal of Advanced Manufacturing Technology，2003，22 (9-10)：753-760.

[175] Eom D H，Shin H J，Kwun I H，et al. Scheduling jobs on parallel machines with sequence-dependent family set-up times. The International Journal of Advanced Manufacturing Technology，2002，19 (12)：926-932.

[176] Yi Y，Wang D W. Soft computing for scheduling with batch setup times and earliness-tardiness penalties on parallel machines. Journal of Intelligent Manufacturing，2003，14 (3-4)：311-322.

[177] Dessouky M M，Leachman R C. Dynamic models of production with multiple operations and general processing times. Journal of Operational Research Society，1997，48 (6)：647-654.

[178] Vargas-Villamil F D，Rivera D E. Multilayer optimization and scheduling using model predictive control：application to reentrant semiconductor manufacturing lines. Computers and Chemical Engineering，2000，24 (8)：2009-2021.

[179] Kubiak W，Lou S X C，Wang Y. Mean flow time minimization in reentrant job shops with a hub. Operations Research，1996，44 (5)：764-776.

[180] Wang M Y，Sethi S P，Van De Velde S L. Minimizing makespan in a class of reentrant shops. Operations Research，1997，45 (5)：702-712.

[181] Sloan T W，Shanthikumar J G. Using in-line equipment condition and yield information for maintenance scheduling and dispatching in semiconductor wafer fabs. IIE Transactions，2002，34 (2)：191-209.

[182] Kumar P R. Re-entrant lines queueing systems：theory and applications. Special Issus on Queueing Networks，1993，13 (1-3)：87-110.

[183] Kumar P R. Scheduling manufacturing systems of re-entrant lines//David D Y. Stochastic Modeling and Analysis of Manufacturing Systems. New York：Springer-Verlag，1994：325-360.

[184] Koole G，Righter R. Optimal control of tandem teentrant queues. Queueing Systems-Theory and Applications，1998，28 (4)：337-347.

[185] Chern C C，Liu Y L. Family-based scheduling rules of a sequence-dependent wafer fabrication system. IEEE Transactions on Semiconductor Manufacturing，2003，16 (1)：15-25.

[186] Aldakhilallah K A，Ramesh R. Cyclic scheduling heuristics for a re-entrant job shop manufacturing environment. International Journal of Production Research，2001，39 (12)：2635-2657.

[187] Rippenhagen C. Implementing the theory of constraints philosophy in highly reentrant systems//Medeiros D J，Watson E F，Carson J S，et al. Proceedings of the 1998 Winter Simulation Conference. NJ：Piscataway，1998：993-996.

[188] Miragliotta G，Perona M. Decentralised，multi-objective driven scheduling for reentrant shops：a conceptual development and a test case. European Journal of Operational Research，2005，167 (3)：644-662 .

[189] Jin Y C，Reveliotis S A. A generalized stochastic petri net model for performance analysis and control of capacitated re-entrant Lines. IEEE Transactions on Robotics & Automation，2003，19 (3)：474-480.

[190] Chen R R，Meyn S. Value iteration and optimization of multiclass queueing networks. Queueing Systems，1999，32 (1-3)：65-97.

[191] Hwang Y S，Bang S Y. An efficient method to construct a radial basis function neural network classifier. Neural Networks，1997，10 (8)：1495-1503.

[192] González J，Rojas I，Pomares H，et al. A new clustering technique for function approximation. IEEE Trans on Neural Networks，2002，13 (1)：132-142.

[193] Benoudjit N，Verleysen M. On the Kernel Widths in radial-basis function Networks. Neural Processing Letters，2003，18：139-154.

[194] Moddy J，Darken C J. Fast learning in networks of locally-tuned processing units. Neural Computation，1989，(1)：281-294.

[195] Duda R O，Hart P E. Pattern Classification and Scene Analysis. New York：Wiley，1973.

[196] Koren，Y，Heisel U，Jovane F，et al. Reconfigurable manufacturing systems. Annals of the CIRP，1999，48 (2)：527-540.

[197] 高筱芸，严洪森，路致远. 基于模型重构的生产计划优化系统设计与开发. 计算机技术与发展，2006，16 (3)：167-169.

[198] 李淑霞，单鸿波. 基于敏捷制造单元的车间动态重构. 计算机集成制造系统，2007，13 (3)：520-526.

[199] 苑明海，白颖，李东波.可重构装配线多目标优化调度研究.中国机械工程，2008，19 (16)：1898-1903.

[200] 陈勇，戴先中. 可重构制造系统的车间作业调度策略.东南大学学报（自然科学版），2004，34 (B11)：35-40.

[201] 李莉，乔非，吴启迪. 组件化可重构半导体生产线调度体系结构. 江南大学学报（自然科学版），2006，5 (4)：383-386.

[202] 羌磊，肖田元.面向大批量定制的可重构动态调度.中国机械工程，2004，15 (19)：1728-1732.

[203] Li L，Franks G. Performance modeling of systems using fair share scheduling with layered queueing networks. IEEE International Symposium on Modeling，Analysis & Simulation of Computer and Telecommunication Systems，2009：1-10.

[204] Leskela L，Resing J. A tandem queueing network with feedback admission control. NET-COOP 2007，LNCS 4465，2007：129-137.

[205] Wu Y，Dong M. Combining multi-class queueing networks and inventory models for performance analysis of multi-product manufacturing logistics chains. International Journal of Advanced Manufacturing Technology，2008，37：564-575.

[206] Gulpınar N，Harrison P，Rustem B. Worst-case analysis of router networks with rival queueing models. ISCIS 2006，LNCS 4263，2006：897-907.

[207] Hanbali A A，Haan R，Boucherie R J，et al. A tandem queueing model for delay analysis in disconnected ad hoc networks. ASMTA 2008，LNCS 5055，2008：189-205.

[208] Rhee Y. Some notes on the reduction of network dimensionality in nested open queueing networks. European Journal of Operational Research，2006，174 (1)：124-131.

[209] Granger J. Performance Improvement of Queueing Networks with Synchronization Stations. Madison：University of Wisconsin，2006.

[210] 戴万阳. 抢占型优先服务机制下多类排队网络的扩散逼近. 应用数学和力学，2007，28 (10)：1185-1196.

[211] Sikdar B，Manjunath D. Queueing analysis of scheduling policies in copy networks of space-based multicast packet switches. IEEE/ACM Transactions on Networking，2000，8 (3)：396-406.

[212] Choi D，Kim T S，Lee S. Analysis of a queueing system with a general service scheduling function，with applications to telecommunication network traffic control. European Journal of Operational Research，2007，178 (2)：463-471.

[213] Borst S，Hegde N，Proutière A. Interacting queues with server selection and coordinated scheduling-application to cellular data networks. Annals of Operations Research，2009，170 (1)：59-78.

[214] Fleischer L. Sethuraman J. Approximately optimal control of fluid networks. IBM Research Report，2003.

[215] Azaron A，Katagiri H，Kato K. Longest path analysis in networks of queues：dynamic scheduling problems. European Journal of Operational Research，2006，174 (1)：132-149.

[216] Paschalidis I C，Su C，Caramanis M C. Target-pursuing scheduling and routing policies for multiclass queueing networks. IEEE Transactions on Automatic Control，2004，49 (10)：1709-1722.

[217] Tehrani P，Zhao Q. Multichannel Scheduling and Its Connection to Queueing Network Control Problem. The 2010 Military Communications Conference，San Jose，CA. 2010：482-486.

[218] Kim C，Dudin S，Klimenok V. The MAP/PH/1/N queue with flows of customers as a model for traffic. Performance Evaluation，2009，66：564-579.

[219] Le L B，Hossain E，Alfa A S. Queueing analysis and admission control for multi-rate wireless networks with opportunistic

scheduling and ARQ-based error control. IEEE International Conference on Communications，2005，5：3329-3333.

[220] Nahas N，Nourelfath M，Gendreau M. Selecting machines and buffers in unreliable assembly/disassembly manufacturing networks. International Journal of Production Economics，2014，154 (8)：113-126.

[221] Nazarathy Y，Weiss G. Near optimal control of queueing networks over a finite time horizon. Annals of Operations Research，2009，170 (1)：233-249.

[222] Paschalidis I C，Su C，Caramanis M C. New scheduling policies for multiclass queueing networks：applications to peer-to-peer systems. 42nd IEEE Conference on Decision and Control，2003，2：1604-1609.

[223] Chen C K，Kuo H H，Yan J J，et al. GA-based PID active queue management control design for a class of TCP communication networks. Expert Systems with Applications，2009，36 (2)：1903-1913.

[224] 王蕾，王志英，戴葵. 一种用于异步流水线环性能分析的排队网络近似分析算法. 计算机工程与科学，2007，29 (2)：82-85.

[225] 冯恩民，沈玉波. 类批处理排队网络的稳定性. 工程数学学报，2004，21 (5)：675-679.

[226] 李继红，田乃硕. 服务率可变的批服务排队网络. 运筹与管理，2006，15 (1)：47-51.

[227] Choi D，Kim T S，Lee S. Analysis of an MMPP/G/1/K queue with queue length dependent arrival rates，and its application to preventive congestion control in telecommunication networks. European Journal of Operational Research，2008，187 (2)：652-659.

[228] Leung K K. Load-dependent service queues with application to congestion control in broadband networks. Performance Evaluation，2002，50：27-40.

[229] 王晓. 有多类顾客且转移率与状态相依的排队网络设计. 晋中学院学报，2011，8 (3)：71-75.

[230] 李继红，田乃硕. 具有个有限容量服务节点和消极信号的排队网络. 燕山大学学报，2008，32 (3)：271-277.

[231] 王晓，仇瑞新. 具有修正状态相关转移率的多节点排队网络. 晋中学院学报，2008，25 (3)：94-96.

[232] Esnaashari M，Meybodi M R. A learning automata based scheduling solution to the dynamic point coverage problem in wireless sensor networks. Computer Networks，2010，54 (14)：2410-2438.

[233] Balsamo S. Queueing networks with blocking：analysis，solution algorithms and properties. Next Generation Internet，LNCS 5233，2011：233-257.

[234] Nieminen J，Paloheimo H，Jäntti R. Energy-adaptive scheduling and queue management in Wireless LAN mesh networks. Wireless Internet Conference (WICON)，2010：1-9.

[235] Zhang Z C，Li N，Li S，et al. An SMDP model for a multiclass multi-server queueing control problem considering conversion times. RAIRO-Operations Research，2014，48 (4)：615-639.

[236] Rajaskaran S，Tsantilas T. Optimal routing algorithms for mesh-connected processor arrays. Algorithmica，1992，8：21-38.

[237] Chattopadhyay A，Chockalingam A. Past queue length based low-vverhead link scheduling in multi-beam wireless mesh networks. 2010 International Conference on Signal Processing and Communications (SPCOM)，2010：1-5.

[238] Fu W，Agrawal D P. Effective radio partitioning and efficient queue management schemes in a wireless mesh network. IEEE Global Telecommunications Conference，2008：1-5.

[239] He W，Yang S，Teng D，et al. A link level load-aware queue scheduling algorithm on MAC layer for wireless mesh networks. International Conference on Wireless Communications & Signal Processing，2009.

[240] Pinheiro B，Nascimento V，Gomes R，et al. A multimedia-based fuzzy queue-aware routing approach for wireless mesh networks. Proceedings of 20th International Conference on Computer Communications and Networks (ICCCN)，2011：1-7.

[241] Augusto C H P，Carvalho C B，Silva M W R，et al. Reuse：A combined routing and link scheduling mechanism for wireless mesh networks. Computer Communications，2011，34 (18)：2207-2216.

[242] Nandiraju N S，Nandiraju D S，Cavalcanti D，et al. A novel queue management mechanism for improving performance of multihop flows in IEEE 802.11s based mesh networks. 25th IEEE International Performance，Computing，and Communications Conference，2006：161-168.

[243] Gupta G R，Shroff N B. Practical scheduling schemes with throughput guarantees for multi-hop wireless networks. Computer

Networks，2010，54 (5)：766-780.

[244] Wang K，Chiasserini C F，Proakis J G，et al. Joint scheduling and power control supporting multicasting in wireless ad hoc networks. Ad Hoc Networks，2006，4 (4)：532-546.

[245] Liu Y，Wu T，Xian X. Queue control based delay analysis and optimization for wireless mesh networks. 2nd International Conference on Education Technology and Computer，2010：104-108.

[246] Vucevic N，Perez-Romero J，Sallent O，et al. Reinforcement learning for active queue management in mobile all-ip networks. IEEE 18th International Symposium on Personal，Indoor and Mobile Radio Communications，2007：1-5.

[247] Zhou Y，Yun M，Kim T. RL-based queue management for QoS support in multi-channel multi-radio mesh networks. Eighth IEEE International Symposium on Network Computing and Applications，2009：306-309.

[248] Al-Rawi H A A，Ng M A，Yau K L A. Application of reinforcement learning to routing in distributed wireless networks：a review. Artificial Intelligence Review，2013，43 (3)：381-416.

[249] Tiwana M I，Nawaz S J，Ikram A A，et al. Self-organizing networks：a packet scheduling approach for coverage/capacity optimization in 4G networks using reinforcement learning. Elektronika Ir Elektrotechnika，2014，20 (9)：59-64.

[250] Kim M，Lyer V K S，Peng N. MrFair：misbehavior-resistant fair scheduling in wireless mesh networks. Ad Hoc Networks，2012，10 (3)：299-316.

[251] Ozdaglar A E，Bertsekas D P. Optimal solution of integer multicommodity flow problems. Proceedings of Symposium on Global Optimization，Santorini，Greece，2003：1-23.

[252] Chekuri C，Khanna S，Shepherd F B. The all-or-nothing multicommodity flow problem. Proceedings of the thirty-sixth annual ACM symposium on Theory of computing，2004.

[253] Babonneau F. Solving the multicommodity flow problem with the analytic center cutting plane method. Geneva：University of Geneve，2006.

其他参考文献

[1] Balasubramanian H，Monch L，Fowler J，et al. Genetic algorithm based scheduling of parallel batch machines with incompatible job families to minimize total weighted tardiness. International Journal of Production Research，2004，42 (8)：1621-1638.

[2] Zhang Z，Zhang M T，Niu S，et al. Capacity planning with reconfigurable kits in semiconductor test manufacturing. International Journal of Production Research，2006，44 (13)：2625-2644.

[3] 王然，吴澄. 半导体制造中的车间层控制. 信息与控制，1997，26 (3)：192-203.

[4] 李莉，乔非，吴启迪. 半导体制造重调度研究. 中国机械工程，2006，17 (6)：612-616.

[5] 李莉，乔非，许潇红，等. 半导体生产线全局修正式重调度方法研究. 计算机集成制造系统，2006，12 (7)：1022-1027.

[6] 张洁，翟文彬，严隽琪，等. 基于模糊神经网络的半导体生产线重调度策略优化. 机械工程学报，2005，41 (10)：75-79.

[7] 卫军胡，韩九强，孙国基. 半导体制造系统的优化调度模型. 系统仿真学报，2001，13 (2)：133-138.

[8] 韩银和，李华伟，李晓维. 芯片的失效分析及基于其的测试调度技术. 第十届全国容错计算学术会议论文集，2003：207-213.

[9] 陈翎，潘中良. 一种基于进化规划的系统芯片测试调度方法. 广东自动化与信息工程，2005，(3)：1-3.

[10] 张永光，徐元欣，董斌，等. 基于芯核的 SOC 测试调度. 江南大学学报（自然科学版），2005，4 (2)：129-133.

[11] Zuo Z Y，Wang L，Wu Q D. Local model on scheduling in IC assembling and testing industry based on ant algorithm//Li J P，Daugman J，Wickerhauser V，et al. Proceedings of the International Computer Congress 2004 on Wavelet Analysis and its Applications，and Active Media Technology. New Jersey：World Scientific，2004：839-844.

[12] Norbis M I，Smith J M. Two level heuristic for the resource constrained scheduling problem. International journal of production research，1986，24 (55)：1203-1219.

[13] Gargeya V B，Deane R H. Scheduling research in multiple resource constrained job shops：a review and critique. International Journal of Production Research，1996，34 (8)：2077-2097.

[14] Gargeya V B，Deane R H. Scheduling in the dynamic job shop under auxiliary resource constraints：a simulation study. International Journal of Production Research，1999，37 (12)：2817-2834.

[15] Shanker K，Modi B K. A branch and bound based heuristic for multi-product resource constrained scheduling problem in FMS environment. European Journal of Operational Research，1999，113 (1)：80-90.

[16] Carlier J，Neron E. On linear lower bounds for the resource constrained project scheduling problem. European Journal of Operational Research，2003，149 (2)：314-324.

[17] Palpant M，Artigues C，Michelon P. Lssper：solving the resource-constrained project scheduling problem with large neighbourhood search. Annals of Operations Research，2004，131：237-257.

[18] Ebben M J R，Van Der Heijden M C，Van Harten A. Dynamic transport scheduling under multiple resource constraints. European Journal of Operational Research，2005，167 (2)：320-335.

[19] Arviv K，Stern H，Edan Y. Collaborative reinforcement learning for a two-robot job transfer flow-shop scheduling problem. International Journal of Production Research，2016，54 (4)：1196-1209.

[20] Borst S，Hegde N，Proutière A. Interacting queues with server selection and coordinated scheduling-application to cellular data networks. Annals of Operations Research，2009，170 (1)：59-78.

[21] Choi D，Kim T S，Lee S. Analysis of an MMPP/G/1/K queue with queue length dependent arrival rates，and its application to preventive congestion control in telecommunication networks. European Journal of Operational Research，2008，187：652-659.

[22] Cui L X. Towards optimal configuration of a manufacturers supply network with demand flexibility. International Journal of

Production Research，2015，53 (12)：3541-3560.

[23] Damours S，Montreuil B，Scoumis F. Price-based planning and scheduling of multiproduct orders in symbiotic manufacturing networks. European Journal of Operational Research，1997，96 (1)：148-166.

[24] De Matta R，Miller T. Formation of a strategic manufacturing and distribution network with transfer prices. European Journal of Operational Research，2015，241 (2)：435-448.

[25] Dulluri S，Raghavan N R S. Collaboration in tool development and capacity investments in high technology manufacturing networks. European Journal of Operational Research，2008，187 (3)：962-977.

[26] Feoktistova V，Matveev A，Lefeber E，et al. On optimal switching interactive decentralized control of networked manufacturing systems. Proceedings of the 18th IFAC World Congress，2011：14048-14054.

[27] Francas D，Löhndorf N，Minner S. Machine and labor flexibility in manufacturing networks. International Journal of Production Economics，2011，131 (1)：165-174.

[28] Gilland W G. Effective sequencing rules for closed manufacturing networks. Operations Research，2001，49 (5)：759-770.

[29] Guo W，Liang H，Wang L，et al. Research on multi-dimension model of collaborative quality control in manufacturing network. Proceedings of IEEE International Conference of Information Science and Management Engineering (ISME) ，2010：331-336.

[30] Hu Y，Li J，Holloway L E. Resilient control for serial manufacturing networks with advance notice of disruptions. IEEE Transactions on Systems，Man，and Cybernetics：Systems，2013，43 (1)：98-114.

[31] Jiang Z，Feng X，Feng X，et al. A web-based approach of remote cooperative production scheduling and control in distributed network manufacturing for subcontract production. 2010 2nd International Conference on Industrial Mechatronics and Automation，2010：448-452.

[32] Jules G，Saadat M，Saeidlou S. Holonic goal-driven scheduling model for manufacturing networks. Proceedings of 2013 IEEE International Conference on Systems，Man，and Cybernetics，2013：1235-1240.

[33] Kemmoe S，Pernot P，Tchernev N. Model for flexibility evaluation in manufacturing network strategic planning. International Journal of Production Research，2014，52 (15)：4396-4411.

[34] Lakhal S Y. An operational profit sharing and transfer pricing model for network-manufacturing companies. European Journal of Operational Research，2006，175 (1)：543-565.

[35] Li C，Wang S L，Zhang X M，et al. Scheduling optimisation for supply chain in networked manufacturing. International Journal of Computer Applications in Technology，2011，40 (1-2)：85-90.

[36] Li N，Jiang Z，Zheng L，et al. An overlapping decomposition method for performance analysis of the two-loop closed production system in semiconductor assembly factory. International Journal of Computer Integrated Manufacturing，2011，24 (9)：811-820.

[37] Lin L，Hao X，Gen M，et al. Network modeling and evolutionary optimization for scheduling in manufacturing. Journal of Intelligent Manufacturing，2012，23 (6)：2237-2253.

[38] Manupati V K，Deo S，Cheikhrouhou N，et al. Optimal process plan selection in networked based manufacturing using game-theoretic approach. International Journal of Production Research，2012，50 (18)：5239-5258.

[39] Neale J J，Duenyas I. Control of manufacturing networks which contain a batch processing machine. IIE Transactions，2000，32 (11)：1027-1041.

[40] Nitto Personè V. Analysis of cyclic queueing networks with parallelism and vacation. Annals of Operations Research，2009，170：95-112.

[41] Germain S B，Valckenaers P，Brussel H V，et al. Networked manufacturing control：An industrial case. CIRP Journal of Manufacturing Science and Technology，2011，4 (3)：324-326.

[42] Sajadi S，Esfahani S M，Sörensen K. Production control in a failure-prone manufacturing network using discrete event simulation and automated response surface methodology. International Journal of Advanced Manufacturing Technology，2011，53 (1-4)：35-46.

[43] Samaranayake P，Laosirihongthong T，Chan F T S. Integration of manufacturing and distribution networks in a global car

company-Network models and numerical simulation. International Journal of Production Research，2011，49 (11)：3127-3149.

[44] Savkin A V，Somlo J. Optimal distributed real-time scheduling of flexible manufacturing networks modeled as hybrid dynamical systems. Robotics and Computer-Integrated Manufacturing，2009，25 (3)：597-609.

[45] Starkov K K，Pogromsky A Y，Adan I J B F，et al. Performance analysis of re-entrant manufacturing networks under surplus-based production control. International Journal of Production Research，2013，51 (5)：1563-1586.

[46] Starkov K K，Pogromsky A Y，Rooda J E. Distributed control of manufacturing networks：analysis of performance. Lecture Notes in Control and Information Sciences，2014，456：173-180.

[47] Tang L，Jing K，He J. An improved ant colony optimisation algorithm for three-tier supply chain scheduling based on networked manufacturing. International Journal of Production Research，2013，51 (13)：3945-3962.

[48] Van Der Zee D，Gaalman G J C，Nomden G. Family based dispatching in manufacturing networks. International Journal of Production Research，2011，49 (23)：7059-7084.

[49] Vereecke A，Van Dierdonck R.，De Meyer A. A typology of plants in global manufacturing networks. Management Science，2006，52 (11)：1737-1750.

[50] Vosniakos G C，Sakellariou F，Gogouvitis X V. Manufacturing network configuration by optimal scheduling considering specific machines and alternative process plans. International Journal of Manufacturing Research，2014，9 (2)：223-244.

[51] Wang X，Wang H，Qi C，et al. A heuristically accelerated multi-agent reinforcement learning algorithm applied to flow line maintenance scheduling. Journal of Computational Information Systems，2015，11 (6)：2245-2255.

[52] Wang Z，Cao Z. Time-synchronizing control of self-organizing shop floors for networked manufacturing. Journal of Intelligent Manufacturing，2010，21 (6)：647-656.

[53] Wang Z，Zhang J，Chan F T S. A hybrid Petri nets model of networked manufacturing systems and its control system architecture. Journal of Manufacturing Technology Management，2005，16 (1)：36-52.

[54] Wu K，McGinnis L. Performance evaluation for general queueing networks in manufacturing systems：Characterizing the trade-off between queue time and utilization. European Journal of Operational Research，2012，221 (2)：328-339.

[55] Xu X，Deng Y，Zhao J. Optimization analysis of resource planning schedule performance in complex manufacturing collaborative logistics network. International Review on Computers and Software，2012，7 (1)：485-489.

[56] You T，Chen D，Li X，et al. Inventory control and logistics management based on networked manufacturing. Proceedings of International Conference on Management and Service Science，2009.

[57] Zhang L，Ding F，Fang Y D，et al. Service scheduling optimization in the next generation networked manufacturing systems. Proceedings of International Asia Conference on Industrial Engineering and Management Innovation，2013：251-261.

[58] Zhou G，Jiang P Y，Huang G Q. A game-theory approach for job scheduling in networked manufacturing. International Journal of Advanced Manufacturing Technology，2009，41 (9-10)：972-985.

[59] Zhu Q，Wu L，Zhang J. Agent based production planning and scheduling system for networked manufacturing system. Proceedings of 2010 8th International Conference on Supply Chain Management and Information Systems：Logistics Systems and Engineering，2010.

[60] 董海，王宛山，李彦平. 模型预测控制在网络化制造环境下 SCM 中的应用. 系统仿真学报，2007，19 (23)：5427-5430，5446.

[61] 范玉顺，张立晴，刘博. 网络化制造与制造网络. 中国机械工程，2004，15 (19)：1733-1738.

[62] 侯跃华. 分布式制造网络的业务流程协同方法研究. 天津：河北工业大学 (硕士学位论文)，2010.

[63] 姜康，曹文钢，赵韩. 制造网络联盟的生产计划和控制系统的建模分析. 合肥工业大学学报 (自然科学版)，2005，28 (12)：1489-1492，1502.

[64] 姜洋，金天国，刘文剑. 网络化协同制造环境下的混合访问控制模型. 计算机集成制造系统，2009，15 (7)：1279-1285.

[65] 康凯，张敬. 协作制造网络伙伴选择组合模型与算法研究. 现代制造工程，2011，(7)：36-40.

[66] 李冀，莫蓉. 基于复杂加权网络的服务型制造网络分析. 机械科学与技术，2012，31 (8)：1232-1235.

[67] 李耀宇，朱一凡，杨峰，等. 基于逆向强化学习的舰载机甲板调度优化方案生成方法. 国防科技大学学报，2013，35 (4)：171-175.

[68] 梁策，肖田元，张林鍹. 网络化制造中协同环境的访问控制技术. 计算机集成制造系统，2007，13 (1)：136-140，152.

[69] 刘炳春. 服务型制造网络协调机制研究. 天津：天津大学(博士学位论文)，2011.

[70] 戚晓霞. 制造网络节点企业的 MPS 模型研究. 沈阳：沈阳工业大学(硕士学位论文)，2013.

[71] 石金华，韩靖，柳翔飞. 基于遗传算法的网络化制造车间调度. 东华大学学报 (自然科学版) ，2008，33 (2)：200-203，223.

[72] 唐亮，靖可，何杰. 网络化制造模式下基于改进蚁群算法的供应链调度优化研究. 系统工程理论与实践，2014，34 (5)：1267-1275.

[73] 王雪松，朱美强，程玉虎. 强化学习原理及其应用. 北京：科学出版社，2014.

[74] 魏英姿，谷侃锋. 基于性能预测的遗传强化学习动态调度方法. 系统仿真学报，2010，22 (12)：2808-2812.

[75] 徐昕. 增强学习与近似动态规划. 北京：科学出版社，2010.

[76] 叶林，刘人境. 网络化制造环境下任务调度的非合作博弈模型及实现. 中国机械工程，2006，17 (8)：819-822.

[77] 叶林，袁晓玲. 面向网络化制造的多工艺路线规划与调度集成. 西安交通大学学报，2009，43 (5)：66-70.

[78] 尹超，和迪壮，王明远. 网络化制造外协加工过程技术信息安全管控支持系统. 计算机集成制造系统，2014，20 (5)：1255-1265.

[79] 赵海峰，唐亮，张延成，等. 网络化制造环境下生产动态调度仿真与分析. 系统仿真学报，2008，20 (11)：3024-3027.

[80] 赵韩，姜康，于振华，等. 一种分阶段的制造网络联盟伙伴选择方法研究. 哈尔滨工业大学学报，2009，(1)：181-184.

[81] 张智聪，郑力，张涛. 半导体制造中的产能规划. 半导体技术，2004，29 (9)：39-44.

[82] Tsvetkov T，Sanneck H，Carle G. A graph coloring approach for scheduling undo actions in self-organizing networks. IEEE International Symposium on Integrated Network Management，2015.

[83] Preisler T. Policy-based approach for non-functional requirements in self-adaptive and self-organizing systems. Springer Berlin Heidelberg，2013，8076：420-423.

[84] Hasenbein J J，Kim B. Throughput maximization for two station tandem systems：a proof of the Andradóttir-Ayhan conjecture. Queueing Systems，2011，67 (4)：365-386.

[85] Kırkızlar E，Andradóttir S，Ayhan H. Flexible servers in understaffed tandem lines. Production and Operations Management，2012，21 (4)：761-777.

[86] Personè V N. Analysis of cyclic queueing networks with parallelism and vacation. Annals of Operations Research，2009，170 (1)：95-112.